AF503622

OEUVRES

DU COMTE

DE LACÉPÈDE.

TOME IX.

DE L'IMPRIMERIE DE A. FIRMIN DIDOT,

IMPRIMEUR DE L'INSTITUT, RUE JACOB, N° 24.

OEUVRES

DU COMTE

DE LACÉPÈDE,

MEMBRE DE L'ACADÉMIE ROYALE DES SCIENCES,

L'UN DES PROFESSEURS DU MUSÉUM D'HISTOIRE NATURELLE,
MEMBRE DE PLUSIEURS SOCIÉTÉS SAVANTES, FRANÇAISES ET ÉTRANGÈRES,
PAIR DE FRANCE,
ET ANCIEN GRAND-CHANCELIER DE LA LÉGION-D'HONNEUR.

NOUVELLE ÉDITION,

DIRIGÉE

PAR M. A. G. DESMAREST,

Correspondant de l'Académie des Sciences, membre titulaire de l'Académie de
Médecine ; professeur de Zoologie à l'École royale vétérinaire d'Alfort; etc.

HISTOIRE NATURELLE DES POISSONS. — TOME V.

A PARIS,

CHEZ LADRANGE ET VERDIÈRE,

LIBRAIRES, QUAI DES AUGUSTINS.

1831.

HISTOIRE

NATURELLE

DES POISSONS.

SUITE DES SPARES.

LE SPARE ÉPERONNÉ.[1]

Amphacanthus . . . . , Cuv.; *Sparus Spinus*, Linn., Gmel.;
Sparus calcaratus, Lacep. (2).

Le Spare Morme (3), *Pagellus Mormyrus*, Cuv.; *Sparus Mormyrus*, Linn., Gmel., Lac. (4). — Spare brunatre (5), *Sparus fuscescens*, Houttuyn., Linn., Gmel., Lac. (6). — Spare
bigarré (7), *Sargus Rondeletii*, Cuv.; *Sparus variegatus*,
Lacep. (8). — Spare Osbeck (9), *Mœna Osbeckii*, Cuv.; *Sparus Osbeckii*, Lacep. (10). — Spare marseillais (11), *Mœna
Osbeckii*, Cuv.; *Sparus tricupidatus*, Spinola; *Sparus massiliensis*, Lacep. (12).

L'Amérique méridionale et les grandes Indes
nourrissent l'*Éperonné*. Le nom de ce spare vient

---

(1) « Sparus caudâ bifidâ, spinâ dorsali recumbente. » Mus. Ad.
Frid. 2, p. 74*.

Sparus javanensis. Osbeck, It. 273.

de la conformation remarquable de ses nageoires thoracines, dont le dernier rayon est aiguillonné

Spare éperonné. Daubenton et Haüy, Encyclopédie méthodique.

Id. Bonnaterre, planches de l'Encyclopédie méthodique.

(2) Ce poisson est rapporté, par M. Cuvier, au genre Sidjan (*Amphacanthus*), dans la famille des Acanthoptérygiens Theutyes. Desm. 1830.

(3) *Marme*, dans quelques départements méridionaux de France.

Mormo, en Espagne.

Id. en Ligurie.

Mormillo, à Rome.

Mormiro, à Venise.

Spare morme. Daubenton et Haüy, Encyclopédie méthodique.

Id. Bonnaterre, planches de l'Encyclopédie méthodique.

« Sparus maxillâ superiore longiore, etc. » Artedi, gen. 37, syn. 62.

Ο μόρμυρος. Arist., lib. 6, p. 17.

Id. Athen., lib. 7, cap. 313.

Μορμύλος. Oppian., lib. 1, p. 5; lib. 2, p. 58; t. 3, f. 134, 3.

Mormylus. Salvian., fol. 183, *a*, ad iconem.

Mormys. Plin., lib. 32, cap. 11.

Mormyrus, vel *mormylus*, Gesner, p. 547; et (germ.) fol. 22, *a*.

Mormyrus. Belon.

Morme. Rondelet, première partie, lib. 5, chap. 22.

Mormyrus. Aldrov., lib. 11, cap. 19, p. 184.

Id. Jonston, lib. 1, tit. 3, cap. 1, *a*, 11, tab. 19, n. 3.

Id. Charlet., p. 141.

Id. Willughby, p. 329.

Id. Rai, p. 134.

Sparus mormyrus. Hasselquist, It. 335.

Morme ou *mormirot.* Valmont de Bomare, Dictionnaire d'histoire naturelle.

(4) Du genre Pagel, dans la famille des Acanthoptérygiens sparoïdes de M. Cuvier. Desm. 1830.

(5) Houttuyn, Act. Haarl. XX, 2, p. 324.

Spare brunâtre. Bonnaterre, planches de l'Encyclopédie méthodique.

(6) M. Cuvier place ce poisson au rang de ceux qu'Houttuyn a décrits, et qui ne sont pas reconnaissables. Il remarque de plus que la figure du

aussi bien que le premier, pendant que, dans le plus grand nombre d'espèces de poissons, les thoracines, que l'on a comparées à des pieds, n'ont que le premier ou les premiers rayons façonnés en piquants.

Le morme habite dans la Méditerranĕe. Sa caudale est bordée de noir à son extrémité; et il parvient à la longueur de trois ou quatre décimètres. Son péritoine est noir; sa chair molle et peu agréable au goût. Il vit des débris des corps organisés qu'il rencontre dans le limon; il recherche aussi les petits calmars ou sépies; il s'enfonce dans la vase pour échapper aux filets des pêcheurs.

Le spare brunâtre a été observé dans la mer

---

spare brunâtre de Lacépède est celle de sa Daurade de Madagascar, ou *Chrysophrys madagascariensis.* Desm. 1830.

(7) Brünn. Ichthyol. Massil., p. 39.

Spare bigarré. Bonnaterre, planches de l'Encyclopédie méthodique.

(8) Du genre Sargue, dans la famille des Acanthoptérygiens sparoïdes, Cuv. Desm. 1830.

(9) Osbeck, Fragm. ichthyol. Hispan.

Spare rayé. Bonnaterre, planches de l'Encyclopédie méthodique.

(10) Du genre Mendole, dans la famille des Acanthoptérygiens ménides.

M. Cuvier paraît réunir cette espèce à la suivante, bien qu'il ne reconnaisse pas, d'une manière bien positive, le poisson décrit par Osbeck. Desm. 1830.

(11) Brünn. Ichthyol. Massil., p. 48.

Spare sucle, Bonnaterre, planches de l'Encyclopédie méthodique.

(12) Cette espèce ne paraît pas être distinguée de la précédente par M. Cuvier. Desm. 1830.

qui entoure le Japon. Sa longueur n'est guère que d'un décimètre. Ses écailles ont une teinte dorée qui se mêle aux nuances brunes de sa couleur générale, de manière à donner une parure sombre, mais riche, à cet animal.

Celles du bigarré, au lieu de réfléchir l'éclat de l'or, brillent de celui de l'argent, et relèvent par cette teinte d'un blanc resplendissant les bandes et les taches noires que l'on voit sur les côtés de ce spare, ainsi que le noir de ses thoracines, et la bordure noire de sa caudale. Il vit dans la Méditerranée comme l'Osbeck et le marseillais, auquel nous avons voulu donner un nom spécifique qui indiquât la partie de cette mer dans laquelle il paraît avoir été particulièrement rencontré. Quant à l'*Osbeck*, nous l'avons ainsi nommé pour éviter la confusion qu'aurait pu introduire dans la nomenclature la conservation de son nom de *Spare rayé*, et pour témoigner la reconnaissance des amis de l'histoire naturelle envers le savant Osbeck, qui l'a fait connaître.

Ce spare Osbeck présente de chaque côté une tache noire située au-dessus de la ligne latérale (1).

---

(1) 16 rayons à chaque nageoire pectorale de l'éperonné.

    2 rayons aiguillonnés (le premier et le dernier) et 5 rayons articulés à chaque thoracine.

18 rayons à la caudale.

15 rayons à chaque nageoire pectorale du morme.

1 rayon aiguillonné et 5 rayons articulés à chaque thoracine.

18 rayons à la nageoire de la queue.

Le marseillais montre deux croissants sur la partie supérieure de sa tête, l'un placé entre les yeux, et l'autre au-dessous du premier. La dorsale est bleue avec du vert à sa base; les thoracines sont bleuâtres; l'anale et la caudale sont d'un vert pâle. La longueur ordinaire de ce spare est de trois ou quatre décimètres.

---

16 rayons à chaque nageoire pectorale du spare brunâtre.

1 rayon aiguillonné et 5 rayons articulés à chaque thoracine.

5 rayons à la membrane branchiale du spare bigarré.

16 rayons à chaque nageoire pectorale.

1 rayon aiguillonné et 5 rayons articulés à chaque thoracine.

17 rayons à la caudale.

6 rayons à la membrane branchiale de l'Osbeck.

6 rayons à chaque nageoire pectorale.

6 rayons à la membrane branchiale du spare marseillais.

14 rayons à chaque nageoire pectorale.

6 rayons à chaque thoracine.

14 rayons à la nageoire de la queue.

LE SPARE CASTAGNOLE.[1]

Brama Castaneola, Cuv.; *Sparus Castaneola*, Bl., Lac. (2).

LE SPARE BOGARAVEO (3), *Pagellus Bogaraveo*, Cuv.; *Sparus Bogaraveo*, Brunn., Lac. (4). — SPARE MAHSÉNA (5), *Lethrinus Mahsena*, Cuv.; *Sciæna Mahsena*, Forsk.; *Sparus Mahsena*, Lacep. (6). — SPARE HARAK (7), *Lethrinus Harak?* Cuv.; *Sciæna Harak*, Forsk., Linn., Gmel.; *Sparus Harak*, Lac. (8). — SPARE RAMAK (9), *Sciæna Ramak*, Forsk., Linn., Gmel.; *Sparus Ramak*, Lacep. (10). — SPARE GRAND-OEIL (11), *Chrysophrys grandoculis*, Cuv.; *Sciæna grandoculis*, Forsk., Linn., Gmel.; *Sparus grandoculis*, Lacep. (12).

C'EST dans l'océan Atlantique que l'on a observé la castagnole. Ce spare a la mâchoire inférieure

---

(1) *Spare castagnole.* Bloch, pl. 273.

Spare brème denté. Bonnaterre, planches de l'Encyclopédie méthodique.

Pennant, Zoolog. Brit., vol. 3, p. 243.

(2) Du genre Castagnole (*Brama*), dans la famille des Acanthoptérygiens squamipennes de M. Cuvier. DESM. 1830.

(3) *Spare bogue raveo.* Bonnaterre, planches de l'Encyclopédie méthodique.

Mart. Brünn. Ichthyol. Massil., p. 49.

(4) Du genre Pagel, dans la famille des Acanthoptérygiens sparoïdes, Cuv. DESM. 1830.

(5) *Sciæna mahsena.* Linnée, édition de Gmelin.

Sciène hosny. Bonnaterre, planches de l'Encyclopédie méthodique.

Forskael, Faun. Arab., p. 52, n. 62.

garnie de deux rangées de dents minces, recourbées et inégales : un rang de dents semblables paraît à la mâchoire supérieure. Le corps est plus haut dans sa partie antérieure que dans sa partie postérieure ; les écailles sont molles et lisses; l'anus est plus près de la tête que de la caudale. En général, la forme de la castagnole est facile à distinguer de celle des autres poissons. Ses nageoires sont bleues, excepté les pectorales et les thoracines, dont la couleur est jaune.

Le bogaravéo, qui a été vu par Brünnich dans la Méditerranée, a la ligne latérale brune, et une longueur d'un décimètre ou environ.

Le mahséna, le harak, le ramak et le grand-œil, habitent dans la mer d'Arabie. Ils ont été décrits par Forskael, à l'exemple duquel Gmelin et le professeur Bonnaterre les ont inscrits parmi

---

(6) Du genre Léthrinus, dans la famille des Acanthoptérygiens sparoïdes. DESM. 1830.

(7) Forskael, Faun. Arab., p. 52, n. 63.

Sciène harak. Bonnaterre, planches de l'Encyclopédie méthodique.

(8) M. Cuvier cite ce poisson comme étant du genre *Lethrinus*, dans la deuxième édition du Règne animal, mais il n'en fait aucune mention dans son grand ouvrage sur les poissons, tome VI. DESM. 1830.

(9) Forskael, Faun. Arab., p. 52, n. 64.

Sciène ramak. Bonnaterre, planches de l'Encyclopédie méthodique.

(10) Non mentionné par M. Cuvier. DESM. 1830.

(11) Forskael, Faun. Arab., p. 53, n. 65.

Sciène grands yeux. Bonnaterre, planches de l'Encyclopédie méthodique.

(12) Du genre Daurade, *Chrysophrys*, de M. Cuvier, dans la famille des Acanthoptérygiens sparoïdes. DESM. 1830.

les sciènes. Mais les principes d'après lesquels j'ai cru que l'on devait classer les poissons, m'ont obligé à les comprendre parmi les véritables spares.

Des mollusques proprement dits et des auimaux à coquille servent de nourriture au mahséna, qui fréquente beaucoup les rivages. Il a le sommet de la tête élevé, le corps peu allongé, et les nageoires garnies de filaments.

Le harak, dont les nageoires sont rougeâtres, montre d'ailleurs dans sa conformation, ainsi que dans ses habitudes, beaucoup de rapports avec le mahséna.

Le ramak a les nageoires de la même couleur que le harak, et, comme ce dernier spare, ressemble beaucoup au mahséna. Au reste, nous pensons avec Gmelin et le professeur Bonnaterre, que la sciène *Dib* de Forskael (1) n'est qu'une variété du ramak (2).

---

(1) « Sciæna laminâ transversâ in utraque maxilla. » Forskael, Faun. Arab., p. 53.

(2)   5 rayons à la membrane branchiale de la castagnole.

  20 rayons à chaque nageoire pectorale.

    1 rayon aiguillonné et 5 rayons articulés à chaque thoracine.

  22 rayons à la nageoire de la queue.

   6 rayons à la membrane branchiale du bogaravéo.

  15 rayons à chaque nageoire pectorale.

    1 rayon aiguillonné et 5 rayons articulés à chaque thoracine.

  17 rayons à la caudale.

   6 rayons à la membrane branchiale du mahséna.

  13 rayons à chaque nageoire pectorale.

    1 rayon aiguillonné et 5 rayons articulés à chaque thoracine.

  17 rayons à la nageoire de la queue.

La nageoire du dos et l'anale du spare grand-œil sont terminées, du côté de la caudale, par une sorte de lobe. Sa couleur générale est relevée par des raies; et ses nageoires sont violettes, ou d'un rouge pâle.

---

6 rayons à la membrane branchiale du harak.

13 rayons à chaque nageoire pectorale.

1 rayon aiguillonné et 5 rayons articulés à chaque thoracine.

17 rayons à la caudale.

6 rayons à la membrane branchiale du ramak.

13 rayons à chaque nageoire pectorale.

1 rayon aiguillonné et 5 rayons articulés à chaque thoracine.

17 rayons à la nageoire de la queue.

6 rayons à la membrane branchiale du spare grand-œil.

13 rayons à chaque nageoire pectorale.

1 rayon aiguillonné et 5 rayons articulés à chaque thoracine.

17 rayons à la caudale.

LE SPARE QUEUE-ROUGE. [1]

Gerres Oyena, Cuv.; *Labrus Oyena*, Forsk., Lacep.; *Labrus longirostris*, *Sparus erythrurus*, et *Sparus Britannus*, Lac. (2).

Le Spare queue-d'or (3), *Mesoprion chrysurus*, Cuv.; *Sparus chrysurus*, Bloch, Lacep.; *Grammistes chrysurus*, Schn.; *Sparus semiluna*, Lacep. (4). — Spare Cuning (5), *Cœsio Cuning*, Cuv.; *Sparus Cuning*, Bl., Lac. (6). — Spare Galonné (7), *Sparus lemniscatus*, Lacep., Bl. (8). — Spare Brême (9), *Cantharus Brama*, Cuv.; *Sparus Brama*, Lacep. (10). — Spare Gros-oeil (11), *Dentex macropthalmus*, Cuv.; *Sparus macropthalmus*, Bl., Lacep. (12).

Nous devons à Bloch la connaissance de ces six spares. Le premier, qui habite la mer du Japon,

---

(1) Bloch, pl. 261.

(2) Du genre Gerres, *Gerres*, Cuv. Dans la famille des Acanthoptérygiens ménides.

Selon M. Cuvier, M. de Lacépède a décrit quatre fois ce poisson, sous les noms de 1° *Labre Oyène*, 2° *Labre Long-museau*, 3° *Spare Queue-rouge*, et 4° *Spare Breton*. Desm. 1830.

(3) *Acara pitanga*, au Brésil.

Acara pitamba, ibid.

Rabirrubia, à la Havane.

Bloch, pl. 262.

(4) Ce poisson est de la famille des Acanthoptérygiens percoïdes. M. de Lacépède l'a décrit deux fois sous les noms de *Spare Queue-d'or* et de *Spare Demi-Lune*. Desm. 1830.

a les yeux grands et presque verticaux, et le corps très-élevé au-devant de la nageoire dorsale.

Le spare queue-d'or vit dans la mer qui baigne les côtes du Brésil. Ses couleurs sont régulières, brillantes et magnifiques : le tableau générique en indique les nuances et la disposition. Quelques individus, au lieu d'un violet argenté, présentent, sur une grande partie de leur surface, un rouge clair, ou couleur de rose animé; mais les tons dont ce spare resplendit, sont, en général, si éclatants, que Pison a cru devoir attribuer à leur vivacité la phosphorescence dont jouissent les spares queue-d'or, indépendamment de toute réflexion de lumière due à leurs écailles luisantes et colorées. Cependant cette qualité phosphorique est élevée dans ces animaux, ainsi que dans plusieurs

---

(5) *Ikan tembrae cuning*, dans les Indes orientales.

Bloch, pl. 263, fig. 1.

(6) Du genre Cæsio de M. Cuvier, dans la famille des Acanthoptérygiens ménides. Desm. 1830.

(7) *Spare rayé*. Bloch, pl. 263, fig. 2.

(8) Non mentionné par M. Cuvier. Desm. 1830.

(9) *Brème de mer*, sur plusieurs côtes de France.

Carpe de mer, ibid.

Bloch, pl. 269.

Brème de mer. Duhamel, Traité des pêches.

(10) M. Cuvier place ce poisson dans son genre Canthère, de la famille des Acanthoptérygiens sparoïdes. La figure que Bloch donne, sous le nom de *Sparus Brama*, appartient à une autre espèce que M. Cuvier nomme *Cantharus Blochii*. Desm. 1830.

(11) *Spare œil de bœuf*. Bloch, pl. 272.

(12) Du genre Denté, *Dentex*, dans la famille des Acanthoptérygiens sparoïdes de M. Cuvier. Desm. 1830.

autres poissons, à un degré assez haut pour que la réunion d'un très-grand nombre de ces osseux répande une clarté à l'aide de laquelle on peut lire au milieu d'une nuit très-obscure. Le spare queue-d'or a reçu dans cette propriété phosphorique un présent funeste : on le pêche avec bien plus de facilité que s'il en était privé. La lumière qu'il produit, quelque douce ou faible qu'elle puisse être, le trahit, lors même que son instinct l'entraîne dans la mer à quelque profondeur, comme dans un asyle assuré ; et on le recherche d'autant plus, qu'il réunit à une chair des plus délicates et des plus agréables une grandeur considérable. Marcgrave l'a vu offrir une longueur de six ou sept décimètres. Le prince Maurice de Nassau a laissé un très-beau dessin de ce spare, dont Marcgrave, et, d'après lui, Jonston, Willughby et Ruysch, ont aussi donné la figure.

Les Indes orientales nourrissent le cuning. La tête de ce spare est petite et comprimée. Un rang de petites dents garnit l'une et l'autre des deux mâchoires. La langue et le palais sont lisses. La ligne latérale est presque droite. Un sillon longitudinal reçoit la nageoire du dos, à la volonté de l'animal. Les nageoires sont jaunes.

Le spare galonné a le corps beaucoup plus élevé que le cuning. Il préfère la mer du Brésil, comme la queue-d'or. Toutes ses nageoires sont jaunes ou dorées, ainsi que les galons ou raies longitudinales dont il est paré. Il ne parvient ordinairement qu'à la longueur de deux décimètres. Il séjourne auprès des rivages rocailleux où l'eau est pure, et où il peut trouver pour sa nourriture une grande quantité d'œufs de poisson. D'après cette habitude, il n'est pas surprenant que Marcgrave et Pison, qui ont donné la figure de cet osseux, ainsi que le prince Maurice, Jonston et Ruysch, et d'après lesquels Klein et Willughby en ont parlé, lui aient attribué une saveur des plus agréables, et supérieure même à celle de la carpe.

Le spare brème a la tête comprimée et petite; la langue et le palais lisses; les deux mâchoires également avancées; les opercules couverts de très-petites écailles, et composés chacun de trois pièces; le corps et la queue très-élevés; le ventre arrondi; la ligne latérale bordée de points noirs, en haut et en bas; et toutes les nageoires d'un rouge de brique, excepté la dorsale, qui est rougeâtre à sa base, d'un vert bleuâtre sur la plus grande partie de sa surface, et lisérée de noir (1).

---

(1) 15 rayons à chaque nageoire pectorale du spare queue-rouge.

   1 rayon aiguillonné et 5 rayons articulés à chaque thoracine.

20 rayons à la nageoire de la queue.

14 rayons à chaque nageoire pectorale du spare queue-d'or.

   1 rayon aiguillonné et 5 rayons articulés à chaque thoracine.

19 rayons à la caudale.

6 rayons à la membrane branchiale du cuning.

18 rayons à chaque nageoire pectorale.

   1 rayon aiguillonné et 5 rayons articulés à chaque thoracine.

19 rayons à la nageoire de la queue.

12 rayons à chaque nageoire pectorale du galonné.

Ce spare brème se trouve dans le canal qui sépare la France de l'Angleterre. On le voit aussi auprès de presque toutes les côtes occidentales de France, et même dans le voisinage du cap de Bonne-Espérance. Il détruit une grande quantité de frai et de jeunes poissons. Il a la chair blanche, mais molle: cependant il est assez bon à manger lorsqu'il est grand et qu'il a vécu dans des endroits pierreux. On le prend pendant l'été avec des filets ou des lignes; et l'on profite souvent, pour le pêcher, des temps d'orage et de tempête, pendant lesquels il se réfugie près des rivages et sur les bas-fonds.

Le spare gros-œil a, en effet, l'œil très-gros, ainsi que le montre le tableau générique: le diamètre de l'orbite est à-peu-près égal à la moitié du grand diamètre de l'ouverture de la bouche. Les mâchoires sont aussi avancées l'une que l'autre; la langue est lisse; l'extrémité de la queue est beaucoup moins haute que le corps et la partie antérieure de cette même queue. Les couleurs sont

---

1 rayon aiguillonné et 5 rayons articulés à chaque thoracine.

16 rayons à la caudale.

6 rayons à la membrane branchiale du spare brème.

15 rayons à chaque nageoire pectorale.

1 rayon aiguillonné et 5 rayons articulés à chaque thoracine.

19 rayons à la nageoire de la queue.

6 rayons à la membrane branchiale du spare gros-œil.

15 rayons à chaque nageoire pectorale.

1 rayon aiguillonné et 5 rayons articulés à chaque thoracine.

20 rayons à la caudale.

très-riches : les raies longitudinales rouges ou
jaunes, que le tableau générique indique, règnent
sur un fond d'un jaune doré ; les nageoires sont
variées de jaune et de rouge ; la caudale est jaune
à sa base et grise à son extrémité.

LE SPARE RAYÉ.[1]

Pentapus vittatus, Cuv. ; *Sparus vittatus*, Bl., Lacep. ;
Bodianus decacanthus, Lacep.? (2).

Le SPARE ANCRE (3), *Cheilinus Anchorago*, Cuv. ; *Sparus Anchorago*, Bl., Lac. (4). — SPARE TROMPEUR (5), *Epibulus insidiator*, Cuv. ; *Sparus insidiator*, Linn., Gmel., Lacep. (6).
— SPARE PORGY (7), *Sparus Porgy*, Lacep. ; *Sparus Chrysops*, Linn., Gmél. (8). — SPARE ZANTHURE (9), *Pagrus Argyrops*, Cuv. ; *Sparus Argyrops*, Linn., Gmel. ; *Sparus Zanthurus*, Lacep. (10). — SPARE DENTÉ (11), *Dentex vulgaris*,
Cuv. ; *Sparus Dentex*, Linn., Gmel., Lacep. (12).

LES eaux du Japon nourrissent, suivant Bloch,
le spare rayé. Chaque narine de ce spare n'a qu'un

(1) Bloch, pl. 275.

(2) Du genre PENTAPODE, *Pentapus*, dans la famille des Acanthoptérygiens sparoïdes, Cuv.

M. Cuvier dit que ce poisson a été décrit une seconde fois par M. de
Lacépède, sous le nom de *Bodian décacanthe*. DESM. 1830.

(3) Bloch, pl. 276.

(4) Du sous-genre CHEILINE, l'un de ceux du grand genre des Labres,
dans la famille des Acanthoptérygiens labroïdes. DESM. 1830.

orifice. Les mâchoires sont à-peu-près aussi avancées l'une que l'autre. Le devant de chacune de ces

---

(5) *Spare filou*. Bonnaterre, planches de l'Encyclopédie méthodique.

« Sparus rubens, ad latera flavescens, etc. » Pallas, Spicileg. zoolog., p. 41, tab. 5, fig. 1.

Glotsmael. Valent. Ind. 3, p. 384, n. 122.

Groote bedrieger. Ruysch, Theat. animal. 1, p. 3, t. 2, n. 6.

Trompeur ou *filou*. Renard, Poiss. 1, *f*. 42, n. 209, 210, 2; *f*. 4, n. 13; et *f*. 17, n. 15.

(6 Du genre FILON, *Epibulus*, Cuv., dans la famille des Acanthopté-rygiens labroïdes. DESM. 1830.

(7) *Spare porgy*. Daubenton et Haüy, Encyclopédie méthodique.

Id. Bonnaterre, planches de l'Encyclopédie méthodique.

Aurata bahamensis. Catesby, Carol. 2, p. 16, tab. 16.

(8) Non mentiouné par M. Cuvier.   DESM. 1830.

(9) *Spare zanture*. Daubenton et Haüy, Encyclopédie méthodique.

Id. Bonnaterre, planches de l'Encyclopédie méthodique.

« Sparus iride argenteâ, dentibus anterioribus conicis. » Browne, Jam. 447.

Zanthurus indicus. Willughby, Ichthyol. append., p. 5, tab. 3.

(10) Du genre PAGRE, de M. Cuvier, dans la famille des Acanthopté-rygiens sparoïdes.   DESM. 1830.

(11) *Dentale*, dans quelques départements de France.

Dentillac, dans quelques départements méridionaux de France.

Marmo, ibid.

Dentice, dans la Ligurie.

Id. en Sardaigne.

Dentici, à Malte.

Dentelé, dans plusieurs parties de l'Italie.

Synagrida, par les Grecs modernes.

Zahn brachsem, ou *zahn-brassem*, en Allemagne.

Taan braasem, en Hollande.

Sea rough, en Angleterre.

Spare denté. Daubenton et Haüy, Encyclopédie méthodique.

Id. Bonnaterre, planches de l'Encyclopédie méthodique.

« Sparus varius dorso acuto, dentibus quatuor majoribus. » Artedi, gen. 36, syn. 59.

mâchoires présente des dents plus longues que celles des côtés. Les trois raies larges et bleues que l'on voit régner sur le corps et la queue de l'animal, sont relevées par l'éclat des écailles, qui sont dorées sur la partie supérieure du poisson, et argentées sur l'inférieure. Les nageoires pectorales et les thoracines montrent des nuances rougeâtres : les autres nageoires sont variées de bleu et de jaune.

Le nom d'*Ancre*, donné par Bloch au second des spares décrits dans cet article, vient de la

---

Ἡ συναγρὶς Arist., lib. 2, cap. 13, 15; lib. 8, cap. 2, 13; et lib. 9, cap. 2.

Σύνοδον. Ælian., lib. 1, cap. 44, p. 52.

Σύνοδον καὶ συναγρὶς. Athen., lib. 7, p. 322.

Dentex. Jov., cap. 12, p. 70.

Id. Salvian. *f.* 110, *b.* 111.

Dentelé. Rondelet, première partie, liv. 5, chap. 19.

Dentex, seu *dentalis.* Gesn., p. 934; et (germ.) fol. 26, *a.*

« Synagris, vel synodon, qui synagris adultior Rondeletio videtur. » Id. p. 933.

Synagris Belonii. Id. p. 934.

Dentex. Aldrovand., lib. 2, cap. 12, p. 161.

Synodon, sive *dentex.* Jonston, lib. 1, tit. 3, cap. 1, *a*, 6, t. 18, n. 9.

Dentex, sive *synodon Aldrovandi.* Willughby, p. 312.

Rai, p. 134.

Bloch, pl. 268.

« Cinædus caudâ lunatâ. » Gronov. Zooph., n. 214.

Klein, Miss. pisc. 5, p. 49, n. 1.

Denté. Duhamel, Traité des pêches, part. 2, sect. 4, chap. 2, art. 3, pl. 8, fig. 9.

Dentale. Valmont de Bomare, Dictionnaire d'histoire naturelle.

(12) Type du genre Denté, *Dentex*, Cuv., dans la famille des Acanthoptérygiens sparoïdes. Desm. 1830.

forme de plusieurs dents de la mâchoire inférieure de cet osseux, lesquelles sont courbées en deux sens. La tête de ce poisson est grande et comprimée. Une dent plus grande que les voisines, et tournée en avant, se montre à la mâchoire supérieure, auprès de l'angle des deux mâchoires. On ne voit qu'un orifice pour chaque narine. Les écailles sont grandes et lisses. Des teintes rougeâtres paraissent sur la tête et sur les nageoires, excepté sur la dorsale, qui est bleuâtre et tachetée de brun.

Le Spare trompeur est très-remarquable par sa forme, ainsi que par les habitudes qui en découlent, et qui lui ont fait donner le nom qu'il porte. Son museau, très-allongé, semblable à un tube, et terminé par la petite ouverture de sa bouche, lui sert d'instrument de projection, pour lancer en petites gouttes l'eau qu'il introduit dans le fond de sa gueule par les orifices des branchies. C'est avec ces petits projectiles fluides qu'il attaque les insectes qui voltigent au-dessus de la surface de la mer, dans l'endroit où il se tient en embuscade, qu'il les tue, ou les étourdit, ou les mouille, et les met toujours hors d'état de s'envoler et d'échapper à sa poursuite. Il est lui-même très-recherché dans les grandes Indes, qu'il habite; et sa proie est vengée par les pêcheurs de ces belles contrées, où l'on aime beaucoup à se nourrir de poisson. Sa chair est, en effet, très-agréable au goût: mais son volume est peu considérable; il ne parvient ordinairement qu'à la longueur de trois décimètres. Des deux lignes latérales qu'il présente, la supérieure suit, à-peu-près, la courbure du dos ; l'inférieure est droite. Les écailles sont grandes et bordées de verdâtre ; les nageoires, jaunes ; et la dorsale et l'anale, ornées de bandelettes vertes.

La couleur générale du porgy est bleuâtre ; son séjour, la Caroline. Catesby et Garden l'ont fait connaître.

Le zanture, que l'on trouve dans les mers voisines de la Caroline et de la Jamaïque, a de très-grands rapports avec le porgy.

Le denté en a d'assez remarquables avec le hurta ; et de plus, pour éviter toute équivoque, il est bon d'observer qu'il paraît que ce spare n'a pas reçu des anciens naturalistes grecs le même nom à tout âge. Dans sa jeunesse, il a été nommé par eux *Synagris* ; et dans un âge plus avancé, *Synodon*. Mais il ne faut pas le confondre avec le spare auquel nous avons conservé la dénomination de *Synagre*, d'après Linnée, Daubenton, Bonnaterre, etc., et qui a été vu par Catesby dans les eaux de la Caroline, ni avec celui que nous nommons, ainsi que Bloch, *Cynodon* ou *Dent de chien*.

Au reste, le denté a la tête comprimée ; les deux mâchoires également avancées, et garnies chacune d'une rangée de dents pointues et recourbées ; la langue et le palais, lisses ; l'ouverture de chaque narine, double; la tête variée de doré, d'argenté et de vert; des points bleus plus ou moins apparents sur les côtés; la nageoire dorsale et la caudale, jaunes à leur base et bleues à leur extrémité; les pectorales rougeâtres; les thoracines et l'anale d'un jaune foncé; quatre cœcums auprès du pylore, et la vessie natatoire divisée en deux portions.

Ce poisson change de couleur avec l'âge : il devient pourpre lorsqu'il est vieux; ce qui a dû porter les anciens à donner à ce spare, suivant le nombre de ses années, le nom de *Synagre* ou celui de *Synodon*. On dit que ses teintes varient aussi avec les saisons, et qu'il est blanc ou presque blanc en hiver.

Le denté habite non seulement dans la Méditerranée, où il a été observé par les anciens naturalistes grecs, mais dans la mer d'Arabie et dans celle de la Jamaïque (1). Il est très-commun auprès

---

(1) 5 rayons à la membrane branchiale du spare rayé.

16 rayons à chaque nageoire pectorale.

1 rayon aiguillonné et 5 rayons articulés à chaque thoracine.

18 rayons à la nageoire de la queue.

5 rayons à la membrane branchiale du spare ancre.

15 rayons à chaque nageoire pectorale.

1 rayon aiguillonné et 5 rayons articulés à chaque thoracine.

16 rayons à la caudale.

11 rayons à chaque nageoire pectorale du spare trompeur.

6 rayons à chaque thoracine.

11 rayons à la caudale.

6 rayons à la membrane branchiale du porgy.

de l'île de Sardaigne, de la Campagne de Rome,
de Venise, de la Dalmatie, et des côtes de l'Archipel et de Syrie, où, du temps de Jove, on
prenait une assez grande quantité d'individus de
cette espèce pour en faire mariner un nombre
très-considérable, que l'on transportait dans des
contrées très-éloignées du lieu où on les avait
pêchés. Il pèse communément de deux à cinq
myriagrammes, quelquefois de onze à douze; et
Duhamel rapporte qu'un de ses correspondants
en avait vu un du poids de trente-huit. On le
prend à la ligne, et avec toute sorte de filets. Au
printemps, on le trouve dans les bas-fonds voisins des rivages; et il se réfugie dans les profondeurs de la mer, soit pendant l'hiver pour
échapper à un froid trop rigoureux, soit pendant l'été pour se dérober à l'influence funeste
des rayons du soleil.

---

17 rayons à chaque nageoire pectorale.

6 rayons à chaque thoracine.

19 rayons à la nageoire de la queue.

17 rayons à chaque nageoire pectorale du zanture.

6 rayons à chaque thoracine.

20 rayons à la caudale.

6 rayons à la membrane branchiale du spare denté.

15 rayons à chaque nageoire pectorale.

1 rayon aiguillonné et 5 rayons articulés à chaque thoracine.

15 rayons à la nageoire de la queue.

LE SPARE FASCÉ,[1]

Cheilinus fasciatus, Cuv.; *Sparus fasciatus*, Bl., Lacep.;
Labrus enneacanthus, Lac. (2).

Le Spare Faucille (3), *Cheilinus falcatus*, Cuv.; *Sparus falcatus*, Bl., Lac. (4). — Spare Japonais (5), *Dentex Tambulus*, Cuv.; *Sparus japonicus*, Bl., Lacep. (6). — Spare Surinam (7), *Chromis surinamensis*, Cuv.; *Sparus surinamensis*, Bl., Lacep. (8). — Spare Cynodon (9), *Dentex Cynodon*, Cuv.; *Sparus Cynodon*, Bl., Lacep. (10). — Spare Tétracanthe (11), *Mesoprion griseus*, Cuv.; *Sparus tetracanthus*, Bl., Lac.; *Cychla tetracantha*, Schn.; *Bodianus, Vivanet*, Lacep. (12).

Bloch a publié, le premier, la description de ces six espèces de poissons.

---

(1) Bloch, pl. 257.

(2) Du sous-genre Cheiline, dans le genre Labre. Famille des Acanthoptérygiens labroïdes. Cuv. Desm. 1830.

Selon M. Cuvier, M. de Lacépède a décrit deux fois ce poisson, sous les noms 1° de *Labre ennéacanthe*, et 2° de *Spare fascé*. Desm. 1830.

(3) Bloch, pl. 258.

(4) Du sous-genre Cheiline, dans le grand genre des Labres, suivant M. Cuvier. Desm. 1830.

(5) Bloch, pl. 277, fig. 1.

(6) Du genre Denté, dans la famille des Acanthoptérygiens sparoïdes de M. Cuvier. Desm. 1830.

(7) Bloch, pl. 277, fig. 2.

(8) Du genre Chromis, dans la famille des Acanthoptérygiens labroïdes de M. Cuvier. Desm. 1830.

Le fascé a la tête comprimée ; l'ouverture de la bouche assez grande ; les mâchoires d'égale longueur ; la langue et le palais lisses ; chaque narine indiquée par un seul orifice ; les écailles larges, lisses et minces ; une bande noire sur la caudale, dont l'extrémité est d'ailleurs très-brune, et de petites taches sur un liséré très-brun qui garnit la dorsale et la nageoire de l'anus.

Il se trouve au Japon.

Le spare faucille habite dans la mer des Antilles, et a été dessiné par Plumier. Ce beau spare est couvert d'écailles brillantes de l'éclat de l'or, et du vert de l'émeraude. Sa tête est grande. Deux dents fortes et recourbées garnissent, des deux côtés, la partie postérieure de chaque mâchoire. Chaque narine a un orifice double. Les opercules sont revêtus de petites écailles. Le ventre est court, gros et arrondi.

Le nom du spare japonais apprend quelle est sa patrie. On doit remarquer la langue et le palais de ce poisson, qui sont lisses, l'orifice unique de

---

(9) *Iean cacatoea ija*, au Japon.

Papageifish, par les Hollandais du Japon.

Bloch, pl. 278.

(10) Du genre Denté, dans la famille des Acanthoptérygiens sparoïdes, Cuv. Desm. 1830.

(11) Bloch, pl. 279.

(12) Du genre Mesoprion, de la famille des Acanthoptérygiens percoïdes, Cuv. Ce poisson a été décrit deux fois par M. de Lacépède, 1° sous le nom de *Spare tétracanthe*, et 2° sous celui de *Bodian vivanet*. Desm. 1830.

chacune de ses narines, la compression de son corps, la largeur et la surface unie de ses écailles, le jaune de ses opercules, et la couleur de ses nageoires, qui sont variées de rouge et de gris.

Nous n'avons pas besoin de dire que les eaux de Surinam sont celles que préfère le spare qui porte le nom de cette contrée. Ce poisson a l'ouverture de la bouche petite. On ne voit qu'un orifice à chacune de ses narines. Les écailles sont lisses et minces; des raies brunes règnent sur les nageoires qui sont jaunes (1).

---

(1)   5 rayons à la membrane branchiale du spare fascé.

12 rayons à chaque pectorale.

1 rayon aiguillonné et 5 rayons articulés à chaque thoracine.

13 rayons à la nageoire de la queue.

6 rayons à la membrane branchiale du spare faucille.

10 rayons à chaque pectorale.

6 rayons à chaque thoracine.

10 rayons à la caudale.

5 rayons à la membrane branchiale du spare japonais.

18 rayons à chaque pectorale.

1 rayon aiguillonné et 5 ou 6 rayons articulés à chaque thoracine.

18 rayons à la nageoire de la queue.

5 rayons à la membrane branchiale du spare surinam.

15 rayons à chaque pectorale.

1 rayon aiguillonné et 5 rayons articulés à chaque thoracine.

16 rayons à la caudale.

5 rayons à la membrane branchiale du cynodon.

15 rayons à chaque pectorale.

6 rayons à chaque thoracine.

20 rayons à la nageoire de la queue.

13 rayons à chaque nageoire pectorale du tétracanthe.

22 rayons à la caudale.

On a observé dans la mer du Japon le cynodon, dont les yeux sont ovales et très-grands, les narines percées chacune d'un seul orifice, les deux mâchoires d'égale longueur, les écailles lisses et petites, la dorsale ainsi que l'anale variées de jaune et de rouge.

Et enfin Plumier a dessiné dans les Antilles le tétracanthe, qui se plaît dans les eaux de ces îles, parvient à une grandeur considérable, et réunit aux traits présentés par le tableau générique un orifice double pour chaque narine, de petites écailles sur les opercules, un tronc élevé, et une tache presque ronde, argentée, d'autant plus éclatante qu'elle est bordée de noir, et placée à l'origine de la ligne latérale.

LE SPARE VERTOR,[1]

Sparus viridi-aureus, Lacep. (2).

Le Spare Mylostome (3), *Sparus Mylostomus*, Lacep. (4). — Spare Mylio (5), *Chrysophrys bifasciatus*, Cuv.; *Chætodon bifasciatum*, Forsk.; *Sparus Mylio*, *Labrus Catenula*, et *Holocentrus Rabaji*, Lac. (6). — Spare breton (7), *Gerres Oyena*, Cuv.; *Sparus erythrurus*, Bl.; *Smaris Oyena*, Rupp.; *Sparus Britannus*, *Labrus longirostris*, et *Labrus Oyena*, Lac. (8). — Spare rayé d'or (9), *Pentapus aurolineatus*, Cuv.; *Sparus aurolineatus*, Lacep. (10).

Nous avons trouvé dans les manuscrits de Commerson la description de ces cinq spares.

---

(1) « Sparus è fusco viridi flavescens, zonis quinque nigris transversis, « *vel* sparus è fusco viridi inauratus, fasciis quinque annularibus nigris, « basi pinnarum pectoralium è nigro cærulescente. » Commerson, manuscrits déja cités.

(2) Non mentionné par M. Cuvier.   Desm. 1830.

(3) *Gueule pavée*. Commerson.

« Mylio lineis fractis et refractis, alternatim aureis et cæruleis, longi- « tudinaliter variegatus; maculâ in postremo utrinque dorso nigrâ. » Commerson, manuscrits déja cités.

(4) Non mentionné par M. Cuvier.   Desm. 1830.

(5) *Espèce de gueule pavée*. Commerson.

« Mylio lineis longitudinalibus pluribus fuscis interruptis, tæniâ du- « plici nigrâ transversâ, aliâ in operculis branchiarum, altera in capite « anteriore. » Commerson, manuscrits déja cités.

Le vertor habite dans le grand Océan, auprès des côtes de la Nouvelle-Guinée, où Commerson a vu des myriades d'individus de cette espéce, et où il n'en a remarqué aucun qui eût plus d'un demi-décimètre de long. Son dos est caréné et son ventre arrondi, comme le dos et le ventre de plusieurs spares. Les deux mâchoires présentent à-peu-près la même longueur. La lèvre supérieure est extensible. De petites écailles couvrent toute la surface de l'animal. On voit à l'angle extérieur de chaque thoracine une lame écailleuse allongée et aiguillonnée, que Commerson regardaït comme un caractère distinctif de tous les spares; mais ce naturaliste n'avait pas observé un grand nombre de ces osseux. Les vertors suivaient en troupes si

---

(6) Du genre Denté de M. Cuvier, dans la famille des Acanthoptérygiens sparoïdes.

M. de Lacépède a décrit ce poisson trois fois sous les noms, 1° de *Spare Mylio*, 2° de *Labre Chapelet*, et 3° d'*Holocentre Rabaji*, selon M. Cuvier. Desm. 1830.

(7) *Le breton.* Commerson.

« Sparus argenteus, lineis lateralibus interruptis fuscis maculatus. » Commerson, manuscrits déja cités.

(8) Du genre Gerres, dans la famille des Acanthoptérygiens sparoïdes. M. de Lacépède l'a reproduit trois fois sous les dénominations, 1° de *Labre long-museau*, 2° de *Labre Oyena*, 3° et de *Spare Breton*. Desm. 1830.

(9) « Sparus lineis aureis longitudinalibus utrinque virgatus, màculà « à tergo pinnæ dorsalis oblongà, ex argenteo deauratà, pinnis omnibus « et caudà bifurcà rubris. » Commerson, manuscrits déja cités.

(10) Du genre Pentapode, dans la famille des Acanthoptérygiens sparoïdes. Desm. 1830.

considérables le vaisseau de ce voyageur, au milieu du mois d'août 1768, lorsqu'il allait vers les rivages de la Nouvelle-Guinée, qu'on ne pouvait pas enfoncer un seau dans la mer pour y puiser de l'eau, sans en retirer plusieurs de ces petits poissons, distingués par la beauté de leurs nuances que le bleu noirâtre de la base des pectorales fait ressortir avec encore plus d'éclat.

Le mylostome a été pêché sous les yeux de Commerson, auprès des côtes des îles Praslin, au mois de juillet 1768. Le goût de ce thoracin est assez agréable. Ce poisson a beaucoup de rapports avec la dorade ; mais son front est beaucoup plus près d'être vertical que celui de ce dernier spare. Les deux mâchoires sont également avancées, et hérissées de dents très-petites et serrées comme celles d'une lime. La langue est courte, large, pointue et cartilagineuse. Deux orifices appartiennent à chaque narine. Les yeux sont très-gros et saillants. Les écailles qui recouvrent les opercules, le corps et la queue, sont rayonnées, et un peu crénelées dans leur bord postérieur. La couleur générale est d'un jaune foncé, plus clair sur les pectorales, mêlé avec du vert sur une grande partie de la dorsale et de la caudale, et qui s'étend jusqu'au bord intérieur de la mâchoire inférieure, à la langue, au palais et au gosier. Deux taches noirâtres sont placées sur l'extrémité de la queue, de manière à se réunir et à y représenter, suivant les expressions de Commerson, *une paire de lunettes.*

La mer voisine de l'Ile de France nourrit le mylio, qui ressemble beaucoup au mylostome, et qui parvient à la grandeur d'un cyprin de taille moyenne. Les écailles qui revêtent ses opercules, son corps et sa queue, sont larges, lisses et brillantes. Six dents saillantes en avant garnissent l'extrémité des deux mâchoires, dont l'inférieure est la plus courte; la lèvre supérieure est extensible.

Le fond de la couleur de ce mylio est argenté; les pectorales, une portion de la dorsale et la caudale sont jaunes; les thoracines, la plus grande partie de l'anale, le bord supérieur de la dorsale, et l'extrémité de la caudale, offrent une teinte noirâtre; et chaque joue présente une tache très-dorée (1).

---

(1) 18 rayons à chaque nageoire pectorale du vertor.

   1 rayon aiguillonné et 5 rayons articulés à chaque thoracine.

15 rayons à la nageoire de la queue.

16 rayons à chaque nageoire pectorale du mylostome.

   1 rayon aiguillonné et 5 rayons articulés à chaque thoracine.

18 rayons à la caudale.

15 rayons à chaque nageoire pectorale du mylio.

   1 rayon aiguillonné et 5 rayons articulés à chaque thoracine.

17 rayons à la nageoire de la queue.

17 rayons à chaque nageoire pectorale du spare breton.

   6 rayons à chaque thoracine.

17 rayons à la caudale.

   6 rayons à la membrane branchiale du spare rayé d'or.

15 rayons à chaque nageoire pectorale.

   1 rayon aiguillonné et 5 rayons articulés à chaque thoracine.

17 rayons à la nageoire de la queue.

Le breton se trouve parmi les poissons littoraux de l'Ile de France : il y est cependant assez rare. On vante la bonté de sa chair ; mais il ne parvient ordinairement qu'à la longueur de deux ou trois décimètres. La lèvre supérieure est si extensible, qu'elle s'allonge quelquefois d'un neuvième et même d'un huitième de la longueur totale de l'animal. Chaque mâchoire est garnie de très-petites dents.

Le spare rayé d'or a deux ou trois décimètres de longueur, les deux mâchoires presque également avancées, le dos brun, et les côtés argentés.

LE SPARE CATESBY,[1]

Hæmulon ...., Cuv.; *Perca melanura*, Linn., Gmel.; *Sparus Catesby*, Lac.(2).

Le Spare Sauteur (3), *Temnodon saltator*, Cuv.; *Perca saltatrix*, Linn., Gmel.; *Sparus saltator, Cheilodipterus heptacanthus*, et *Pomatoma Skib*, Lacep. (4). — Spare venimeux (5), *Serranus* ...., Cuv.; *Perca venenosa*, Linn., Gmel.; *Sparus venenosus*, Lacep. (6).—Spare Salin (7), *Sargus unimaculatus*, Cuv.; *Perca unimaculata*, Bl.; *Grammistes unimaculatus*, Schn.; *Sparus Salinus*, Lacep. (8).— Spare Jub (9), *Pristipoma Rodo*, Cuv.; *Perca Juba*, et *Sparus vittatus*, Bl.; *Sparus Jub*, et *Lutjanus virginicus*, Lacep. (10). — Spare Mélanote (11), *Sparus melanotus*, Lacep. (12).

Nous devons à Catesby la connaissance du spare auquel nous avons donné le nom de ce voyageur,

---

(1) « Perca marina, caudâ nigrâ. » Catesby, Carol. 2, p. 7, tab. 7 fig. 2.

Persègue queue noire. Daubenton et Haüy, Encyclopédie méthodique.

Id. Bonnaterre, planches de l'Encyclopédie méthodique.

(2) Dans le tome VI de l'Histoire des Poissons, M. Cuvier dit (page 4) que ce poisson est de son genre Gorette *Hæmulon*, dans la famille des Acanthoptérygiens sciénoïdes. Cependant on ne le trouve pas cité dans le tome V de cet ouvrage, où les espèces du genre Gorette sont décrites. Il n'est pas non plus mentionné dans le tome II de la deuxième édition du Règne animal. Desm. 1830.

(3) « Perca marina saltatrix. » Catesby, Carol. 2, p. 8, tab. 8, fig. 2.

Persègue sauteuse. Daubenton et Haüy, Encyclopédie méthodique.

Id. Bonnaterre, planches de l'Encyclopédie méthodique.

ainsi que celle du sauteur et du venimeux. Ces trois espèces habitent dans les eaux de l'Amérique septentrionale un peu voisines des tropiques, et particulièrement dans celles de la Caroline. Le

---

(4) M. Cuvier, Règne anim., dit de ce poisson : « Nous l'avons « presque sans différences d'Alexandrie, des États-Unis, du Brésil, du « Cap et de la Nouvelle-Hollande. C'est le Cheilodiptère heptacanthe de « Lacépède, d'après Commerson, et son Pomatome Skib d'après Bosc. »

Conséquemment il a été décrit trois fois par M. de Lacépède. M. Cuvier place le genre auquel il appartient dans la famille des Acanthoptérygiens scombéroïdes. DESM. 1830.

(5) « Perca marina venenosa, punctata. » Catesby, Carol. 2, p. 5, tab. 5.

Persègue venimeuse, Daubenton et Haüy, Encyclopédie méthodique.

Id. Bonnaterre, planches de l'Encyclopédie méthodique.

(6) M. Cuvier regarde ce poisson comme un merou ou serran (de la famille des Acanthoptérygiens percoïdes). D'après ses couleurs il aurait beaucoup de rapport avec le *Serranus latus*, Cuv., ou spare atlantique de Lacépède; mais la queue de ce dernier n'est pas fourchue, ni sa dorsale non divisée comme on les voit dans la figure de Catesby. DESM. 1830.

(7) *Pacu*, au Brésil.

Selumixira, ibid.

Sellema, par les Portugais du Brésil.

Selim, id.

Perche salin, et *perca unimaculata*. Bloch, pl. 308, fig. 1.

(8) Du genre Sargue, dans la famille des Acanthoptérygiens sparoïdes de M. Cuvier. DESM. 1830.

(9) *Guatumpa juba*, au Brésil.

Perche jub. Bloch, pl. 308, fig. 2.

(10) Du genre Pristipome, dans la famille des Acanthoptérygiens sciénoïdes de M. Cuvier.

M. de Lacépède a décrit deux fois ce poisson, sous les noms de *Spare jub*, et de *Lutjan virginien*. DESM. 1830.

(11) *Perche argentée*. Bloch, pl. 311, fig. 1.

(12) Non mentionné par M. Cuvier. DESM. 1830.

premier de ces trois spares a ordinairement trois ou quatre décimètres de longueur. Sa gueule est grande et rouge à l'intérieur; et les écailles qui recouvrent son corps et sa queue, sont larges, brunes, et bordées de jaune.

Le sauteur, qui doit son nom spécifique à la facilité avec laquelle il s'élance, comme plusieurs autres poissons, au-dessus de la surface de l'eau, présente sur ses opercules un mélange de blanc, de rouge et de jaune. La couleur générale de sa partie supérieure est brune. Il se plaît dans les climats chauds. Il n'a souvent que deux décimètres de longueur. Mais la rapidité et la force avec lesquelles il agite sa queue, lui donnent, indépendamment de la faculté de sauter et de s'élever presque verticalement à une hauteur plus ou moins remarquable, celle de nager avec vîtesse, et de suivre les vaisseaux même lorsque leurs voiles sont enflées par le vent le plus favorable.

La longueur ordinaire du venimeux est depuis six jusqu'à dix décimètres, et par conséquent très-considérable. Il a été regardé comme renfermant un poison dangereux; et de là vient le nom spécifique qu'il porte. Mais il paraît qu'il n'est pas venimeux ou malfaisant dans toutes les contrées ni dans toutes les saisons où on le pêche, et par conséquent, qu'il ne doit ses qualités funestes qu'à la nature des aliments qu'il préfère dans certaines circonstances, et qui, innocents pour ce thoracin, sont mortels pour l'homme ou pour plusieurs animaux. Cet osseux est dès-lors un nouvel exemple de ce que nous avons dit dans notre *Discours sur la nature des poissons*, de l'essence et de l'origine de leurs sucs vénéneux; mais il n'en doit pas moins être l'objet de l'examen le plus attentif, ou plutôt des épreuves les plus rigoureuses, avant qu'on ne puisse avec prudence se nourrir de sa chair, dont il sera toujours bien plus sûr de se priver.

La patrie du Salin est le Brésil. Ce spare, dont Marcgrave et le prince Maurice de Nassau ont laissé chacun un dessin, a la tête petite, la couleur générale d'un bleu argenté, toutes les nageoires jaunes ou dorées, des intestins très-larges, un ovaire très-grand, et une longueur de trois ou quatre décimètres. Il quitte la mer au printemps pour remonter dans les rivières, et ne revient dans l'Océan que vers la fin de l'automne.

Le Jub habite le Brésil comme le salin. La nuque de ce poisson est très-relevée; son dos d'un violet noirâtre; et chacune de ses nageoires variée de jaune et d'orangé. Ce spare devient deux fois plus grand que le salin; mais il ne monte pas, comme ce dernier, dans les rivières. Il s'arrête entre les rochers voisins des embouchures des fleuves; il y passe même très-souvent l'hiver; et on y pêche un nombre d'autant plus grand d'individus de cette espèce, que la chair du jub est très-bonne à manger, et que celle des joues de cet osseux, ainsi que de sa langue, a été regardée comme une nourriture des plus délicates. Le prince Maurice a fait un dessin de ce spare ; on en trouve un autre, mais mauvais, dans Marcgrave, qui en a donné aussi une description. Le dessin de Marcgrave a été copié par Pison ; sa description par Willughby : l'un et l'autre l'ont été par Jonston et par Ruysch. Bloch a publié le dessin du prince Maurice.

C'est dans le Japon que vit le mélanote. Ce thoracin a les dents petites ; et chacune de ses narines n'a qu'un orifice. Ses autres traits sont indiqués dans le tableau générique, ou dans cette note (1).

---

(1) 20 rayons à la caudale du spare venimeux.

   13 rayons à chaque nageoire pectorale du salin.

    1 rayon aiguillonné et 5 rayons articulés à chaque thoracine.

   15 rayons à la nageoire de la queue.

   12 rayons à chaque nageoire pectorale du jub.

    1 rayon aiguillonné et 5 rayons articulés à chaque thoracine.

   17 rayons à la caudale.

    5 rayons à la membrane branchiale du mélanote.

   14 rayons à chaque nageoire pectorale.

    1 rayon aiguillonné et 5 rayons articulés à chaque thoracine.

   18 rayons à la nageoire de la queue.

LE SPARE NIPHON,[1]

Sparus Niphon, Lacep. (2).

Le Spare demi-lune (3), *Mesoprion chrysurus*, Cuv.; *Sparus chrysurus*, Bl., Lacep.; *Sparus semi-luna*, Lacep; *Grammistes chrysurus*, Bl., Schn.; *Anthias Rabirubia*, Schn. (4). — Spare Holocyanose (5), *Scarus cœruleus*, Cuv., Bl.; *Coryphœna cœrulea*, Bl.; *Sparus holocyaneos*, Lac. (6). — Spare Lépisure, *Diacope quadriguttata*, Cuv.; *Sparus lepisurus*, Lacep. (7). — Spare bilobé (8), *Chrysophrys bilobata*, Cuv.; *Sparus bilobatus*, Lacep. (9). — Spare cardinal, *Chrysophrys Cardinalis*, Cuv.; *Sparus Cardinalis*, Lac. (10). — Spare chinois, *Dentex setigerus*, Cuv.; *Sparus sinensis*, Lac. (11). — Spare Bufonite, *Chrysophrys Sarba*, Cuv.; *Sparus Sarba*, Forsk., Linn., Gmel., Lac.; *Sparus Psittacus*, Lac. (12). — Spare Perroquet, *Chrysophrys Sarba*, Cuv.; *Sparus Psittacus*, *Sarba* et *Bufonites*, Lac. (13).

***

Le nom de *Niphon* indique que le premier des neuf spares dont nous allons parler, vit dans les

---

(1) *Perche du Japon.* Bloch, pl. 311, fig. 2.

(2) Non mentionné par M. Cuvier.   Desm. 1830.

(3) « Sarda caudà aureâ et lunatâ. » Plumier, peintures sur vélin, déposées à la bibliothèque du Muséum national d'histoire naturelle.

(4) Du genre Mésoprion, dans la famille des Acanthoptérygiens percoïdes de M. Cuvier.

Ce poisson a été décrit deux fois par M. de Lacépède, sous les noms de *Spare demi-lune* et de *Spare queue-d'or*.   Desm. 1830.

eaux du Japon, dont cette grande île de Niphon fait partie. Bloch a fait connaître ce poisson. La tête de ce spare est petite; sa mâchoire supérieure égale en longueur à l'inférieure, et hérissée, comme cette dernière, de dents semblables à celles d'une lime; chacune de ses narines garnie d'un seul orifice.

Le tableau générique montre les principales formes et les couleurs les plus riches du superbe spare auquel nous avons donné le nom de *Demi-Lune*, et dont nous avons trouvé une peinture parmi celles que l'on a exécutées sur vélin d'après les dessins de Plumier, et que l'on conserve dans le Muséum national d'histoire naturelle. Nous n'avons rien à ajouter maintenant au sujet de cet os-

---

(5) « Turdus marinus, totus cæruleus. » Plumier, ibid.

(6) Du genre Scare, selon M. Cuvier, dans la famille des Acanthoptérygiens labroïdes. Desm. 1830.

(7) Du genre Diacope de M. Cuvier, dans la famille des Acanthoptérygiens percoïdes. Desm. 1830.

(8) *Capitaine blanc*, par quelques navigateurs.

(9) Du genre Daurade, *Chrysophrys*, dans la famille des Acanthoptérygiens sparoïdes de M. Cuvier. Desm. 1830.

(10) Du genre Daurade, *Chrysophrys*, de M. Cuvier, dans la famille des Acanthoptérygiens sparoïdes. Desm. 1830.

(11) Du genre Denté, *Dentex*, de M. Cuvier, dans la famille des Acanthoptérygiens sparoïdes. Desm. 1830.

(12) Du genre Daurade, *Chrysophrys*, de M. Cuvier. Famille des Acanthoptérygiens sparoïdes.

M. de Lacépède a décrit ce poisson sous les trois dénominations de *Spare Sarbe*, *Spare Bufonite* et *Spare Perroquet*. Desm. 1830.

(13) Ce spare Perroquet ne diffère pas du précédent, et aussi du spare Sarbe, décrit dans le même article. Desm. 1830.

seux, si ce n'est que ce beau poisson a les deux mâchoires aussi avancées l'une que l'autre, que ses pectorales, ses thoracines et son anale sont grises, et qu'il habite l'Amérique méridionale.

C'est la mer de cette même partie de l'Amérique qui nourrit l'holocyanéose (1), dont nous devons la connaissance à Plumier, et qui n'éblouit pas l'œil de l'observateur par la magnificence de sa parure, mais le charme par les teintes douces et agréables du bleu qui règne seul sur toute sa surface.

Le lépisure (2), qui appartient au grand Océan équinoxial, a l'ouverture de la bouche très-grande, les dents petites, et le bord supérieur de la partie de la nageoire dorsale qui n'est soutenue que par des rayons aiguillonnés, d'une nuance beaucoup plus claire que le reste de cette nageoire.

Le bilobé vit dans le grand Océan équinoxial, comme le lépisure; et c'est parmi les manuscrits de Commerson que nous avons trouvé les dessins de ces deux spares.

Les mers ou les rivières et les lacs de la Chine sont la patrie du spare cardinal et du spare chinois, dont nous avons vu la figure dans un cahier de manuscrits chinois cédés à la France par la

---

(1) Ὅλος veut dire *tout*, et κύανεος, *bleu*.

(2) Le mot *lépisure* désigne les écailles qui sont sur la caudale du spare auquel nous avons donné ce nom. Λεπὶς signifie *écaille*, et οὐρὰ, *queue*.

Hollande, et déposés maintenant dans la bibliothèque du Muséum national d'histoire naturelle (1).

Le spare bufonite et le spare perroquet ont été pêchés dans le grand Océan équinoxial, et figurés par les soins de Commerson, qui en transmit dans le temps à Buffon les dessins que j'ai fait graver. Les dents incisives et molaires qui garnissent la bouche du premier de ces spares, et dont on peut voir la forme représentée sur la même planche que ce bufonite, ont tant de ressemblance avec celles de la vraie dorade, qu'il ne m'a pas paru invraisemblable que dans quelques circonstances ont ait pris, ou l'on prît à l'avenir, des dents fossiles de bufonite pour des dents de dorade; et comme cette erreur peut être de quelque importance relativement aux conséquences que le géologue tire quand il compare la patrie actuelle d'une espèce de poisson avec les pays où il trouve des dépouilles de cette même espèce, j'ai desiré que le nom du spare dont la conformation pouvait entraîner une méprise fâcheuse, indiquât l'attention avec laquelle on doit observer tous ses traits (2); et je l'ai

---

(1) Voyez, pour le spare chinois, la page 25 de ce cahier exécuté en Chine; et pour le spare cardinal, les pages 46 et 47.

(2) 5 rayons à la membrane branchiale du niphon.

    14   à chaque pectorale.

    6   à chaque thoracine.

    16   à la caudale.

13 rayons à chaque pectorale du spare demi-lune.

appelé *Bufonite* par allusion à un des noms donnés à ces molaires fossiles de la véritable dorade, qui diffèrent à peine de celles du spare dont je publie le premier la description.

Au reste, les pectorales du bufonite sont allongées et très-pointues ; et chacune de ses narines a deux orifices inégaux en grandeur.

Le perroquet a, comme le bufonite, les pectorales pointues ; sa dorsale est d'ailleurs basse et allongée.

---

10 rayons à chaque pectorale du spare holocyanéose.

12   à la nageoire de la queue.

13 rayons à chaque pectorale du lépisure.

17   à la caudale.

11 rayons à chaque pectorale du bilobé.

21   à la nageoire de la queue.

7 rayons à chaque pectorale du spare cardinal.

6   à chaque thoracine.

13   à la caudale.

9 rayons à chaque pectorale du bufonite.

6   à chaque thoracine.

20   à la nageoire de la queue.

11 rayons à chaque pectorale du spare perroquet.

19   à la caudale.

LE SPARE ORPHE.[1]

Pagellus centrodontus, Cuv.; *Sparus centrodontus*, Laroche;
Sparus Orphus, Lacep. (2).

Le Spare marron (3), *Chromis vulgaris*, Cuv.; *Sparus Chro-
mis*, Linn., Gmel., Lacep. (4). — Spare rhomboïde (5), *Sar-
gus rhomboides*, Cuv.; *Sparus rhomboides*, Linn., Gmel.,
Lacep. (6). — Spare bridé (7), *Sparus capistratus*, Linn.,
Gmel., Lacep. (8).—Spare galiléen (9), *Chromis....*, Cuv.;
Sparus galilæus, Linn., Gmel., Lacep. (10). — Spare Ca-
rudse (11), *Crenilabrus rupestris*, Cuv.; *Labrus rupestris*,
Linn., Gmel.; *Lutjanus rupestris*, Bloch; *Sparus Carudse*,
Lacep. (12).

L'orphe vit dans la Méditerranée, où il a été bien
observé, même dès le temps d'Aristote. Il croît avec

---

(1) *Spare orphe*. Daubenton et Haüy, Encyclopédie méthodique.
Id. Bonnaterre, planches de l'Encyclopédie méthodique.
« Sparus varius, maculâ nigrâ ad caudam in extremo æqualem. » Artedi,
gen. 37, syn. 63.
Ὁ ὀρφὸς. Aristot., lib. 5, cap. 10; et lib. 8, cap. 13 et 15.
Id. Ælian, lib. 5, cap. 18, p. 275; et lib. 12, cap. 1.
Id. Oppian., lib. 1, p. 6.
Ὀρφῶς. Athen., lib. 7, p. 315.
Orphus. Plin., lib. 9, cap. 16.
Orphe. Rondelet, part. 1, liv. 5, chap. 25.
Orphus. Aldrovand., lib. 2, cap. 11, p. 158.
Jonston, lib. 1, tit. 3, c. 1, a. 5, tab. 18, n. 8.
« Orphus alius veterum. » Gesner, p. 638, 752; et (germ.) fol. 27, a.

beaucoup de vîtesse, pendant qu'il est jeune. Il fréquente les rivages lorsque la belle saison règne:

Charlet., p. 140.

« Orpheus veterum. » Willughby, p. 314.

Orphus Rondeletii. Rai, p. 133.

Cernua. Gaz. in Aristot.

(2) Du genre Pagel, dans la famille des Acanthoptérygiens sparoïdes, Cuv.

Selon M. Cuvier, ce poisson est l'*Orphus* de Rondelet, d'Aldrovande et de Willughby, dont M. de Lacépède a traduit la description. Mais Artedi, en réunissant les articles de ces anciens auteurs sous un caractère qui appartient à une autre espèce, en a fait un être imaginaire, qui a été reproduit ensuite aveuglément par ses successeurs, Linnée, Gmelin ,etc. DESM. 1830.

(3) *Castagnole*, en Ligurie et en Toscane.

Monachelle, en Sicile.

Spare marron. Daubenton et Haüy, Encyclopédie méthodique.

Id. Bonnaterre, planches de l'Encyclopédie méthodique.

« Sparus ossiculo secundo pinnarum ventralium in longam setam quasi « producto. » Arted., gen. 37, syn. 62.

Ὁ χρέμψ, χρομὶς, καὶ χρωμὶς. Arist., lib. 4, cap. 8, 9; lib. 5, cap. 9; et lib. 8, cap. 19.

Χρόμις. Ælian., lib. 9, cap. 7, p. 516; et lib. 10, cap. 11, p. 582.

Id. Athen., lib. 7, p. 328.

Chromis. Plin., lib. 9, cap. 16..

Id. Rondelet, part. 1, liv. 5, chap. 21.

Id. Gesner, p. 223 et 264; et (germ.) fol. 26, *b*.

Id. Aldrovand., lib. 2, cap. 14, p. 168.

Id. Jonston, lib. 1, tit. 3, *c.* 1, *a.* 7, *t.* 17, n. 14.

Id. Wilughby, p. 330.

Id. Rai, p. 141.

(4) Type du genre Chromis, dans la famille des Acanthoptérygiens labroïdes; Cuv. DESM. 1830.

(5) *Spure brème de mer*. Daubenton et Haüy, Encyclopédie méthodique.

Id. Bonnaterre, planches de l'Encyclopédie méthodique.

« Sparus striis longitudinalibus varius. » Browne, Jamaïc. 446.

« Perca rhomboïdes. » Catesby, Carol. 2, p. 4, tab. 4.

mais il se retire pendant l'hiver dans les profondeurs de la mer ; et l'on a écrit que son instinct le portait à choisir pour le lieu de sa retraite les cavernes soumarines où abondaient les animaux à coquille. L'orphe perd difficilement la vie ; ses mouvements vitaux sont même assez intenses pour que son irritabilité subsiste quelque temps après sa mort, et que ses membres palpitent fortement après qu'il a été disséqué.

La Méditerranée est la patrie du spare marron, comme de l'orphe. Ce spare marron a la tête petite, le museau court, le second rayon de chaque thoracine terminé ordinairement par un filament,

---

« Salt water bream. » D. Garden.

(6) Du genre Sargue de M. Cuvier, dans la famille des Acanthoptérygiens sparoïdes. Il ne s'agit ici que du poisson envoyé à Linnée par Garden, sous le nom de *Salt water-bream*. Les synonymes de Browne et de Catesby se rapportent à deux autres espèces. Desm. 1830.

(7) *Spare bridé.* Daubenton et Haüy, Encyclopédie méthodique.

Id. Bonnaterre, planches de l'Encyclopédie méthodique.

(8) Non mentionné par M. Cuvier. Desm. 1830.

(9) *Sparus galilæus*, Hasselquist. iter 343, n° 76; *Spare vert blanc*. Daubenton et Haüy, Encyclopédie méthodique.

Id. Bonnaterre, planches de l'Encyclopédie méthodique.

(10) M. Cuvier soupçonne que ce poisson doit être placé dans son genre *Chromis*, de la famille des Acanthoptérygiens labroïdes. Desm. 1830.

(11) *Labre carude.* Daubenton et Haüy, Encyclopédie méthodique.

Id. Bonnaterre, planches de l'Encyclopédie méthodique.

« Sciæna margine superiore caudæ maculâ fuscâ notato. » Mus. Ad. Frid. 1, p. 65.

Carudse. Strom. Sondm. 291.

« Lutjanus rupestris, carassin de mer. » Bloch, pl. 250.

(12) Du sous-genre Crénilabre, dans le grand genre Labre de M. Cuvier, et de la famille des Acanthoptérygiens labroïdes. Desm. 1830.

une épaisseur un peu considérable, et une longueur d'un ou deux décimètres. Les raies longitudinales qu'il présente sont d'une teinte plus claire que la couleur générale brune qui le distingue, et que rappelle son nom spécifique. Les individus de cette espèce vont souvent par troupes nombreuses. On prétend que, comme plusieurs autres poissons dont nous avons déjà parlé, ils peuvent produire un bruissement très-sensible, en faisant siffler contre les opercules de leurs branchies les gaz qui sortent avec rapidité de leur estomac et de leurs intestins, lorsque ces animaux compriment vivement ces derniers organes. On a aussi écrit, et cette opinion paraît venir d'Aristote, que le spare marron devait être compté parmi les poissons dont l'ouïe est la plus fine.

C'est dans les mers de l'Amérique septentrionale que l'on trouve le rhomboïde et le bridé.

Le galiléen est du petit nombre des thoracins qui ont plus de six rayons à chaque thoracine. Son nom spécifique annonce qu'il habite dans la Galilée : on l'y a vu dans le lac de Génézareth ; et quelques auteurs se sont plu à écrire que l'on devait rapporter à cette espèce les poissons pris en si grand nombre dans le lac de Galilée, lors d'une fameuse pêche dont saint Luc a parlé (1).

---

(1) 16 rayons à chaque pectorale de l'orphe.

6 rayons à chaque thoracine.

18 rayons à la caudale.

Le carudse, que l'on a observé dans la mer qui baigne les côtes de la Norwège, a les opercules garnis de petites écailles; et sa couleur générale est grise. Si les opercules de ce poisson sont dentelés, ainsi que Bloch l'a écrit, et ainsi que le montre la figure publiée par ce naturaliste, il faudra placer ce carudse parmi les lutjans, dans le genre desquels il a été inscrit par le célèbre ichthyologiste de Berlin.

---

6 rayons à la membrane branchiale du spare marron.

17 rayons à chaque pectorale.

1 rayon aiguillonné et 5 rayons articulés à chaque thoracine.

15 rayons à la nageoire de la queue.

6 rayons à la membrane branchiale du spare rhomboïde.

16 rayons à chaque pectorale.

1 rayon aiguillonné et 5 rayons articulés à chaque thoracine.

20 rayons à la caudale.

5 rayons à la membrane branchiale du spare bridé.

12 rayons à chaque pectorale.

1 rayon aiguillonné et 5 rayons articulés à chaque thoracine.

14 rayons à la nageoire de la queue.

11 rayons à chaque pectorale du spare galiléen.

20 rayons à la caudale.

5 rayons à la membrane branchiale du carudse.

17 rayons à chaque pectorale.

1 rayon aiguillonné et 5 rayons articulés à chaque thoracine.

13 rayons à la nageoire de la queue.

LE SPARE PAON.[1]

Cychla Pavo, Cuv.; *Cychla saxatilis*, Bl.; *Sparus saxatilis*, Linn., Gmel.; *Sparus Pavo*, Lacep. (2).

Le SPARE RAYONNÉ (3), *Sparus radiatus*, Linn., Gmel., Lac. (4). — SPARE PLOMBÉ (5), *Labrus lividus*, Linn., Gmel., Cuv.; *Sparus lividus*, Lac. (6). — SPARE CLAVIÈRE (7), *Labrus varius*, Linn., Gmel., Cuv.; *Sparus Claviera*, Lacep. (8). — SPARE NOIR (9), *Labrus niger*, Bl., Cuv.; *Sparus niger*, Lacep. (10). — SPARE CHLOROPTÈRE (11), *Julis chloroptera*, Cuv.; *Labrus chloropterus*, Bl.; *Sparus chloropterus*, Lac. (12).

LE spare paon, que l'on a pêché auprès des rivages pierreux de Surinam, présente un corps

---

(1) *Stone perch*, en Angleterre.

Stein barsch, en Allemagne.

Stein bracksem, ibid.

Spare paon. Daubenton et Haüy, Encyclopédie méthodique.

Id. Bonnaterre, planches de l'Encyclopédie méthodique.

Perche paon. Bloch, pl. 309.

« *Sciæna ocello ad basim caudæ.* » Mus. Adolph. Fr, 1, p. 65.

« *Sparus rostro plagioplateo rufescens, maculâ nigrâ, iride albâ ad* « *caudam subrotundam.* » Gronov. Mus. 2, n. 185, tab. 6, fig. 3.

(2) Du genre CYCHLE de M. Cuvier, dans la famille des Acanthoptérygiens labroïdes. DESM. 1830.

(3) *Pudding fish*, en anglais.

Spare poudingug. Daubenton et Haüy, Encyclopédie méthodique.

Id. Bonnaterre, Planches de l'Encyclopédie méthodique.

« *Turdus oculo radiato.* » Catesby, Carol. II, p. 12, tab. 12, fig. 1.

gros et allongé, une tête étroite par devant et large par derrière, une bouche assez grande, et des dents pointues. Sa mâchoire inférieure est plus longue que la supérieure. Chacune de ses

---

(4) Non mentionné par M. Cuvier. Desm. 1830.

(5) *Labre plombé.* Daubenton et Haüy, Encyclopédie méthodique.

Id. Bonnaterre, planches de l'Encyclopédie méthodique.

Mus. Adolph. Frid. 2, p. 80.

(6) Ce poisson est un vrai Labre (famille des Acanthoptérygiens labroïdes de M. Cuvier). Desm. 1830.

(7) Ἀιόλος, en grec, suivant Rondelet.

Rochau, dans quelques départements méridionaux de France.

Labre clavière. Daubenton et Haüy, Encyclopédie méthodique.

Id. Bonnaterre, planches de l'Encyclopédie méthodique.

« Labrus ex purpureo, viridi, cæruleo et nigro varius. » Artedi, gen. 35, syn. 55.

Seconde espèce de scare. Rondelet, première partie, liv. 6, chap. 3.

Scarus varius. Gesner, p. 832 *pro* 852; et (germ.) fol. 7, *b.*

Aldrovand., lib. 1, cap. 2, p. 6.

Jonston, t. 13, n. 4.

Willughby, p. 306.

Rai, p. 129.

(8) C'est, comme l'espèce précédente et la suivante, un vrai labre pour M. Cuvier. Desm. 1830.

(9) *Ikan cacatoea,* au Japon.

Der schwarze papageyfish, par les Hollandais.

Der schwarz flosser, par les Allemands.

The black fin, par les Anglais.

Labre noir, Bloch, pl. 285.

(10) Vrai Labre, selon M. Cuvier. Desm. 1830.

(11) *De groene papageyvisch,* par les Hollandais, au Japon.

Der grün flosser, par les Allemands.

The green fin, par les Anglais.

Labre à nageoires vertes. Bloch, pl. 288.

(12) Du sous-genre Girelle, *Julis,* dans le grand genre Labre, de la famille des Acanthoptérygiens labroïdes de M. Cuvier. Desm. 1830.

narines n'a qu'un orifice. Son ventre est très-long ; sa couleur générale est brune, et sa chair blanche, grasse et succulente.

Le spare rayonné vit dans les eaux de la Caroline. Il a la lèvre supérieure extensible ; les deux dents de devant plus grandes que les autres ; les côtés pourpres, et le ventre roux.

Le plombé appartient à la Méditerranée ; et sa longueur n'est le plus souvent que de trois ou quatre décimètres.

Il est difficile de voir un plus beau poisson que la clavière. Ce spare brille de tous les reflets de l'émeraude et du saphir, fondus dans des nuances noires ou brunes, et dans les teintes les plus agréables de l'améthyste et du grenat. Sa queue est couleur d'indigo. Il a d'ailleurs la chair tendre, délicate et salubre. Il était très-commun auprès de Marseille et d'Antibes, du temps de Rondelet.

La tête et les opercules du spare noir sont dénués de petites écailles ; la pièce postérieure de chaque opercule présente une prolongation qui paraît comme tronquée ; chaque narine n'a qu'un orifice ; des conduits terminés chacun par un pore, et destinés à répandre sur la surface de l'animal cette humeur huileuse et gluante dont nous avons parlé si souvent, sont disposés en rayons autour de chaque œil. Ces canaux, les opercules, le ventre et la queue, sont verts ; la partie supérieure de l'animal est d'un rouge brun ; les pectorales sont jaunes ou brunes.

Ce spare est du Japon, ainsi que le chloroptère (1).

Ce dernier a la tête comprimée, brune, et rayée de bleu; les deux mâchoires également avancées; une dent saillante et recourbée à chaque angle de la bouche; deux orifices à chaque narine; les opercules dénués d'écailles semblables à celles du dos; et l'anus plus proche de la tête que de la caudale.

---

(1) 6 rayons à la membrane branchiale du spare paon.

17 rayons à chaque pectorale.

1 rayon aiguillonné et 5 rayons articulés à chaque thoracine.

17 rayons à la nageoire de la queue.

6 rayons à la membrane branchiale du spare rayonné.

12 rayons à chaque pectorale.

6 rayons à chaque thoracine.

17 rayons à la nageoire de la queue.

5 rayons à la membrane branchiale du spare plombé.

14 rayons à chaque pectorale.

1 rayon aiguillonné et 5 rayons articulés à chaque thoracine.

14 rayons à la caudale.

5 rayons à la membrane branchiale du spare noir.

12 rayons à chaque pectorale.

1 rayon aiguillonné et 5 rayons articulés à chaque thoracine.

15 rayons à la nageoire de la queue.

6 rayons à la membrane branchiale du spare chloroptère.

13 rayons à chaque pectorale.

1 rayon aiguillonné et 5 rayons articulés à chaque thoracine.

16 rayons à la caudale.

LE SPARE ZONÉPHORE,[1]

Cheilinus fasciatus, Cuv.; *Labrus fasciatus,* Bl.; *Labrus malapteronotus,* et *Sparus zonephorus,* Lacep. (2).

Le SPARE POINTILLÉ (3), *Serranus* . . . ., Cuv.; *Perca punctulata,* Linn., Gmel.; *Sparus punctulatus,* Lacep. (4). — SPARE SANGUINOLENT (5), *Serranus coronatus,* Cuv.; *Perca guttata,* Bl.; *Sparus cruentatus,* Lac. (6). — SPARE ACARA (7), *Chromis bimaculata,* Cuv.; *Perca bimaculata,* Bl.; *Sparus Acara,* Lac. (8). — SPARE NHOQUUNDA (9), *Cychla brasiliensis,* Cuv.; *Perca brasiliensis,* Bl.; *Sparus Nhoquunda,* Lacep. (10). — SPARE ATLANTIQUE (11), *Serranus Catus,* Cuv.; *Perca maculata;* Bl.; *Sparus atlanticus,* Lac. (12).

Nous avons donné le nom de *Zonéphore,* ou de *Porte-ceinture,* au premier de ces six spares, pour

----

(1) *Labre à bandes.* Bloch, pl. 290.

(2) Du sous-genre Cheiline, dans le grand genre Labre, de la famille des Acanthoptérygiens labroïdes, selon M. Cuvier. Il est décrit deux fois par M. de Lacépède, sous les noms de *Labre malaptéronote* et de *Sparc zonéphore.* DESM. 1830.

(3) *Ikan soe salat,* aux Indes orientales.

Luccesie mera, ibid.

Roode jacob evertsen, par les Hollandais des grandes Indes.

Sousalat visch, id.

Negro-fish, par les Anglais.

Perche ponctuée. Daubenton et Haüy, Encyclopédie méthodique.

Id. Bonnaterre, planches de l'Encyclopédie méthodique.

désigner les cinq ou six bandes qui forment comme autant de ceintures autour du corps de ce poisson. Le Japon est la patrie de cet osseux. La grosseur des lèvres de ce spare lui donne quelques rapports particuliers avec les labres. Les deux mâchoires sont également avancées, et armées, chacune dans leur partie antérieure, de deux dents très-allongées. Chaque narine a deux orifices. La ligne latérale est interrompue; le dos caréné,

---

« Perca marina punctata. » Catesby, Carol. 2, p. 7, tab. 7, fig. 1.

Perche ponctuée. Bloch, pl. 314.

(4) Dans le sixième volume de l'Histoire des Poissons, M. Cuvier rapporte cette espèce au genre Mérou, *Serranus*, de la famille des Acanthoptérygiens percoïdes. Desm. 1830.

(5) *Jacob Evertsen rouge.*

Blut barsch, par les Allemands.

The hind, par les Anglais.

Poisson couronné, à la Martinique, suivant Plumier.

Perche sanguinolente. Daubenton et Haüy, Encyclopédie méthodique.

Id. Bonnaterre, Planches de l'Encyclopédie méthodique.

Catesby, Carol. 2, p. 14, tab. 14.

Perche sanguinolente. Bloch, pl. 312.

« Turdus totus purpureus, maculis saturatioribus respersus. » Plumier, peintures sur vélin, déja citées.

(6) Du genre Mérou, *Serranus*, dans la famille des Acanthoptérygiens percoïdes, Cuv. Desm. 1830.

(7) *Perche double-tache.* Bloch, pl. 310, fig. 1.

(8) Du genre Chromis, Cuv., dans la famille des Acanthoptérygiens labroïdes. Desm. 1830.

(9) *Perche du Brésil.* Bloch, pl. 310, fig. 2.

(10) Du genre Cychla, de M. Cuvier, dans la famille des Acanthoptérygiens labroïdes. Desm. 1830.

(11) *Perche tachetée.* Bloch, pl. 313.

(12) Du genre Mérou, *Serranus*, Cuv., dans la famille des Acanthoptérygiens percoïdes. Desm. 1830.

le ventre arrondi ; et toutes les nageoires sont brunes, excepté la dorsale et l'anale, dont la couleur est noirâtre.

Le pointillé habite non seulement dans la mer des Moluques, où il a été observé par Valentyn, mais encore dans celle des Antilles, où Plumier l'a trouvé, et dans les eaux de la Caroline, où Catesby l'a vu.

Il parvient à la grandeur de quatre ou cinq décimètres ; et l'éclat de l'argent mêlé à celui du rubis, au milieu duquel on croirait voir briller un grand nombre de petits saphirs, le rend un des plus beaux poissons des mers voisines des tropiques.

Sa chair est de bon goût. Les écailles dont il est revêtu sont grandes ; ses nageoires sont arrondies ; et sa ligne latérale est presque droite.

Le spare sanguinolent, dont le nom annonce la vivacité des nuances rouges qui scintillent seules sur sa surface, habite dans les deux Indes ; Plumier l'a vu auprès des Antilles, et Catesby auprès des îles Bahama : on le trouve souvent dans les bas-fonds voisins des rivages. Sa chair n'est pas désagréable à manger ; et sa longueur est quelquefois de sept ou huit décimètres.

La tête et l'ouverture de la bouche sont grandes ; les deux mâchoires aussi avancées l'une que l'autre ; les yeux rapprochés du sommet de la tête ; et les écailles assez larges.

L'acara est pêché dans les rivières du Brésil. Il

est gros ; mais sa longueur n'excède guère deux ou trois décimètres. Sa chair est bonne à manger. Le prince Maurice de Nassau en a laissé un dessin ; celui que Marcgrave en a donné, a été copié par Willughby, Jonston et Ruysch. Les nageoires de ce poisson sont d'une couleur brune mêlée de jaune.

Le nhoquunda vit dans les mêmes rivières, parvient à la même longueur, a la même saveur, et a été dessiné ou figuré par les mêmes auteurs que l'acara. Les deux rangs de taches ovales, dont l'un est situé sur un côté, et l'autre sur le côté opposé de l'animal, ne servent pas peu à distinguer ce spare, dont la tête, le corps et la queue sont allongés, les mâchoires également avancées, et les narines percées chacune de deux ouvertures ; l'anus est deux fois aussi éloigné de la tête que de la caudale (1).

---

(1) 12 rayons à chaque nageoire pectorale du zonéphore.
1 rayon aiguillonné et 5 rayons articulés à chaque thoracine.
14 rayons à la nageoire de la queue.
10 rayons à chaque pectorale du spare pointillé.
1 rayon aiguillonné et 5 rayons articulés à chaque thoracine.
14 rayons à la caudale.
10 rayons à chaque pectorale du spare sanguinolent.
1 rayon aiguillonné et 5 rayons articulés à chaque thoracine.
15 rayons à la nageoire de la queue.
14 rayons à chaque pectorale du spare acara.
1 rayon aiguillonné et 5 rayons articulés à chaque thoracine.
15 rayons à la caudale.
12 rayons à chaque pectorale du spare nhoquunda.

A l'égard du spare atlantique, son nom spécifique indique la mer dans lequelle on le trouve; mais c'est le plus souvent le voisinage des Antilles qu'il préfère. Son corps est allongé, et l'orifice de chaque narine est double.

Nous avons trouvé dans les peintures sur vélin du Muséum, exécutées d'après les dessins de Plumier, la figure d'un spare que nous regardons comme une variété de l'atlantique. La couleur générale de ce poisson est mêlée de brun ou de noir; et chacune de ses taches rouges est chargée, dans le centre, d'un point plus rouge encore. Plumier l'a nommé *turdus alius niger, maculis purpureis oculatus.*

---

1 rayon aiguillonné et 5 rayons articulés à chaque thoracine.

16 rayons à la nageoire de la queue.

12 rayons à chaque pectorale du spare atlantique.

1 rayon aiguillonné et 5 rayons articulés à chaque thoracine.

12 rayons à la caudale.

LE SPARE CHRYSOMÉLANE,[1]

Serranus striatus, Cuv.; *Anthias striatus* et *Cherna*, Bl.; *Sparus chrysomelanus*, et *Lutjanus striatus*, Lacep. (2).

Le Spare HÉMISPHÈRE, *Julis* . . . . , Cuv.; *Labrus teniourus*, *Sparus hemisphœrium*, et *Sparus Brachion*, Lac. (3). — Spare PANTHÉRIN, *Cirrhites pantherinus*, Cuv.; *Sparus pantherinus*, Lac. (4). — Spare BRACHION, *Julis* . . . . , Cuv.; *Sparus Brachion*, et *Sparus hœmispherium*, Lac. (5). — Spare MEACO (6), *Apogon Meaco*, Cuv.; *Sparus Meaco*, Lac. (7). — Spare DESFONTAINES, *Chromis Desfontainii*, Cuv.; *Sparus Desfontainii*, Lacep. (8).

Nous devons à Plumier un dessin du *Chryso-mélane*, qui, dans les eaux de l'Amérique équi-

---

(1) *Chrysomelanus piscis*. Plumier, peintures sur vélin, déja citées.

(2) Du genre MÉROU, *Serranus*, Cuv., dans la famille des Acanthoptérygiens percoïdes.

M. de Lacépède a décrit ce poisson deux fois, 1° sous le nom de *Spare chrysomélane*, et 2° de *Lutjan strié*. DESM. 1830.

(3) Du sous-genre Girelle, dans le grand genre Labre, de la famille des Acanthoptérygiens labroïdes. M. de Lacépède l'a décrit sous les noms de *Labre ténioure*, de *Spare hémisphère*, et peut-être de *Spare brachion*. DESM. 1830.

(4) Du genre Cirrhite, de la famille des Acanthoptérygiens percoïdes, Cuv. DESM. 1830.

(5) Du sous-genre Girelle, et probablement de la même espèce que le labre hémisphère de ce même article. Voyez la note 3. DESM. 1830.

(6) *Mullus fasciatus*. Thunberg, Voyage au Japon.

noxiale, parvient à une longueur de quatre ou cinq décimètres. La mâchoire inférieure de ce poisson est plus avancée que la supérieure ; les lèvres sont grosses, l'œil est grand ; et toutes les nageoires sont comme marbrées de couleur de chair et de gris ou de bleu.

Le spare Hémisphère habite dans le grand océan équinoxial, où il a été observé par Commerson, qui en a transmis une figure dans ses manuscrits, avec un dessin du Panthérin, et un dessin du Brachion, que l'on trouve l'un et l'autre dans les eaux où l'on pêche le spare hémisphère. Ce dernier thoracin a la dorsale et l'anale très-longues et très-larges ou très-hautes; cette nageoire de l'anus est d'ailleurs parsemée de petites taches.

La tête du méaco est comprimée, et ses nageoires sont tachetées de brun; le nom que nous lui avons donné rappelle une grande ville du Japon, et indique qu'on le pêche dans les eaux de cette contrée, où Thunberg l'a observé.

Quant au spare Desfontaines, nous le dédions, pas la dénomination que nous lui donnons, à notre célèbre et excellent ami Desfontaines, notre confrère à l'Institut, et notre collègue au Muséum d'histoire naturelle, qui l'a trouvé dans les eaux thermales, pendant son intéressant

---

(7) Du genre Apogon, dans la famille des Acanthoptérygiens percoïdes de M. Cuvier.   Desm. 1830.

(8) Du genre Chromis, Cuv., dans la famille des Acanthoptérygiens labroïdes.   Desm. 1830.

voyage en Barbarie. M. Desfontaines a vu ce poisson dans les eaux chaudes des deux fontaines de la ville de Cafsa au royaume de Tunis. Ces eaux firent monter le thermomètre de Réaumur à 3o degrés au-dessus de la glace, dans le mois de janvier, saison où, dans cette partie de l'Afrique, la température de l'atmosphère varie, pendant le jour, de dix à quinze degrés. Ces eaux chaudes sont fumantes, mais elles n'ont pas paru minérales à M. Desfontaines; et lorsqu'on les a laissées se refroidir, elles sont bonnes, très-limpides, et les seules dont fassent usage pour leur boisson les habitants de la ville de Cafsa et des environs. Nous consignons ce fait important (1) avec d'autant plus de soin dans cette histoire, que M. Desfontaines a trouvé la même espèce de spare (2) dans les ruisseaux d'eau froide et saumâtre qui arrosent les plantations de dattiers à Tozzer (3).

---

(1) Voyez le Discours sur la nature des poissons, et l'article du *Spare dorade*.

(2) Note manuscrite communiquée par M. Desfontaines.

(3)   9 ou 10 rayons à chaque pectorale du spare chrysomélane.

　　 6 rayons à chaque thoracine.

　　 12 rayons à la nageoire de la queue.

　　 14 rayons à chaque pectorale du spare hémisphère.

　　 6 rayons à chaque thoracine.

　　 13 rayons à la caudale.

　　 12 rayons à chaque pectorale du spare panthérin.

　　 11 ou 12 rayons à la nageoire de la queue.

LE SPARE ABILDGAARD,[1]

Scarus coccineus, Bl., Cuv.; *Sparus Abildgaardi*, et *Sparus aureo-ruber*, Lac. (2).

Le Spare queue-verte (3), *Cheilinus chlorurus*, Cuv.; *Sparus chlorurus*, Bl., Lac. (4). — Spare Rougeor (5), *Scarus coccineus*, Bl., Cuv.; *Sparus Abildgaardi* et *Sparus aureo-ruber*, Lac. (6).

LE premier de ces spares habite auprès de Sainte-Croix en Amérique. La tête de ce poisson

---

11 rayons à chaque pectorale du spare brachion.

10 rayons à la caudale.

9 rayons à chaque pectorale du méaco.

1 rayon aiguillonné et 5 rayons articulés à chaque thoracine.

15 rayons à la nageoire de la queue.

13 rayons à chaque pectorale du spare Desfontaines.

6 rayons à chaque thoracine.

15 rayons à la caudale.

(1) Bloch, pl. 259.

(2) Du genre Scare, dans la famille des Acanthoptérygiens labroïdes, Cuv. — Ce poisson a été décrit par M. de Lacépède, sous les deux noms de *Spare Abildgaard* et de *Spare rougeor*. Desm. 1830.

(3) Bloch, pl. 260.

(4) Du sous-genre Cheiline, dans le grand genre Labre, de la famille des Acanthoptérygiens labroïdes, Cuv. Desm. 1830.

(5) « Aper seu turdus erythrinus, squamis amplis. » Plumier, peintures sur vélin, déja citées.

(6) Cette espèce, qui est du genre Scare, n'est pas différente du spare Abildgaard de ce même article. (Voyez la note 2.) Desm. 1830.

est grande, large et comprimée; ses lèvres sont grosses; l'orifice de chacune de ses narines est double. Un individu de cette espèce avait été adressé au professeur Abildgaard, ami de Bloch, à qui nous devons la connaissance du spare qu'il a dédié à son ami, ainsi que celle du spare queue-verte.

Ce dernier osseux se trouve et dans les eaux des Antilles, et dans celles du Japon. Il a la tête étroite; l'ouverture de la bouche petite; les deux mâchoires également avancées; un seul orifice à chaque narine; une partie de l'anale garnie d'é-cailles; les thoracines pointues; de petites taches d'une nuance pâle auprès du museau; les mâ-choires et presque tous les os d'une couleur verte (1).

Plumier a laissé dans ses manuscrits un dessin du rougeor, que nous avons nommé ainsi à cause de ses belles teintes, et qui vit dans l'Amérique équinoxiale, ou dans les environs de cette partie du Nouveau-Monde.

---

(1) 12 rayons à chaque pectorale du spare abildgaard.

    1 rayon aiguillonné et 5 rayons articulés à chaque thoracine.

12 rayons à la caudale.

    5 rayons à la membrane branchiale du spare queue-verte.

12 rayons à chaque pectorale.

    1 rayon aiguillonné et 5 rayons articulés à chaque thoracine.

15 rayons à la nageoire de la queue.

12 ou 13 rayons à chaque pectorale du rougeor.

17 rayons à la caudale.

Ce spare devient assez grand ; son iris est doré ; ses pectorales sont nuancées d'or et de brun, et ses autres nageoires variées d'or, de brun et de rouge.

CENT QUINZIÈME GENRE.

LES DIPTÉRODONS (1).

Les lèvres supérieures peu extensibles ou non extensibles; ou des dents incisives, ou des dents molaires, disposées sur un ou plusieurs rangs; point de piquants ni de dentelures aux opercules; deux nageoires dorsales; la seconde nageoire du dos éloignée de celle de la queue, ou la plus grande hauteur du corps proprement dit, supérieure, égale, ou presque égale à la longueur de ce même corps.

PREMIER SOUS-GENRE.

La nageoire de la queue, fourchue, ou en croissant.

ESPÈCES.	CARACTÈRES.
1. LE DIPTÉRODON PLUMIER.	Quatre rayons aiguillonnés à la première nageoire du dos; dix-huit rayons à la seconde; les pectorales grandes et triangulaires.
2. LE DIPTÉRODON NOTÉ.	Cinq rayons à la première dorsale; dix-huit à la seconde; un rayon aiguillonné et sept rayons articulés à chaque thoracine; la tête comprimée et couverte de lames écailleuses, argentées et très-allongées.

---

(1) Le genre Diptérodon de M. de Lacépède n'est pas conservé par M. Cuvier. Il renferme des espèces qui se rapportent aux genres que ce naturaliste admet sous les noms d'*Aspro*, d'*Apogon*, et de *Mesoprion*.

M. Cuvier nomme Diptérodon un genre qu'il compose d'une espèce nouvelle, et qu'il place dans la famille des Acanthoptérygiens squamipennes, entre les genres Pimeleptère et Castagnole. DESM. 1830.

ESPÈCES.	CARACTÈRES.
3. LE DIPTÉRODON HEXACANTHE.	Six rayons aiguillonnés à la première dorsale; un rayon aiguillonné et huit rayons articulés à la seconde; chaque mâchoire garnie d'une rangée d'incisives comprimées et triangulaires.
4. LE DIPTÉRODON APRON.	Huit rayons aiguillonnés à la première nageoire du dos; treize rayons à la seconde; la mâchoire supérieure plus avancée que l'inférieure; la queue très-allongée; les écailles grandes, dures et rudes.
5. LE DIPTÉRODON ZINGEL.	Seize rayons aiguillonnés à la première nageoire du dos; dix-neuf rayons à la seconde; la caudale en croissant; la mâchoire supérieure plus avancée que l'inférieure.

SECOND SOUS-GENRE.

La nageoire de la queue, rectiligne, ou arrondie.

ESPÈCE.	CARACTÈRES.
6. LE DIPTÉRODON QUEUE-JAUNE.	Onze rayons à la première dorsale; vingt-trois à la seconde; la caudale jaune et rectiligne.

LE DIPTÉRODON PLUMIER, [1]

Mesoprion uninotatus, Cuv.; *Lutjanus Aubrietii*, Desm.;
Dipterodon Plumieri, Lacep. (2).

LE DIPTÉRODON NOTÉ (3), *Apogon*..., Cuv.; *Sparus notatus*,
Linn., Gmel.; *Dipterodon notatus*, Lac. (4); DIPTÉRODON
HEXACANTHE, *Apogon*........, Cuv.; *Dipterodon hexa-
canthus*, Lac. (5).

ON trouve parmi les manuscrits de Plumier la
figure du diptérodon auquel nous avons cru devoir donner le nom du voyageur naturaliste qui
l'avait découvert. Ce poisson a l'œil gros; la mâchoire inférieure plus avancée que la supérieure;
des incisives comprimées, pointues, triangulaires, et placées à des distances égales l'une de
l'autre; chaque opercule composé de deux pièces,
dont la seconde se termine en pointe, et dénué,

---

(1) « Sargus ex auro virgatus. » Plumier, manuscrits de la Bibliothèque
déja cités; vol. 1, *pisces et aves.*

(2) Du genre *Mesoprion* de M. Cuvier, dans la famille des Acanthoptérygiens percoïdes. DESM. 1830.

(3) Houttuyn, Act. Haarl. XX, 2, p. 320, n. 8.

(4) Espèce du genre *Apogon* de M. Cuvier, non déterminée par ce
naturaliste. DESM. 1830.

(5) Espèce d'*Apogon* de M. Cuvier, qui l'a laissée indéterminée, ainsi
que l'*Ostorhinque Fleurieu* et le *Centropome doré* de Lacépède, rapportés
par lui au même genre. DESM. 1830.

ainsi que la tête proprement dite, d'écailles semblables à celles du dos ; des raies longitudinales
sur les joues ; des gouttes irrégulières sur les
opercules, et des taches figurées comme de petites raies longitudinales, sur le corps et sur la
queue.

La patrie du diptérodon plumier est l'Amérique ; celle du noté est la mer qui baigne le Japon. Les opercules et la queue de ce diptérodon
japonais sont tachetés de noir.

L'hexacanthe (1) habite dans le grand océan
équinoxial, où il a été vu par Commerson, qui
en a laissé un dessin dans ses manuscrits. Les naturalistes n'ont encore publié aucune description
de cet hexacanthe, non plus que du diptérodon
plumier.

Deux ou trois pièces composent chaque opercule de l'hexacanthe ; la dernière de ces pièces
est terminée par une petite prolongation arrondie, et de petites écailles les recouvrent. La mâchoire inférieure est un peu plus longue que la
supérieure ; une bande transversale d'une couleur
foncée est située très-près de la nageoire de la
queue (2).

---

(1) Le mot *hexacanthe* (six aiguillons) désigne le nombre de rayons
aiguillonnés qui composent la première nageoire du dos. Le nom générique
Diptérodon rappelle les deux nageoires du dos, et la forme des dents assez
semblables à celles d'un grand nombre de spares, δὶς, en grec, veut
dire *deux* ; πτερὶς, *nageoire* ; et ὀδοὺς, *dent*.

(2)   4 rayons aiguillonnés et 8 rayons articulés à la nageoire de l'anus
      du diptérodon plumier.

LE DIPTÉRODON APRON,[1]

Aspro vulgaris, Cuv.; *Perca asper*, Linn., Gmel., Bl.;
Dipterodon Apron, Lacep. (2).

Le DIPTÉRODON ZINGEL (3), *Aspro Zingel*, Cuv.; *Perca Zingel*, Linn., Gmel.; *Dipterodon Zingel*, Lac. (4).

L'APRON a la tête large ; l'ouverture de la bouche est placée au - dessous du museau, petite, et en

---

13 rayons à la nageoire de la queue.
10 rayons à chaque pectorale du diptérodon noté.
1 rayon aiguillonné et 5 rayons articulés à la nageoire de l'anus.
14 rayons à celle de la queue.
7 rayons à chaque pectorale du diptérodon hexacanthe.
6 rayons à chaque thoracine.
9 rayons à la nageoire de l'anus.
12 rayons à la caudale.

(1) *Zindel*, en Suisse.
Stræber, en Allemagne.
Pfeiferl, ibid.
Stræber bach, ibid.
Alabuga, en Tartarie.
Berschik, chez les Calmouques.
Persègue apron. Daubenton et Haüy, Encyclopédie méthodique.
Id. Bonnaterre, planches de l'Encyclopédie méthodique.
Perche apron. Bloch, pl. 107, fig. 1, 2.
« Perca lineis utrinque octo vel novem transversis nigris. » Artedi, gen. 40 , syn. 67.
Apron. Rondelet, part. 2 , chap. 29.
Asper pisciculus. Jonston, lib. 3 , tit. 1, c. 11, tab. 26 , fig. 18.

forme de croissant; chaque narine a un double orifice ; une seule plaque ou lame compose chaque opercule ; l'anus est plus près de la tête que de la caudale, qui est fourchue. La couleur générale est jaunâtre, le dos noir, le ventre blanc; trois ou quatre bandes transversales et noires relèvent le ton de la couleur générale, et les nageoires sont jaunes.

L'apron habite dans le Rhône et dans d'autres rivières de France, en Allemagne, et particulièrement dans quelques lacs et dans plusieurs rivières de la Bavière, dans le Volga et dans le Jaïk, qui portent leurs eaux à la mer Caspienne. Il parvient à la longueur de deux ou trois décimètres.

Id. Charlet, p. 157.

Id. Willughby, p. 292, tab. *S*, 14, fig. 4.

Id. Rai, p. 98, n. 25.

« Asper pisciculus, gobioni similis, *et* gobius asper. » Gesner, p. 403, 478, paralip. 19; et (germ.) 162, *b.*

Aldrovand., lib. 5, cap. 28, p. 616.

« Perca dorso dipterygio, etc. » Gronov. Zooph., p. 92, n. 303, β.

« Asper verus streber. » Schœffer, Pisc. Ratisb., p. 69, fig. 6, 7.

(2) Du genre APRON, *Aspro*, Cuv.; dans la famille des Acanthoptérygiens percoïdes.   DESM. 1830.

(3) *Cingle,* dans quelques contrées de France.

Kolez, en Hongrie.

Persègue zingel. Daubenton et Haüy, Encyclopédie méthodique.

Id. Bonnaterre, planches de l'Encyclopédie méthodique.

Zingel. Kramer, elench. 386.

Gronov. Zooph., n. 303.

Perche cingle. Bloch, pl. 106.

(4) Du même genre que le précédent *Aspro*, Cuv.). Voyez la note 2. DESM. 1830.

Ses œufs sont petits et blanchâtres ; il les dépose ou les féconde au commencement du printemps, et c'est alors qu'on le pêche avec des filets ou à l'hameçon, parce que, dans toute autre saison, il se tient presque toujours au fond de l'eau. On le prend cependant quelquefois pendant l'hiver, au-dessous des glaces. Il se nourrit d'insectes et de vers. Il arrive souvent qu'en les cherchant dans la vase, il avale un peu de limon, et comme ce limon est mêlé avec des paillettes d'or dans quelques unes des rivières qu'il habite, on a trouvé dans son estomac de ces paillettes métalliques ; et c'est ce qui a fait dire au vulgaire des pêcheurs, dans certaines contrées, qu'il se nourrissait de molécules d'or. Sa chair est saine et de bon goût. Il perd difficilement la vie lorsqu'il est retenu hors de l'eau, et voilà pourquoi on peut facilement le transporter d'une rivière ou d'un étang dans un autre sans le faire périr, surtout lorsque la température de l'atmosphère n'est ni trop froide, ni trop chaude.

Le zingel a la tête grosse et aplatie de haut en bas ; l'ouverture de la bouche large et placée au-dessous du museau ; le palais garni, comme les mâchoires, de dents pointues ; la langue dure et un peu libre dans ses mouvements ; chaque narine garnie de deux orifices ; ces orifices et les yeux situés dans la partie supérieure de la tête ; l'opercule formé d'une seule pièce ; les écailles dures, dentelées, et fortement attachées à la peau ; la couleur générale jaune, avec le ventre blanchâtre, des taches et des bandes transversales brunes.

On voit le zingel dans l'Allemagne méridionale, particulièrement dans le Danube et dans d'autres rivières, ainsi que dans plusieurs lacs de la Bavière et de l'Autriche. Il présente souvent une longueur de quatre ou cinq décimètres, et son poids est alors d'un ou deux kilogrammes. Sa chair est blanche, ferme, agréable au goût, facile à digérer. Ses habitudes ressemblent beaucoup à celles de l'apron. Il est néanmoins vorace ; et, excepté le brochet, presque tous les poissons qui vivent dans les mêmes eaux que ce diptérodon, craignent de l'attaquer, à cause de la force de ses piquants et de la rudesse de ses écailles : aussi multiplie-t-il beaucoup, malgré la guerre que les pêcheurs lui font (1).

Le canal intestinal du zingel offre trois cœ-

---

(1)   7 rayons à la membrane branchiale de l'apron.

     11   à chaque pectorale.

     6   à chaque thoracine.

     9   à la nageoire de l'anus.

     18   à la caudale.

     42 vertèbres à l'épine du dos, et 16 côtes de chaque côté de la colonne vertébrale.

     14 rayons à chaque pectorale du zingel.

     6   à chaque thoracine.

     13   à la nageoire de l'anus.

     14   à celle de la queue.

     44 vertèbres à l'épine du dos, et 22 côtes de chaque côté de la colonne vertébrale.

cums ou appendices, et trois sinuosités. Ses œufs
sont jaunes et de la grosseur des graines de pavot. La vessie natatoire est blanche, mais pointillée de noir.

LE DIPTÉRODON QUEUE-JAUNE.[1]

Corvina argyroleuca, Cuv.; *Bodianus argyroleucus*, Mitch.;
Dipterodon chrysourus, Lac. (2).

CE diptérodon a été observé dans les mers voisines de la Caroline. Il a la tête argentée, et le corps parsemé de traits et de points noirs (3).

---

(1) *Persègue queue-jaune*. Daubenton et Haüy, Encyclopédie méthodique.

Id. Bonnaterre, planches de l'Encyclopédie méthodique.

(2) M. Cuvier remarque que ce poisson de l'Amérique du Nord est le *perca punctata* de Gmelin (édit. 12), dont l'article a été confondu plus tard par ce naturaliste avec celui du *perca lubrax* (*Labrax lupus*, Cuv.); de façon que, dans le *Systema naturæ* (édit. 13), le nom du *perca punctata* est appliqué à la description du *perca labrax* de nos côtes.

M. Cuvier le range dans le genre CORB, *Corvina*, de la famille des Acanthoptérygiens sciénoïdes.

M. de Lacépède, comme Gmelin, rapporte à tort sa synonymie à celle du Bar d'Europe. *Labrax lupus*, Cuv. DESM. 1830.

(3)   7 rayons à la membrane branchiale du diptérodon queue-jaune.

    16 rayons à chaque pectorale.

      1 rayon aiguillonné et 5 rayons articulés à chaque thoracine.

    12 rayons à l'anale.

    19 rayons à la nageoire de la queue.

CENT SEIZIÈME GENRE.

LES LUTJANS.

*Une dentelure à une ou plusieurs pièces de chaque opercule ;
point de piquants à ces pièces ; une seule nageoire dorsale ;
un seul barbillon ou point de barbillon aux mâchoires.*

PREMIER SOUS-GENRE

La nageoire de la queue fourchue, ou en croissant.

ESPÈCES.	CARACTÈRES.
1. Le Lutjan virginien.	Onze rayons aiguillonnés et seize rayons articulés à la nageoire du dos ; trois rayons aiguillonnés et dix rayons articulés à la nageoire de l'anus ; des raies longitudinales bleues ; deux bandes transversales brunes, l'une sur la tête, et l'autre sur la poitrine.
2. Le Lutjan anthias.	Dix rayons aiguillonnés et quinze rayons articulés à la dorsale ; trois rayons aiguillonnés et six rayons articulés à l'anale ; le second aiguillon de la dorsale très-long ; la tête, le corps et la queue rouges.
3. Le Lutjan de l'Ascension.	Onze rayons aiguillonnés et seize rayons articulés à la nageoire du dos ; quatorze rayons à l'anale ; huit rayons à chaque thoracine ; les écailles dentelées ; deux dents plus grandes que les autres ; la partie supérieure de l'animal rougeàtre ; l'inférieure blanchâtre.
4. Le Lutjan stigmate.	Dix-huit rayons aiguillonnés et neuf rayons articulés à la dorsale ; neuf rayons aiguillonnés et dix rayons articulés à la nageoire de l'anus ; une empreinte sur chaque opercule ; des filaments aux rayons de la dorsale.

ESPÈCES.	CARACTÈRES.
5. LE LUTJAN STRIÉ.	Treize rayons aiguillonnés et quinze rayons articulés à la nageoire du dos ; trois rayons aiguillonnés et huit rayons articulés à la nageoire de l'anus ; le second rayon de l'anale très-fort.
6. LE LUTJAN PENTA-GRAMME.	Dix-sept rayons aiguillonnés et seize rayons articulés à la dorsale ; trois rayons aiguillonnés et sept rayons articulés à la nageoire de l'anus ; des filaments aux rayons de la nageoire du dos ; cinq raies longitudinales alternativement blanches et brunes.
7. LE LUTJAN ARGENTÉ.	Douze rayons aiguillonnés et dix rayons articulés à la nageoire du dos ; trois rayons aiguillonnés et huit rayons articulés à la nageoire de l'anus ; les orifices des narines tubuleux ; les dents très-effilées ; la couleur générale d'une blancheur éclatante ; une noire sur la partie antérieure de la nageoire du dos.
8. LE LUTJAN SERRAN.	Dix rayons aiguillonnés et quatorze rayons articulés à la dorsale ; trois rayons aiguillonnés et sept rayons articulés à l'anale ; les dents du milieu des mâchoires, aiguës, et plus petites que les autres ; les côtés de la tête rouges ; des raies longitudinales rouges, ou jaunes et violettes.
9. LE LUTJAN ÉCUREUIL.	Douze rayons aiguillonnés et dix-sept rayons articulés à la nageoire du dos ; trois rayons aiguillonnés et neuf rayons articulés à celle de l'anus ; la dorsale échancrée ; des raies bleues sur la tête.
10. LE LUTJAN JAUNE.	Huit rayons aiguillonnés et onze rayons articulés à la dorsale ; trois rayons aiguillonnés et douze rayons articulés à l'anale ; les deux mâchoires également avancées ; les dents granuleuses ; le corps élevé ; la couleur générale argentée ; des raies longitudinales dorées.
11. LE LUTJAN ŒIL-D'OR.	Onze rayons aiguillonnés et quatorze rayons articulés à la nageoire du dos ; trois rayons aiguillonnés et treize rayons articulés à celle de l'anus ; les deux mâchoires également avancées ; les dents petites, aiguës et séparées les unes des autres ; l'iris large et doré ; la couleur générale argentée ; le dos violet.

ESPÈCES.	CARACTÈRES.
12. LE LUTJAN NA-GEOIRES-ROUGES.	Onze rayons aiguillonnés et treize rayons articulés à la dorsale ; trois rayons aiguillonnés et neuf rayons articulés à l'anale ; les deux dents du devant de la mâchoire supérieure plus longues et plus grosses que les autres ; la partie antérieure du palais hérissée de très-petites dents ; un seul orifice à chaque narine ; la couleur générale argentée ; le dos brun ; les nageoires rouges.
13. LE LUTJAN HAMRUR.	Dix rayons aiguillonnés et quatorze rayons articulés à la nageoire du dos ; trois rayons aiguillonnés et seize rayons articulés à l'anale ; la caudale en croissant ; la lèvre supérieure extensible ; une rangée de dents auprès du gosier ; le bord des écailles membraneux ; la couleur générale d'un rouge de cuivre.
14. LE LUTJAN DIA-GRAMME.	Neuf rayons aiguillonnés et dix-neuf rayons articulés à la nageoire du dos ; trois rayons aiguillonnés et huit rayons articulés à la nageoire de l'anus ; la caudale en croissant ; les écailles dures et dentelées ; la dorsale échancrée ; la couleur générale blanche ; des raies longitudinales brunes ; des raies obliques et brunes sur la nageoire de la queue.
15. LE LUTJAN BLOCH.	Neuf rayons aiguillonnés et quatorze rayons articulés à la dorsale ; trois rayons aiguillonnés et huit rayons articulés à la nageoire de l'anus ; la caudale en croissant ; le devant de la tête dénué de petites écailles ; les dents des deux mâchoires, courtes et recourbées ; celles de la mâchoire d'en-haut répondant aux intervalles de celles d'en-bas ; le dos arrondi ; le ventre caréné ; la couleur générale blanche ; le dos jaunâtre ; des bandes étroites, transversales et bleues, placées au-dessus de la ligne latérale ; des raies jaunes et longitudinales, situées au-dessous de cette même ligne.
16. LE LUTJAN VERRAT.	Douze rayons aiguillonnés et dix rayons articulés à la nageoire du dos ; trois rayons aiguillonnés et dix rayons articulés à celle de l'anus ; la caudale en croissant ; le museau proéminent ; la mâchoire inférieure plus

ESPÈCES.	CARACTÈRES.
16. Le Lutjan verrat.	avancée que la supérieure ; quatre grandes dents pointues et recourbées, placées sur le devant de chaque mâchoire; la partie supérieure de l'animal, d'une couleur pourpre ou violette; l'inférieure argentée.
17. Le Lutjan macrophthalme.	Dix rayons aiguillonnés et treize rayons articulés à la nageoire du dos; trois rayons aiguillonnés et seize rayons articulés à celle de l'anus; la caudale en croissant; les yeux très-grands; toute la tête revêtue de petites écailles ; un seul orifice à chaque narine ; l'anus beaucoup plus près de la tête que de la caudale; le dos jaunâtre ; le ventre blanc.
18. Le Lutjan vosmaer.	Dix rayons aiguillonnés et neuf rayons articulés à la dorsale; trois rayons aiguillonnés et sept rayons articulés à la nageoire de l'anus; la caudale en croissant; les deux mâchoires également avancées; deux orifices à chaque narine; la couleur générale rouge; le ventre d'un jaune violet; une raie jaune longitudinale, et parallèle à la ligne latérale.
19. Le Lutjan elliptique.	Dix rayons aiguillonnés et neuf rayons articulés à la nageoire du dos; trois rayons aiguillonnés et sept rayons articulés à la nageoire de l'anus; la caudale en croissant; toute la tête couverte de petites écailles; une ellipse grande et violette placée sur la partie supérieure de l'animal.
20. Le Lutjan japonais.	Dix rayons aiguillonnés et neuf rayons articulés à la nageoire du dos; trois rayons aiguillonnés et sept rayons articulés à celle de l'anus; la caudale en croissant; les deux mâchoires également avancées; toute la tête couverte de petites écailles; un seul orifice à chaque narine; la partie supérieure du poisson, jaune; les côtés d'un jaune moins foncé; le ventre rougeâtre; presque toutes les nageoires rouges.
21. Le Lutjan hexagone.	Onze rayons aiguillonnés et quatorze rayons articulés à la nageoire du dos; trois rayons aiguillonnés et treize rayons articulés à la nageoire de l'anus; la dorsale échancrée ; chacune des deux faces latérales de l'animal

ESPÈCES.	CARACTÈRES.

21. Le Lutjan hexagone. représentant un hexagone allongé; toutes les pièces de chaque opercule dentelées; des lames dentelées autour des yeux; plusieurs rangs de dents mousses à chaque mâchoire.

22. Le Lutjan croissant Dix rayons aiguillonnés et quatorze rayons articulés à la nageoire du dos; trois rayons aiguillonnés et neuf rayons articulés à celle de l'anus; sept rayons à chaque thoracine; les deux mâchoires égales; des dents crochues et fortes à la mâchoire supérieure; le sommet de la tête dénué de petites écailles; les opercules revêtus d'écailles semblables à celles du dos; une tache noire, en forme de croissant, sur la caudale.

23. Le Lutjan galon-d'or. Dix rayons aiguillonnés et neuf rayons articulés à la dorsale; trois rayons aiguillonnés et sept rayons articulés à l'anale; un aiguillon tourné vers le museau au-dessous de chaque œil; une raie longitudinale d'un jaune doré; la couleur générale blanchâtre.

24. Le Lutjan gymno-céphale. Huit rayons aiguillonnés et treize rayons articulés à la nageoire du dos; deux ou trois rayons aiguillonnés et dix rayons articulés à l'anale; la tête et les opercules dénués de petites écailles; la mâchoire inférieure plus avancée que la supérieure; la dorsale échancrée; la portion antérieure de cette nageoire, très-haute et triangulaire; le second aiguillon de cette portion antérieure, plus long que les autres rayons de cette nageoire du dos.

25. Le Lutjan triangle. Trente-six rayons à la dorsale; un ou deux rayons aiguillonnés et dix rayons articulés à l'anale; la dorsale un peu échancrée; la tête et les opercules converts d'écailles semblables à celles du dos; la mâchoire supérieure plus avancée que l'inférieure; la lèvre supérieure double; une tache foncée, bordée d'une couleur très-claire, et triangulaire, à la base de la nageoire de la queue.

ESPÈCES.	CARACTÈRES.
26. LE LUTJAN MICROS-TOME.	Neuf rayons aiguillonnés et seize rayons articulés à la dorsale; l'anale en forme de faux; la tête conique et allongée; l'ouverture de la bouche petite; une dentelure auprès de la nuque; les pectorales étroites; un grand nombre de taches foncées, irrégulières et très-petites, sur le corps et sur la queue.
27. LE LUTJAN ARGENTÉ - VIOLET.	Neuf rayons aiguillonnés et dix rayons articulés à la nageoire du dos; deux rayons aiguillonnés et huit rayons articulés à la nageoire de l'anus; un seul orifice à chaque nageoire; la tête et les opercules dénués de petites écailles; la caudale en croissant; le dos violet; les côtés argentés; la tête et les nageoires jaunes.

SECOND SOUS-GENRE.

La nageoire de la queue, ou terminée par une ligne droite, ou arrondie.

ESPÈCES.	CARACTÈRES.
28. LE LUTJAN DÉCA-CANTHE.	Dix rayons aiguillonnés et onze rayons articulés à la nageoire du dos; trois rayons aiguillonnés et huit rayons articulés à la nageoire de l'anus; des filaments à la dorsale; de petites écailles sur la membrane de cette même nageoire du dos; des raies longitudinales alternativement blanches et brunes.
29. LE LUTJAN SCINA.	Dix-huit rayons aiguillonnés et treize rayons articulés à la nageoire du dos; trois rayons aiguillonnés et douze rayons articulés à l'anale; les dents antérieures très-grandes; un enfoncement entre les yeux, et un sillon au-devant de l'enfoncement; la ligne latérale interrompue; le corps varié de verdâtre, de blanc et de jaune.

ESPÈCES.	CARACTÈRES.

30. Le Lutjan lapine. — Quinze rayons aiguillonnés et douze rayons articulés à la dorsale; trois rayons aiguillonnés et douze rayons articulés à la nageoire de l'anus; une petite bosse au-devant des narines; la dernière pièce de chaque opercule échancrée; la partie supérieure du poisson brune, l'inférieure blanchâtre; les côtés d'un vert jaunâtre; trois raies longitudinales composées chacune d'une double rangée de petites taches rouges.

31. Le Lutjan rameux. — Neuf rayons aiguillonnés et douze rayons articulés à la nageoire du dos; trois rayons aiguillonnés et dix rayons articulés à celle de l'anus; les mâchoires également avancées; la lèvre supérieure extensible; quatre dents quatre fois plus grandes que les autres, au milieu de chaque mâchoire; la ligne latérale élevée, et rameuse vers le haut; les filaments des premiers aiguillons de la nageoire du dos, deux fois plus longs que le rayon auquel ils sont attachés; les écailles grandes, arrondies, et non dentelées.

32. Le Lutjan oeillé. — Quatorze rayons aiguillonnés et dix rayons articulés à la nageoire du dos; trois rayons aiguillonnés et douze rayons articulés à l'anale; le dos d'un brun jaunâtre; des raies bleues sur la tête; une tache bleue, allongée, bordée de rouge, au-dessus et au-dessous de laquelle aboutit un trait écarlate, et placée derrière ou auprès de chaque œil.

33. Le Lutjan bossu. — Seize rayons aiguillonnés et neuf rayons articulés à la dorsale; trois rayons aiguillonnés et onze rayons articulés à l'anale; la caudale arrondie; les écailles grandes; la nuque et le dos très-élevés; la couleur générale variée d'or et d'azur; un croissant d'une couleur foncée au-dessus des yeux; les nageoires du dos et de l'anus, d'un vert de mer tacheté de noir.

34. Le Lutjan olivâtre. — Quinze rayons aiguillonnés et dix rayons articulés à la dorsale; trois rayons aiguillonnés et onze rayons articulés à la nageoire de l'anus; les dents de devant aiguës; les deux du milieu éloignées l'une de l'autre; la couleur

ESPÈCES.	CARACTÈRES.
34. Le Lutjan olivâtre.	générale d'un vert d'olive; une tache bleue et bordée de rouge, à l'extrémité de chaque opercule; une tache noire presque au bout de la queue.
35. Le Lutjan brunnich.	Seize rayons aiguillonnés et neuf rayons articulés à la dorsale; trois rayons aiguillonnés et onze rayons articulés à la nageoire de l'anus; la tête pointue; l'ouverture de la bouche petite; la couleur générale brune; des raies bleues et tortueuses sur la tête; des raies et des taches bleues sur le corps et sur la queue.
36. Le Lutjan marseillais.	Quatorze rayons aiguillonnés et onze rayons articulés à la nageoire du dos; trois rayons aiguillonnés et neuf rayons articulés à celle de l'anus; une seule rangée de dents; les dents antérieures plus grandes que les autres; la couleur générale olivâtre, avec neuf ou dix raies bleues et longitudinales de chaque côté, ou présentant une sorte de réseau, composé de rouge foncé et d'argenté verdâtre; les pectorales bleues.
37. Le Lutjan adriatique.	Dix rayons aiguillonnés et douze rayons articulés à la nageoire du dos; trois rayons aiguillonnés et sept rayons articulés à l'anale; les dents très-menues; des raies jaunes et obliques sur la tête; une tache noire vers l'extrémité de la dorsale; quatre bandes transversales, larges et brunes; les thoracines noires.
38. Le Lutjan magnifique.	Douze rayons aiguillonnés et treize rayons articulés à la dorsale; trois rayons aiguillonnés et dix-sept rayons articulés à la nageoire de l'anus; la couleur générale argentée; huit bandes transversales brunes; les rayons aiguillonnés de la dorsale argentés sur les côtés.
39. Le Lutjan polymne.	Onze rayons aiguillonnés et quinze rayons articulés à la nageoire du dos; deux ou trois rayons aiguillonnés et treize rayons articulés à la nageoire de l'anus; les deux mâchoires également avancées, et garnies d'un

ESPÈCES.	CARACTÈRES.

ESPÈCES.

CARACTÈRES.

39. LE LUTJAN POLYMNE.
grand nombre de petites dents; un seul orifice à chaque narine; la tête couverte d'écailles petites et dentelées; la dernière pièce de chaque opercule, plus dentelée que la première; la ligne latérale interrompue; la couleur générale d'un brun clair, avec trois bandes transversales, larges, blanches, et bordées de noir.

40. LE LUTJAN PAUPIÈRE.
Douze rayons aiguillonnés et vingt-un rayons articulés à la dorsale; deux ou trois rayons aiguillonnés et neuf rayons articulés à la nageoire de l'anus; la ligne latérale très-courbe; une tache brune sur l'œil.

41. LE LUTJAN NOIR.
Huit rayons aiguillonnés et trente-trois rayons articulés à la dorsale; vingt-six rayons à l'anale; la dernière pièce de chaque opercule ciliée; la ligne latérale droite; la couleur générale noire; les nageoires rayées ou tachetées de blanc.

42. LE LUTJAN CHRYSOPTÈRE.
Douze rayons aiguillonnés et dix rayons articulés à la nageoire du dos; la dernière pièce de chaque opercule festonnée; l'ouverture de la bouche petite; la mâchoire d'en-haut un peu plus avancée que celle d'en-bas; l'une et l'autre garnies d'une seule rangée de dents pointues et recourbées; le dos arrondi et très-élevé; la ligne latérale droite; les thoracines dorées et tachetées de brun.

43. LE LUTJAN MÉDITER-RANÉEN.
Seize rayons aiguillonnés et onze rayons articulés à la dorsale; trois rayons aiguillonnés et onze rayons articulés à l'anale; l'ouverture de la bouche petite; la tête dénuée de petites écailles; les rayons de la nageoire du dos garnis de filaments; cette nageoire plus haute du côté de la caudale que de celui du museau; la couleur générale verte; des bandes transversales étroites, tortueuses, et bleues sur la tête; des raies longitudinales, et d'une nuance obscure, sur la partie supérieure de l'animal; des raies longitudinales et bleues sur l'inférieure; une tache noire sur chaque pectorale.

ESPÈCES.	CARACTÈRES.
44. Le Lutjan rayé.	Douze rayons aiguillonnés et six rayons articulés à la nageoire du dos ; trois rayons aiguillonnés et neuf rayons articulés à celle de l'anus ; les dents grandes ; des raies longitudinales, ou des bandes transversales blanches et brunes, et placées à une égale distance l'une de l'autre.
45. Le Lutjan écriture.	Dix rayons aiguillonnés et quinze rayons articulés à la dorsale ; trois rayons aiguillonnés et sept rayons articulés à la nageoire de l'anus ; les yeux saillants ; des filaments aux rayons aiguillonnés de la nageoire du dos ; des traits semblables à des lettres, sur la tête ; le dos roussâtre ; des bandes transversales brunes ; les pectorales et la caudale jaunes.
46. Le Lutjan chinois.	Dix rayons aiguillonnés et vingt-six rayons articulés à la nageoire du dos ; deux ou trois rayons aiguillonnés et huit rayons articulés à l'anale ; la caudale lancéolée ; la dorsale étendue depuis la nuque jusqu'auprès de la caudale ; la mâchoire inférieure plus courte que la supérieure ; la langue, le palais, les nageoires, et une grande partie du corps et de la queue, d'un jaune plus ou moins foncé.
47. Le Lutjan pique.	Douze rayons aiguillonnés et quatorze rayons articulés à la dorsale ; trois rayons aiguillonnés et sept rayons articulés à la nageoire de l'anus : la nuque élevée ; les deux mâchoires également avancées ; les dents antérieures plus grandes que celles au-devant desquelles elles sont placées, et qui sont très-nombreuses ; une dentelure à la partie du corps la plus voisine des opercules ; le second aiguillon de l'anale long et fort ; la partie supérieure de l'animal jaune, l'inférieure argentée ; des taches ou raies cendrées.
48. Le Lutjan selle.	Dix rayons aiguillonnés et seize rayons articulés à la nageoire du dos ; deux rayons aiguillonnés et quatorze rayons articulés à la nageoire de l'anus ; la caudale arrondie ; la

<table>
<tr><td>ESPÈCES.</td><td>CARACTÈRES.</td></tr>
</table>

48. LE LUTJAN SELLE. mâchoire inférieure plus longue que la supérieure; les dents courtes, larges et pointues; un seul orifice à chaque narine; toutes les pièces de chaque opercule et une partie de l'orbite de l'œil très-dentelées; les bases de la dorsale, de l'anale et de la caudale, garnies d'écailles dentelées comme celles du dos; la couleur générale rougeâtre; une grande tache noire placée sur le dos et sur l'origine de la queue, et s'étendant assez bas de chaque côté.

49. LE LUTJAN DEUX-DENTS. Neuf rayons aiguillonnés et seize rayons articulés à la nageoire du dos; trois rayons aiguillonnés et dix rayons articulés à la nageoire de l'anus; la caudale arrondie; les deux mâchoires aussi longues l'une que l'autre; la mâchoire supérieure armée seulement de deux dents; l'inférieure garnie d'une rangée de dents courtes et arrondies; les écailles unies; la ligne latérale interrompue; la partie supérieure de l'animal rouge, l'inférieure argentine; le menton et les nageoires verts.

50. LE LUTJAN MARQUÉ. Quatorze rayons aiguillonnés et huit rayons articulés à la nageoire du dos; trois rayons aiguillonnés et dix rayons articulés à celle de l'anus; la caudale arrondie; une rangée de pores au-dessous de chaque œil; les écailles molles et lisses; la couleur générale jaunâtre; plusieurs taches brunes et irrégulières; une tache noire sur chaque côté de l'extrémité de la queue.

51. LE LUTJAN LINKE. Quinze rayons aiguillonnés et onze rayons articulés à la dorsale; trois rayons aiguillonnés et onze rayons articulés à l'anale; la caudale arrondie; les mâchoires aussi avancées l'une que l'autre, et garnies chacune d'un rang de dents fortes, pointues et recourbées; le palais et la langue lisses; un seul orifice à chaque narine; la couleur générale d'un blanc violet; la tête grise; le museau violet.

ESPÈCES.	CARACTÈRES.
52. Le Lutjan surinam.	Quatorze rayons aiguillonnés et quinze rayons articulés à la nageoire du dos; trois rayons aiguillonnés et sept rayons articulés à l'anale; la caudale arrondie; point de dents à la mâchoire d'en-haut; la mâchoire inférieure plus longue que la supérieure, et hérissée d'un grand nombre de dents petites, pointues et serrées; deux orifices à chaque narine; les écailles dures et dentelées; de petites écailles sur une partie de la dorsale, de l'anale et de la caudale; la couleur générale rougeâtre; des taches et des bandes transversales brunes.
53. Le Lutjan verdâtre.	Seize rayons aiguillonnés et neuf rayons articulés à la dorsale; trois rayons aiguillonnés et neuf rayons articulés à l'anale; la caudale arrondie; les lèvres épaisses; les mâchoires aussi avancées l'une que l'autre, et garnies toutes les deux d'une rangée de dents pointues et serrées; le palais et la langue lisses; des dents arrondies auprès du gosier; un seul orifice à chaque narine; les écailles lisses et minces; la ligne latérale interrompue; la couleur générale jaunâtre; les nageoires vertes.
54. Le Lutjan groin.	Quinze rayons aiguillonnés et dix rayons articulés à la nageoire du dos; trois rayons aiguillonnés et neuf rayons articulés à celle de l'anus; le museau allongé; la mâchoire inférieure plus avancée que la supérieure; les deux mâchoires armées de dents menues, pointues et très-serrées; un seul orifice à chaque narine; le dos violet; les côtés jaunâtres.
55. Le Lutjan norvégien.	Seize rayons aiguillonnés et neuf rayons articulés à la dorsale; trois rayons aiguillonnés et dix rayons articulés à la nageoire de l'anus; la caudale arrondie; les deux mâchoires égales en longueur, et garnies chacune d'un rang de petites dents très-serrées; des dents arrondies au gosier; les lèvres grosses; un seul orifice à chaque narine; plusieurs pores

ESPÈCES.	CARACTÈRES.

55. LE LUTJAN NORVÉGIEN. — autour des yeux; la dernière pièce de l'opercule terminée par une prolongation arrondie; les écailles dures, dentelées, et fortement attachées à la peau; la nuque et le dos violets; les côtés et le ventre jaunes et tachetés de violet.

56. LE LUTJAN JOURDIN. — Onze rayons aiguillonnés et treize rayons articulés à la dorsale; deux rayons aiguillonnés et quatorze rayons articulés à la nageoire de l'anus; la caudale arrondie; la tête comprimée et toute garnie de petites écailles; la nuque élevée; les deux mâchoires également avancées, et hérissées d'un grand nombre de petites dents; un seul orifice à chaque narine; les écailles dures et dentelées; le dos caréné; le ventre arrondi; la couleur générale d'un brun mêlé de reflets dorés; deux bandes transversales blanches.

57. LE LUTJAN ARGUS. — Neuf rayons aiguillonnés et treize rayons articulés à la nageoire du dos; trois rayons aiguillonnés et neuf rayons articulés à la nageoire de l'anus; la caudale arrondie; la tête, le corps et la queue, couverts d'écailles dures, très-petites et dentelées; la mâchoire inférieure plus longue que celle d'en-haut; deux orifices à chaque narine; la couleur générale bleue; des taches petites, brunes et en forme de cercle.

58. LE LUTJAN JOAN. — Dix rayons aiguillonnés et quatorze rayons articulés à la nageoire du dos; trois rayons aiguillonnés et huit rayons articulés à l'anale; la caudale arrondie; toute la tête revêtue de petites écailles; la mâchoire inférieure un peu plus avancée que la supérieure; les dentelures de la pièce antérieure de l'opercule très-profondes; la couleur générale argentée; des taches noires sur le dos.

59. LE LUTJAN TORTUE. — Dix-huit rayons aiguillonnés et neuf rayons articulés à la dorsale; dix rayons aiguillonnés et huit rayons articulés à la nageoire de l'anus; la caudale arrondie; la tête couverte en entier de petites écailles; un seul orifice à chaque narine; les deux mâchoires

ESPÈCES.	CARACTÈRES.
59. Le Lutjan tortue.	presque également avancées; plusieurs rangées de dents serrées; une dentelure auprès de chaque œil; la pièce postérieure de chaque opercule dentelée; la couleur générale brune.
60. Le Lutjan plumier.	Dix rayons aiguillonnés et quatorze rayons articulés à la dorsale; trois rayons aiguillonnés et treize rayons articulés à la nageoire de l'anus; la caudale arrondie; toute la tête garnie de petites écailles; la mâchoire inférieure plus avancée que la supérieure; deux orifices à chaque narine; la couleur générale jaune; huit ou neuf bandes transversales brunes; une grande tache noire entre la dorsale et la caudale.
61. Le Lutjan oriental.	Onze rayons aiguillonnés et douze rayons articulés à la nageoire du dos; trois rayons aiguillonnés et huit rayons articulés à l'anale; la caudale arrondie; de petites écailles sur la tête; la nuque élevée; la mâchoire inférieure un peu plus longue que la supérieure; une seule ouverture à chaque narine; les yeux rapprochés; la couleur générale blanche; le dos et la tête jaunâtres; quatre raies longitudinales et brunes de chaque côté de l'animal.
62. Le Lutjan tacheté.	Dix rayons aiguillonnés et quatorze rayons articulés à la dorsale; trois rayons aiguillonnés et sept rayons articulés à la nageoire de l'anus; la caudale arrondie; toute la tête couverte de petites écailles; la nuque et le dos très-élevés; les deux mâchoires presque également avancées; les dents pointues et très-courtes; un seul orifice à chaque narine; les yeux rapprochés; des taches très-grandes, irrégulières et noires; presque toutes les nageoires rougeâtres.
63. Le Lutjan orange.	Douze rayons aiguillonnés et quinze rayons articulés à la nageoire du dos; trois rayons aiguillonnés et sept rayons articulés à la nageoire de l'anus; la caudale arrondie; la partie antérieure de la tête presque verticale; toute la tête garnie de petites écailles;

ESPÈCES.   CARACTÈRES.

63. LE LUTJAN ORANGE. l'ouverture de la bouche très-petite; les dents très-courtes; un seul orifice à chaque narine; les écailles petites, dures et dentelées; l'anus à une distance à-peu-près égale entre la tête et la caudale; la couleur générale orange; des taches très-grandes et noirâtres.

64. LE LUTJAN BLANCOR. Des rayons aiguillonnés et quatorze rayons articulés à la dorsale; sept rayons à chaque thoracine; plusieurs rangs de dents; les dents extérieures plus grandes et recourbées; les deux dents antérieures de la mâchoire supérieure plus longues que les autres; les écailles des opercules, du corps et de la queue, très-rapprochées les unes des autres, et un peu dentelées; la couleur générale blanche ou blanchâtre; des raies d'or sur la tête; neuf ou dix raies longitudinales et dorées, de chaque côté du poisson.

65. LE LUTJAN PERCHOT. Dix rayons aiguillonnés et quatorze rayons articulés à la dorsale; deux rayons aiguillonnés et douze rayons articulés à la nageoire de l'anus; la caudale très-grande à proportion du corps et arrondie; un rayon aiguillonné et quatre rayons articulés à chaque thoracine; les opercules ciselés; la dernière pièce de chacun de ces opercules dentelée; les écailles dentelées et très-rapprochées les unes des autres; les dents à peine sensibles; la couleur générale orange; trois bandes transversales bleuâtres et bordées de noir.

66. LE LUTJAN JAUNEL-LIPSE. Dix rayons aiguillonnés et douze rayons articulés et rameux à la nageoire du dos; trois rayons aiguillonnés et six rayons articulés à la nageoire de l'anus; toute la tête converte d'écailles un peu dentelées, comme celles du corps et de la queue; la lèvre supérieure extensible; la mâchoire d'en-bas plus allongée que celle d'en-haut; les dents petites et rapprochées les unes des autres; la caudale arrondie; la couleur générale rouge ou rougeâtre; une raie longitudinale et d'un rouge clair, de chaque côté de l'animal; un trait elliptique rouge en dehors et jaune en dedans, auprès de chaque œil.

ESPÈCES.   CARACTÈRES.

67. LE LUTJAN GRIMPEUR.

Dix - sept rayons aiguillonnés et huit rayons articulés à la nageoire du dos; dix rayons aiguillonnés et huit rayons articulés à la nageoire de l'anus; la caudale arrondie; trois pièces à chaque opercule; les opercules garnis de petites écailles, le plus souvent dentelées, comme celles du corps et de la queue; les petits piquants des opercules très-nombreux; la partie supérieure de l'animal d'un vert obscur, l'inférieure dorée.

68. LE LUTJAN CHÉTODONOÏDE.

Quinze rayons aiguillonnés et dix-neuf rayons articulés à la nageoire du dos; quatre rayons aiguillonnés et six rayons articulés à la nageoire de l'anus; un rayon aiguillonné et six rayons articulés à chaque thoracine; la caudale arrondie; six pores assez grands à la mâchoire inférieure; l'intérieur des lèvres granulé; le dessus de la tête relevé de manière qu'elle soit terminée, dans sa partie antérieure, par une ligne droite.

69. LE LUTJAN DIACANTHE.

Onze rayons aiguillonnés et vingt-deux rayons articulés à la nageoire du dos; deux rayons aiguillonnés et sept rayons articulés à celle de l'anus; chaque mâchoire garnie d'un rang de dents crochues, un peu grandes, éloignées les unes des autres, et hérissée de plusieurs rangées de petites dents; la ligne latérale courbée vers le dos, et ensuite vers la nageoire de l'anus; de petites taches très-foncées sur les côtés de l'animal et sur les nageoires.

70. LE LUTJAN PEINT.

Dix rayons aiguillonnés et vingt-un rayons articulés à la nageoire du dos; trois rayons aiguillonnés et sept rayons articulés à l'anale; la caudale arrondie; la dorsale longue et basse; trois raies longitudinales un peu courbes et dirigées, la première vers le milieu de la dorsale, la seconde vers l'extrémité de cette nageoire, la troisième vers la caudale.

71. LE LUTJAN ARAUNA.

Douze rayons aiguillonnés et douze rayons articulés à la dorsale; deux rayons aiguillonnés et onze rayons articulés à la nageoire

ESPÈCES.	CARACTÈRES.

71. LE LUTJAN ARAUNA. — de l'anus; la caudale arrondie; de petites écailles sur la tête, les opercules, et la base de la dorsale, de l'anale, et de la nageoire de la queue; trois bandes noires, larges et transversales, situées l'une au-dessus du museau, la seconde au-dessus de la dorsale, de la pectorale et des thoracines, et la troisième auprès de la caudale.

72. LE LUTJAN CAYENNE. — Onze rayons aiguillonnés et dix-neuf rayons articulés à la dorsale; deux rayons aiguillonnés et sept rayons articulés à l'anale; la caudale arrondie; la mâchoire d'en-bas un peu plus avancée que celle d'en-haut; les dents égales et serrées; la langue un peu libre dans ses mouvements.

TROISIÈME SOUS-GENRE.

La nageoire de la queue divisée en trois lobes.

ESPÈCES.	CARACTÈRES.

73. LE LUTJAN TRIDENT. — Onze rayons aiguillonnés et onze rayons articulés à la dorsale; trois rayons aiguillonnés et huit rayons articulés à l'anale; les troisième et quatrième rayons aiguillonnés de la nageoire du dos garnis d'un long filament; sept bandes transversales bleues.

74. LE LUTJAN TRILOBÉ. — Six rayons aiguillonnés et seize rayons articulés à la nageoire du dos; un ou deux rayons aiguillonnés et neuf rayons articulés à la nageoire de l'anus; la mâchoire inférieure plus avancée que la supérieure; deux orifices à chaque narine; toute la tête couverte d'écailles semblables à celles du dos; la seconde pièce de chaque opercule non dentelée, et très-prolongée vers la queue; la nuque très-élevée et arrondie; le ventre gros.

LE LUTJAN VIRGINIEN, [1]

Pristipoma Rodo, Cuv.; *Sparus virginicus*, Linn., Gmel.; *Perca Juba*, et *Sparus vittatus*, Bl.; *Sparus Jub*, et *Lutjanus virginicus*, Lacep. (2).

Le LUTJAN ANTHIAS (3), *Serranus Anthias*, Cuv.; *Labrus Anthias*, Linn.; *Anthias sacer*, Bl.; *Lutjanus Anthias*, Lac. (4). — LUTJAN DE L'ASCENSION (5), *Holocentrum Ascensionis*, Cuv.; *Perca Ascensionis*, Linn., Gmel.; *Amphacanthus Ascensionis*, Bl.; *Lutjanus Ascensionis*, Lac. (6). — LUTJAN STIGMATE (7), *Perca Stigma*, Linn., Gmel.; *Lutjanus Stigma*, Lac. (8). — LUTJAN STRIÉ (9), *Serranus striatus*, Cuv.; *Perca striata*, Linn., Gmel.; *Anthias striatus*, Bl.; *Anthias Cherna*, Bl., Schn.; *Sparus chrysomelanus*, et *Lutjanus striatus*, Lac. (10).

LES lutjans ont beaucoup de rapports avec les spares ; ils ont reçu, comme ces derniers, des

---

(1) *Spare rhomboïdal.* Daubenton et Haüy, Encyclopédie méthodique.

Id. Bonnaterre, planches de l'Encyclopédie méthodique.

(2) Du genre Pristipome, dans la famille des Acanthoptérygiens sciénoïdes de M. Cuvier.

Ce poisson a été deux fois décrit par M. de Lacépède, sous les noms 1° de *Spare jub*, 2° de *Lutjan virginien*. DESM. 1830.

(3) Ἱερὸς ἰχθὺς, poisson sacré.

Καλλίχθυς, beau poisson.

Καλλιώνυμος, d'un beau nom.

Ἔλλοπα.

armes remarquables, au moins relativement à leur force et à leur grandeur. Mais celles des

---

Αὐλοπίας, par Aristote.

Αὐλωπὸν, par Oppien.

Meerscharer, par les Allemands.

Meerheiliger, id.

Rundkopf, id.

Rothling, id.

The red grunt, par les Anglais.

Labre barbier. Daubenton et Haüy, Encyclopédie méthodique.

Id. Bonnaterre, planches de l'Encyclopédie méthodique.

Anthias barbier. Bloch, pl. 315.

« Labrus totus rubescens, caudâ bifurcâ. » Artedi, syn. 54.

Ὁ ἄνθιας. Aristot., lib. 6, cap. 17; et lib. 9, cap. 2 et 37.

Id. Ælian., lib. 1, cap. 4; lib. 8, cap. 28; et lib. 12, cap. 47.

Id. Oppian., lib. 1, p. 10.

Id. Athen., lib. 7, p. 282.

Anthias. Ovid. Halieuticon, per Gryphium, anno 1537, v. 45.

Id. Plin., lib. 9, cap. 58.

Première espèce d'anthias, nommée *Barbier.* Rondelet, première partie, liv. 6, chap. 11.

« Anthiæ prima species. » Gesner, p. 55, 62, et (germ.) 13.

« Anthias primus Rondeletii. » Willughby, p. 325.

Id. Rai, p. 138.

Catesby, Carol. 2, p. 25, tab. 25.

(4) Du genre MEROU, *Serranus* de M. Cuvier, dans la famille des Acanthoptérygiens percoïdes.   DESM. 1830.

(5) *Persègue, perche de l'île de l'Ascension.* Bonnaterre, planches de l'Encyclopédie méthodique.

Osbeck, It. p. 388.

(6) Du genre HOLOCENTRUM de M. Cuvier, dans la famille des Acanthoptérygiens percoïdes.   DESM. 1830.

(7) *Persègue stigmate.* Daubenton et Haüy, Encyclopédie méthodique.

Id. Bonnaterre, planches de l'Encyclopédie méthodique.

(8) Non mentionné par M. Cuvier. DESM. 1830.

spares, consistant dans plusieurs rangées de dents propres à déchirer une victime, ou à écraser de dures enveloppes sous lesquelles leur proie tâche en vain de trouver un abri, paraissent destinées pour l'attaque plutôt que pour la défense, pendant que les lutjans, n'ayant ordinairement à la place de ces instruments puissants que les piquants de leurs nageoires et ceux de leurs opercules, ne pouvant user avec avantage de ces aiguillons que contre l'ennemi qui les atteint et les saisit, ne semblent armés que pour se garantir des efforts d'un dangereux adversaire, arrêter son attaque, et le contraindre à cesser sa poursuite et ses combats. Les spares provoquent et les lutjans attendent les habitants des eaux qui leur font la guerre : tel est du moins le premier aperçu qui se présente lorsqu'on les compare. On se presse d'en conclure que les lutjans sont moins voraces, moins agités, plus pacifiques, plus sociables que les spares; et la philosophie se plaît d'autant plus à embrasser cette idée de paix, à la produire, à l'embellir, à la métamorphoser, pour ainsi dire, en une leçon heureuse donnée par la nature elle-même, que les lutjans montrent presque

---

(9) *Persègue striée*. Daubenton et Haüy, Encyclopédie méthodique.

Id. Bonnaterre, planches de l'Encyclopédie méthodique.

(10) Du genre MEROU, *Serranus*, Cuv., dans la famille des Acanthoptérygiens percoïdes.

M. de Lacépède a décrit deux fois cette espèce, sous les noms, 1° de *Spare chrysomelane*, et 2° de *Lutjan stric*. DESM. 1830.

tous une parure agréable et riante. Et quel charme secret n'éprouve-t-on pas toutes les fois qu'on voit l'image du bon goût, la convenance dans les assortiments, l'élégance dans les ornements, et la belle distribution des couleurs éclatantes ou suaves, réunies avec la douceur des mœurs et la bonté des habitudes?

Parmi ces intéressants lutjans, le premier qui s'offre à nous, et auquel on a donné le nom de Virginien, habite non seulement dans la Virginie, mais dans plusieurs autres contrées de l'Amérique septentrionale.

L'anthias, qui le suit, vit dans la Méditerranée. Son nom doit venir de ἄνθος, qui en grec signifie *fleur;* et cette dénomination, ainsi que celles de *beau poisson* et de *poisson d'un beau nom* (1), par lesquelles le désignait ce peuple spirituel et sensible à tous les genres de beauté, qui habitait la Grèce, indique le charmant assemblage des nuances variées et des couleurs rivales de celles des fleurs, qui chatoient sur les écailles de l'anthias et le rayon allongé de sa nageoire dorsale, qui s'élève au milieu de ces reflets agréables comme une anthère ou un pistil au sein d'un beau calice. Tous les tons que le rouge peut présenter, depuis l'éclat du rubis ou celui du grenat jusqu'aux demi-teintes du rose le plus tendre, se mêlent en effet sur la surface de l'anthias avec le

---

(1) **Voyez la troisième note de cet article.**

brillant de l'argent; et la vivacité scintillante ou la douce fusion de ces nuances toutes gracieuses plaisent d'autant plus à l'œil, qu'elles se marient avec le feu de la topaze qui resplendit par reflets fugitifs sur les grandes nageoires de ce poisson favorisé par la nature.

Peut-être sa parure n'a-t-elle pas peu contribué à le faire regarder comme *sacré* (1) par un peuple qui avait divinisé la beauté, et qui ne pouvait voir qu'avec enthousiasme les emblêmes de sa divinité chérie; et c'est vraisemblablement par une suite de cette espèce de consécration, que les anciens Grecs pensaient qu'aucun animal dangereux ne pouvait habiter dans les mêmes eaux que l'anthias, et que les plongeurs pouvaient descendre sans crainte jusqu'au fond des mers, dans tous les endroits où ils rencontraient ce lutjan privilégié.

Quoi qu'il en soit, voyons rapidement les formes principales de ce poisson.

Sa tête est courte et toute couverte de petites écailles; sa mâchoire inférieure, plus avancée que celle d'en haut, est garnie, ainsi que cette dernière, d'un rang de dents pointues, recourbées, et séparées les unes des autres par d'autres dents plus petites, serrées et très-aiguës; la langue ne présente aucune aspérité; chaque narine

---

(1) Voyez la troisième note de cet article.

n'a qu'un orifice, et la ligne latérale est inter-rompue.

Plusieurs des auteurs grecs et latins qui ont parlé de l'anthias, et particulièrement Oppien et Pline, se sont occupés de la manière de le pêcher. Selon ce que rapporte le naturaliste romain, les lutjans de cette espèce étaient très-communs auprès des îles et des écueils voisins des côtes de l'Asie mineure. Un pêcheur, toujours vêtu du même habit, se promenait dans une petite barque pendant plusieurs jours de suite, et chaque jour à la même heure, dans un espace déterminé auprès de ces écueils ou de ces îles ; il jetait aux anthias quelques-uns des aliments qu'ils préfèrent. Pendant quelque temps, cette nourriture était suspecte à des animaux qui, armés pour se défendre bien plutôt que pour attaquer, doivent être plus timides, plus réservés, plus précautionnés, plus rusés que plusieurs autres habitants des mers. Cependant, au bout de quelques jours, un de ces poissons se hasardait à saisir quelques parcelles de la pâture qui lui était offerte : le pêcheur l'examinait avec attention, comme l'auteur de son espoir et de ses succès, et l'observait assez pour le reconnaître facilement. L'exemple de l'individu plus hardi que les autres n'avait pas d'abord d'imitateurs : mais après quelque temps il ne paraissait qu'avec des compagnons dont le nombre augmentait peu à peu ; et enfin il ne se montrait qu'avec une troupe

nombreuse d'autres anthias qui se familiarisaient
bientôt avec le pêcheur, et s'accoutumaient à recevoir léur nourriture de sa main. Ce même pêcheur, cachant alors un hameçon dans l'aliment
qu'il présentait à ces animaux trompés, les rete-
nait, les enlevait, les jetait avec vîtesse et facilité
dans son petit bâtiment, mais avait un grand soin
de ne pas saisir l'anthias imprudent auquel il devait la bonté de sa pêche, et dont la prise aurait
à l'instant mis en fuite tous ceux qui ne s'étaient
avancés vers le navire qu'en imitant sa témérité,
et en se mettant, en quelque sorte, sous sa con-
duite.

Oppien raconte que lorsque, dans d'autres circonstances, un anthias est pris à l'hameçon, ses
compagnons s'empressent de l'aider à le détacher
du fatal crochet, ou de la ligne, en le poussant
avec leur dos, et que même, quelquefois, l'individu
retenu par la corde la coupe avec l'aiguillon long
et *dentelé* de sa nageoire dorsale. Si ce dernier
fait était vrai, il faudrait l'attribuer à un autre
poisson que l'anthias, et peut-être à quelques
grands silures ; car le long aiguillon de la dorsale
du lutjan dont nous nous occupons, quoique
fort, et en quelque sorte un peu tranchant (1),
ne présente aucune dentelure. C'est aussi à des
espèces différentes de celle que nous décrivons,

___

(1) C'est cet aiguillon qu'on a comparé à un rasoir, et qui a fait
donner, par plusieurs naturalistes, le nom de *Barbier* à notre anthias.

qu'il faut rapporter ce qu'Élien et d'autres anciens ont écrit des couleurs, de quelques formes et des dimensions des anthias, desquels ils ont dit que si la taille de ces animaux était inférieure à celle des thons, ils l'emportaient par leur force sur ces derniers osseux (1). Au reste, on pourra recueillir beaucoup de lumières à ce sujet dans l'ouvrage de l'habile professeur Schneider, intitulé : *Synonymie des poissons d'Artedi*, etc., p. 81.

N'oublions pas de dire que l'anthias vit de petits crustacées et de jeunes poissons.

Le lutjan de l'Ascension se trouve auprès de l'île du même nom, dans l'océan Atlantique. Les deux pièces de chacun de ses opercules sont dentelées, et le second aiguillon de sa dorsale présente aussi une dentelure.

---

(1) 18 rayons à chaque pectorale du lutjan virginien.

1 rayon aiguillonné et 5 rayons articulés à chaque thoracine.

18 rayons à la caudale.

5 rayons à la membrane branchiale du lutjan anthias.

14 rayons à chaque pectorale.

1 rayon aiguillonné et 5 rayons articulés à chaque thoracine.

16 rayons à la nageoire de la queue.

8 rayons à la membrane branchiale du lutjan de l'Ascension.

16 rayons à chaque pectorale.

26 rayons à la caudale.

13 rayons à chaque pectorale du lutjan stigmate.

1 rayon aiguillonné et 5 rayons articulés à chaque thoracine.

17 rayons à la nageoire de la queue.

15 rayons à chaque pectorale du lutjan strié.

1 rayon aiguillonné et 5 rayons articulés à chaque thoracine.

17 rayons à la caudale.

Les Indes sont les contrées préférées par le lutjan stigmate. L'empreinte que montre ce poisson ressemble à celle qu'aurait laissée un fer chaud.

Le lutjan strié présente sur son corps plusieurs petits traits ; et c'est dans l'Amérique septentrionale qu'il a été pêché.

LE LUTJAN PENTAGRAMME,[1]

Perca lineata, Linn., Gmel.; *Lutjanus pentagramma*, Lac. (2).

Le Lutjan argenté (3), *Perca argentea*, Linn., Gmel.; *Lutjanus argenteus*, Lac. (4). — Lutjan Serran (5), *Serranus Cabrilla*, Cuv.; *Holocentrus virescens, Holocentrus Chani, Bodianus hiatula,* et *Lutjanus Serran*, Lac. (6). — Lutjan Écureuil (7), *Hœmulum formosum*, Cuv.; *Perca formosa*, Linn., Gmel.; *Labrus Plumieri,* et *Lutjanus Sciurus*, Lacep. (8). — Lutjan jaune (9), *Diagramma cavifrons*, Cuv.; *Lutjanus luteus*, Bl., Lac. (10). — Lutjan œil d'or (11), *Crenilabrus Chrysops*, Cuv.; *Lutjanus Chrysops*, Bl., Lacep. (12). — Lutjan nageoires-rouges (13), *Mesoprion erythropterus*, Cuv.; *Lutjanus erythropterus;* Bl., Lac. (14).

Nous ne connaissons pas la patrie du pentagramme; l'argenté, dont la partie antérieure du

----

(1) *Persègue cinq-lignes*. Daubenton et Haüy, Encyclopédie méthodique.

Id. Bonnaterre, planches de l'Encyclopédie méthodique.

« Sciæna fasciis quinque longitudinalibus, etc. » Mus. Ad. Frid., 1, p. 66.

(2) Non mentionné par M. Cuvier. Desm. 1830.

(3) Mus. Ad. Frid. 2, p. 86.

Persègue ciliée. Daubenton et Haüy, Encyclopédie méthodique.

Id. Bonnaterre, planches de l'Encyclopédie méthodique.

(4) Non mentionné par M. Cuvier. Desm. 1830.

(5) « Perca lituris flavis, etc. » Mus. Ad. Frid. 2, p. 87.

Persègue serran. Daubenton et Haüy, Encyclopédie méthodique.

dos est carénée, vit dans les eaux de l'Amérique; on pêche dans la Méditerranée le serran, qui présente souvent un filament derrière chaque rayon aiguillonné de sa dorsale; et l'on trouve aux Moluques, dans plusieurs autres contrées

---

Id. Bonnaterre, planches de l'Encyclopédie méthodique.

(6) Du genre MÉROU, *Serranus*, Cuv., dans la famille des Acanthoptérygiens percoïdes.

M. de Lacépède a reproduit ce poisson quatre fois dans son ouvrage, sous les dénominations, 1° d'*Holocentre verdâtre*, 2° de *Lutjan serran*, 3° d'*Holocentre chani*, et 4° de *Bodian hiatule*. DESM. 1830.

(7) *Grunt*, en Angleterre.

Id. à la Caroline.

Inkhoorn-visch, en Hollande.

Squirrel-fisch, en Suède.

Blaukopf, en Allemagne.

Eichhorn-fish, ibid.

Rothmund, ibid.

Persègue écureuil. Daubenton et Haüy, Encyclopédie méthodique.

Id. Bonnaterre, planches de l'Encyclopédie méthodique.

« Perca marina capite striato. » Catesby, Carol. 2, p. 6, tab. 6, fig. 1.

Anthias écureuil. Bloch, pl. 323.

(8) Du genre GORETTE, *Hœmulon*, Cuv., dans la famille des Acanthoptérygiens sciénoïdes. — M. de Lacépède a décrit deux fois ce poisson sous les noms, 1° de *Labre plumiérien*, et 2° de *Lutjan écureuil*. DESM. 1830.

(9) *Lutjan jaune.* Bloch, pl. 247.

(10) M. Cuvier rapporte ce poisson à l'espèce qu'il nomme *Diagramme à front concave*, et qu'il place dans la famille des Acanthoptérygiens sciénoïdes. DESM. 1830.

(11) Bloch, pl. 248.

(12) Du sous-genre Crénilabre, dans le grand genre Labre, de la famille des Acanthoptérygiens labroïdes, Cuv. DESM. 1830.

(13) Bloch, pl. 249.

(14) Du genre Mésoprion, Cuv., dans la famille des Acanthoptérygiens percoïdes. DESM. 1830.

orientales, dans les îles de Bahama et dans les Antilles, le lutjan écureuil, que Linnée avait nommé *le Beau*, à cause des nuances et de la distribution de ses couleurs, et qui en effet charme l'œil par la dorure de ses écailles qu'une bordure brune rend plus éclatantes dans leur centre par le bleu de plusieurs raies qui règnent de chaque côté du corps et de la queue, et se marient très-bien avec celles de la tête, et par le jaune doré de toutes les nageoires. La tête de ce lutjan est couverte de petites écailles dures, et souvent dentelées, comme celles du dos. La langue est large et lisse; les deux mâchoires sont aussi avancées l'une que l'autre; l'on voit deux orifices à chaque narine.

Le lutjan jaune, qui se plaît dans les eaux des Antilles, a aussi deux orifices à chaque narine : il a de plus les yeux très-grands; la dernière pièce de chaque opercule terminée par une pointe molle; de petites écailles sur une portion de l'a-nale, ainsi que de la caudale, et toutes les na-geoires d'un jaune couleur d'or (1).

---

(1) 15 rayons à chaque pectorale du lutjan pentagramme.

1 rayon aiguillonné et 5 rayons articulés à chaque thoracine.

16 rayons à la nageoire de la queue.

6 rayons à la membrane branchiale du lutjan argenté.

12 rayons à chaque pectorale.

1 rayon aiguillonné et 5 rayons articulés à chaque thoracine.

17 rayons à la caudale.

16 rayons à chaque pectorale du lutjan serran.

1 rayon aiguillonné et 5 rayons articulés à chaque thoracine.

Bloch a fait connaître le lutjan œil-d'or, d'après un individu de la collection de M. Linke de Leipsick. La tête de ce poisson est allongée; chacune de ses narines a deux orifices; sa ligne latérale est interrompue; ses pectorales, ses thoracines et son anale sont d'un jaune mêlé de violet, et sa dorsale, ainsi que sa caudale, d'une nuance brune.

Au lieu de cette teinte obscure, les nageoires du Lutjan nageoires-rouges brillent d'une belle couleur de vermillon. Bloch avait reçu du Japon un individu de cette espèce. Les deux mâchoires de ce poisson sont également avancées; sa langue est lisse; ses yeux sont gros; un sillon longitudinal peut recevoir la nageoire dorsale; de petites écailles sont placées sur la base de la caudale, et sur celle de la nageoire de l'anus.

17 rayons à la nageoire de la queue.

5 rayons à la membrane branchiale du lutjan écureuil.

16 rayons à chaque pectorale.

1 rayon aiguillonné et 5 rayons articulés à chaque thoracine.

17 rayons à la caudale.

17 rayons à chaque pectorale du lutjan jaune.

6 rayons à chaque thoracine.

16 rayons à la nageoire de la queue.

14 rayons à chaque pectorale du lutjan œil-d'or.

6 à chaque thoracine.

18 rayons à la caudale.

6 rayons à la membrane branchiale du lutjan nageoires-rouges.

15 à chaque pectorale.

1 rayon aiguillonné et 5 rayons articulés à chaque thoracine.

20 rayons à la nageoire de la queue.

LE LUTJAN HAMRUR.[1]

Priacanthus Hamrur, Cuv.; *Sciæna Hamrur*, Forsk.; *Anthias Hamrur*, Bl.; *Lutjanus Hamrur*, Lac. (2).

Le LUTJAN DIAGRAMME (3), *Diagramma lineatum*, Cuv.; *Perca Diagramma*, Linn., Gmel.; *Anthias Diagramma*, Bl.; *Lutjanus Diagramma*, Lac. (4). — LUTJAN BLOCH (5), *Mesoprion Lutjanus*, Cuv.; *Lutjanus Lutjanus*, Bl.; *Lutjanus Blochii*, Lac. (6). — LUTJAN VERRAT (7), *Crenilabrus* . . . ., Cuv.; *Bodianus Bodianus*, Bl.; *Lutjanus Verres*, Bl., Lac.; *Bodianus Blochii*, Lac. (8). — LUTJAN MACROPHTHALME (9), *Priacanthus macrophthalmus*, Cuv.; *Anthias macrophthalmus*, Bl.; *Lutjanus macrophthalmus*, Lac. (10).

LE hamrur, que Forskael a vu auprès des rivages de l'Arabie, a les dents des deux mâchoires pe-

---

(1) Forskael, Faun. Arab., p. 45, n. 44.

Sciène hosrom. Bonnaterre, planches de l'Encyclopédie méthodique.

(2) Du genre Priacanthe, de la famille des Acanthoptérygiens percoïdes, selon M. Cuvier. DESM. 1830.

(3) *Ikan warna*, dans les Indes orientales.

Warna roepanja, ibid.

Prique, dans plusieurs contrées de l'Inde.

Titel barsch, par les Allemands.

Gestreifte rothling, id.

Persègue diagramme. Daubenton et Haüy, Encyclopédie Méthodique.

Id. Bonnaterre, planches de l'Encyclopédie méthodique.

Anthias diagramme, Bloch, pl. 320.

« Sparus lineis longitudinalibus luteis varius, etc. » Gron. Mus. 1, n. 88.

Seb. Mus. 3, tab. 27, fig. 18.

tites, égales, fortes, renflées, et un peu éloignées les unes des autres ; la dernière pièce de ses opercules est terminée en pointe ; et ses pectorales, dont la couleur est rougeâtre, sont plus courtes de la moitié que ses thoracines.

Le diagramme habite les eaux des grandes Indes ; sa chair est ferme, grasse et de très-bon goût : il parvient à une longueur de trois ou quatre décimètres, et il est assez courageux pour attaquer des poissons plus grands que lui. Sa tête est entièrement couverte de petites écailles ; les deux mâchoires sont aussi avancées l'une que l'autre ; les dents petites et nombreuses ; le palais et la langue lisses ; les narines percées chacune de deux orifices, et les yeux gros et un peu rapprochés.

---

(4) Du genre Diagramme, dans la famille des Acanthoptérygiens sciénoïdes, suivant M. Cuvier. Desm. 1830.

(5) *Ikan lutjang*, au Japon.
Lutian lutian. Bloch, pl. 245.

(6) Du genre Mésoprion, dans la famille des Acanthoptérygiens percoïdes de M. Cuvier. Desm. 1830.

(7) *Perro colorado*, en espagnol.
Lutjan verrat. Bloch, pl. 255.

(8) Du sous-genre Crenilabre, dans le grand genre Labre, de la famille des Acanthoptérygiens labroïdes.

Ce poisson a été décrit deux fois par Bloch, sous les noms de *Lutjanus verres*, et de *Bodianus bodianus*. M. de Lacépède a commis la même erreur, seulement, au genre Bodian, il a changé le nom de *Bodianus bodianus*, en celui de *Bodianus Blochii*. Desm. 1830.

(9) *Anthias macrophthalmus*. Bloch, pl. 319.

(10) Du genre Priacanthe, dans la famille des Acanthoptérygiens percoïdes, Cuv. Desm. 1830.

Le lutjan Bloch a la mâchoire inférieure plus avancée que la supérieure ; le palais hérissé de dents très-petites ; deux orifices à chaque narine ; la dernière pièce de chaque opercule terminée par une prolongation un peu membraneuse ; les nageoires rougeâtres ; la partie antérieure de la dorsale d'un bleu clair ou grisâtre.

Ce poisson a été observé dans le Japon, et c'est le nom de *Lutjang* qu'il y porte, que Bloch a attribué à un genre particulier, et que nous avons donné au genre dont nous nous occupons.

Le Japon est aussi la patrie du verrat.

Ce dernier lutjan a le palais revêtu de dents petites et arrondies ; on ne compte qu'un orifice à chaque narine. Les écailles sont fortes et dentelées ; on en voit de semblables à celles du dos, sur une partie de la dorsale, de l'anale et de la caudale. Cette nageoire de la queue, la base des pectorales, et la dernière portion de la nageoire du dos, ainsi que celle de l'anus, brillent d'un beau rouge : on remarque des teintes dorées sur la partie inférieure de l'animal (1).

---

(1) 6 rayons à la membrane branchiale du lutjan hamrur.

18 rayons à chaque pectorale.

1 rayon aiguillonné et 5 rayons articulés à chaque thoracine.

16 rayons à la caudale.

5 rayons à la membrane branchiale du lutjan diagramme.

16 rayons à chaque pectorale.

1 rayon aiguillonné et 5 rayons articulés à chaque thoracine.

19 rayons à la nageoire de la queue.

C'est encore au Japon que l'on trouve le macrophthalme, dont le nom indique la grosseur très-remarquable des yeux (1). Ses deux mâchoires sont d'une longueur égale ; ses dents trèspetites ; les écailles dentelées et dures ; les pectorales et les thoracines rouges ; et la base de la dorsale, celle de l'anale, et l'extrémité de la caudale, d'un jaune ou d'un gris mêlé de bleu.

6 rayons à la membrane branchiale du lutjan bloch.

17 rayons à chaque pectorale.

1 rayon aiguillonné et 5 rayons articulés à chaque thoracine.

18 rayons à la caudale.

5 rayons à la membrane branchiale du lutjan verrat.

16 rayons à chaque pectorale.

1 rayon aiguillonné et 5 rayons articulés à chaque thoracine.

15 rayons à la nageoire de la queue.

5 rayons à la membrane branchiale du lutjan macrophthalme.

16 rayons à chaque pectorale.

1 rayon aiguillonné et 5 rayons articulés à chaque thoracine.

18 rayons à la caudale.

(1) Le diamètre de l'œil du macrophthalme est plus grand que la distance qui sépare la ligne latérale de ce lutjan, de sa nageoire du dos.

LE LUTJAN VOSMAER. [1]

Scolopsides Vosmaeri, Cuv.; *Scolopsis argyrosomus*, Kuhl; *Anthias Vosmaer*, Bl.; *Lutjanus Vosmaeri*, et *Lutjanus aureo-vittatus*, Lac. (2).

Le LUTJAN ELLIPTIQUE (3), *Scolopsides bilineatus*, Cuv.; *Anthias bilineatus*, Bl.; *Lutjanus ellipticus*, Lac. (4). — LUTJAN JAPONAIS (5), *Scolopsides Kate*, Cuv.; *Anthias japonicus*, Bl.; *Lutjanus japonicus*, Lac. (6). — LUTJAN HEXAGONE (7), *Myripristis hexagonus*, Cuv.; *Lutjanus hexagonus*, Lac. (8). — LUTJAN CROISSANT (9), *Mesoprion lunulatus*, Cuv.; *Perca lunulata*, Mungo-Park; *Lutjanus lunulatus*, Lac. (10).

LES trois premiers de ces lutjans sont du Japon. Nous en devons la connaissance à Bloch, qui les

---

(1) *Anthias vosmaer.* Bloch, pl. 321.

(2) Du genre Scolopside, dans la famille des Acanthoptérygiens sciénoïdes de M. Cuvier.

M. de Lacépède a décrit deux fois ce poisson, sous les noms 1° de *Lutjan vosmaer*, et 2° de *Lutjan galon d'or*. DESM. 1830.

(3) *Anthias rayé, anthias bilineatus.* Bloch, pl. 325, fig. 1.

(4) Du genre Scolopside, dans la famille des Acanthoptérygiens sciénoïdes, Cuv. DESM. 1830.

(5) *Anthias japonais.* Bloch, pl. 325, fig. 2.

(6) Du même genre (Scolopside) que les deux espèces précédentes, selon M. Cuvier. DESM. 1830.

(7) *Boltok in dsoul water*, par les Hollandais.

a placés dans le genre particulier auquel il a donné le nom d'*Anthias*, parce que leur tête est entièrement couverte de petites écailles. Mais les principes de distribution méthodique que nous avons cru devoir suivre, ne nous ont pas permis d'adopter ce genre d'anthias, et nous avons inscrit parmi les vrais lutjans les trois poissons japonais dont nous parlons dans cet article.

Le vosmaer a de très-petites dents; les pectorales, les thoracines et la caudale, rouges; la dorsale et l'anale bleues, avec des teintes rougeâtres sur quelques rayons.

Le lutjan elliptique présente un rang de dents courtes et pointues à chacune de ses mâchoires qui sont égales en longueur. On ne compte qu'un orifice à chaque narine. L'ellipse violette que l'on voit sur le dos de l'animal est le plus souvent double; la partie supérieure du poisson est d'un vert-jaunâtre, plus ou moins mêlé de brun; la dorsale, les pectorales et la caudale sont violettes; les thoracines sont variées de jaune et de violet; l'anale est noire dans sa partie antérieure, et jaune dans l'autre.

Des raies étroites, obliques et verdâtres, rè-

---

(8) Du genre MYRIPRISTIS, Cuv., dans la famille des Acanthoptérygiens percoïdes.   DESM. 1830.

(9) *Perca lunulata*. Description des poissons de Sumatra, par Mungo Park (Actes de la société Linnéenne de Londres, vol. 3, p. 33).

(10) Du genre MÉSOPRION, dans la famille des Açanthoptérygiens percoïdes.   DESM. 1830.

gnent fréquemment sur le dos du japonais; et le devant de sa dorsale est d'un violet mêlé de gris ou de blanc (1).

L'hexagone a l'œil très-grand; les écailles fortement striées; le diamètre vertical de la queue bien inférieur à celui du corps. On n'a point encore publié de description de cette espèce, dont nous avons trouvé un individu parmi les poissons desséchés qui font partie de la belle collection donnée par la Hollande à la France.

Les nageoires du lutjan croissant sont rougeâtres, excepté les thoracines, qui offrent une couleur d'or ou d'orange. La patrie de ce dernier poisson est l'île de Sumatra.

---

(1) 5 rayons à la membrane branchiale du lutjan vosmaer.

16 rayons à chaque pectorale.

1 rayon aiguillonné et 5 rayons articulés à chaque thoracine.

15 rayons à la nageoire de la queue.

5 rayons à la membrane branchiale du lutjan elliptique.

14 rayons à chaque pectorale.

1 rayon aiguillonné et 5 rayons articulés à chaque thoracine.

20 rayons à la caudale.

6 rayons à la membrane branchiale du lutjan japonais.

14 rayons à chaque pectorale.

1 rayon aiguillonné et 5 rayons articulés à chaque thoracine.

16 rayons à la nageoire de la queue.

16 rayons à chaque pectorale du lutjan hexagone.

1 rayon aiguillonné et 7 rayons articulés à chaque thoracine.

19 rayons à la caudale.

7 rayons à la membrane branchiale du lutjan croissant.

16 rayons à chaque pectorale.

17 rayons à la nageoire de la queue.

LE LUTJAN GALON-D'OR.[1]

Scolopsides Vosmaeri, Cuv.; *Scolopsis argyrosomus*, Kuhl; *Anthias Vosmaer*, Bl.; *Lutjanus aureo-vittatus*, et *Lutjanus Vosmaeri*, Lac. (2).

Le LUTJAN GYMNOCÉPHALE, *Ambassis Commersonii*, Cuv.; *Lutjanus gymnocephalus*, et *Centropomus Ambassis*, Lacep. (3).— LUTJAN TRIANGLE, *Corvina ocellata*, Cuv.; *Sciæna imberbis*, Mitch; *Perca ocellata*, Linn.; *Lutjanus Triangulum*, et *Centropomus ocellatus*, Lac. (4).— LUTJAN MICROSTOME, *Pristipoma Commersonii*, Cuv.; *Lutjanus microstomus*, et *Labrus Commersonii*, Lac. (5).

LES eaux de Sumatra nourrissent le lutjan galon-d'or. Indépendamment du ruban doré qui

---

(1) *Perca aurata*. Description de poissons de Sumatra, par Mungo-Park (Actes de la société Linnéenne de Londres, vol. 3, p. 33).

(2) Ce poisson est le même que celui déja décrit par M. de Lacépède, dans l'article précédent sous le nom de *Lutjan Vosmaer*. C'est un scolopside pour M. Cuvier. DESM. 1830.

(3) Du genre AMBASSE, dans la famille des Acanthoptérygiens percoïdes, selon M. Cuvier.

M. de Lacépède a décrit ce poisson deux fois, 1° sous le nom de *Lutjan gymnocéphale*, et 2° sous celui de *Centropome ambasse*. DESM. 1830.

(4) Du genre JOHNIUS *corvina*, dans la famille des Acanthoptérygiens sciénoïdes de M. Cuvier.

M. de Lacépède a décrit deux fois cette espèce, sous les noms 1° de *Lutjan triangle*, et 2° de *Centropome œillé*. DESM. 1830.

nous a indiqué son nom spécifique, sa couleur blanchâtre est relevée par le beau jaune de ses pectorales et de sa nageoire de la queue ; la dorsale et les thoracines sont d'un brun mêlé de blanc.

Aucun naturaliste n'a encore publié la description du gymnocéphale, du triangle, ni du microstome, dont nous avons vu des dessins parmi les manuscrits de Commerson, et qui vivent dans le grand Océan équinoxial, ou dans les parties de ce grand Océan voisines des tropiques.

Le gymnocéphale a les dents égales et pointues ; les deux premières pièces de chaque opercule dentelées, et les narines percées chacune d'un seul orifice.

On doit remarquer sur le lutjan triangle la forme de sa caudale qui est en croissant, la double ouverture de chacune de ses narines, l'échancrure de la dernière pièce de l'opercule qui, au-dessous de cette sorte d'entaille, montre une prolongation arrondie, et les très-petites taches dont sont marquées presque toutes les écailles de la partie supérieure du poisson.

Les dents du microstome (1) sont petites et

---

(5) Du genre PRISTIPOME, dans la famille des Acanthoptérygiens sciénoïdes, selon M. Cuvier.

Ce poisson a été décrit par M. de Lacépède, sous les doubles noms de *Labre commersonien*, et de *Lutjan microstome*. DESM. 1830.

(1) *Microstome* signifie petite bouche, et *gymnocéphale*, tête nue, ou dénuée de petites écailles. Μιχρὸς, en effet, veut dire, en grec, *petit*; στόμα, *bouche*; γυμνὸς, *nu*, et χεφαλὴ, *tête*.

déliées, et son anus est plus près de la tête que de la nageoire de la queue (1).

LE LUTJAN ARGENTÉ-VIOLET.[2]

Gymnocephalus argenteus, Bl. ; *Lutjanus argenteo-violaceus*, Lacep. (3).

Les Grandes-Indes sont la patrie de ce poisson. Les dents de l'argenté sont à peine visibles. La dernière pièce de chaque opercule ne présente pas ordinairement de dentelures. L'anus est plus éloigné de la gorge que de la caudale (4).

(1) 5 rayons à la membrane branchiale du lutjan galon-d'or.
   18   à chaque pectorale.
   6   à chaque thoracine.
   18   à la nageoire de la queue.
   7   à chaque nageoire thoracine du lutjan gymnocéphale.
   8 ou 9 rayons à chaque pectorale du lutjan triangle.
   17 rayons à la caudale.
   9 ou 10 rayons à chaque pectorale du lutjan microstome.

(2) *Gymnocéphale argenté*. Bloch, pl. 332, fig. 2.

(3) M. Cuvier ne fait pas mention de ce poisson. DESM. 1830.

(4) 5 rayons à la membrane branchiale du lutjan argenté.
   12 rayons à chaque pectorale.
   1 rayon aiguillonné et 5 rayons articulés à chaque thoracine.
   14 rayons à la nageoire de la queue.

LE LUTJAN DÉCACANTHE.[1]

Labrus striatus, Linn., Gmel.; *Lutjanus decacanthus*, Lac.

Le LUTJAN SCINE (2), *Labrus Scina*, Linn., Gmel.; *Lutjanus Scina*, Lacep. — LUTJAN LAPINE (3), *Crenilabrus Lapina*, Cuv.; *Labrus Lapina*, Linn., Gmel.; *Lutjanus Lapina*, Lac. — LUTJAN RAMEUX (4), *Labrus ramentosus*, Linn., Gmel.; *Lutjanus ramentosus*, Lac. — LUTJAN OEILLÉ (5), *Crenilabrus......*, Cuv.; *Labrus ocellatus*, Linn., Gmel.; *Lutjanus ocellatus*, Lac. — LUTJAN BOSSU (6), *Labrus Gibbus*, Linn., Gmel.; *Lutjanus gibbus*, Lac. — LUTJAN OLIVÂTRE (7), *Crenilabrus ....*, Cuv.; *Labrus olivaceus*, Linn., Gmel.; *Lutjanus olivaceus*, Lac. (8).

On a observé en Amérique le lutjan décacanthe, dont la couleur générale est d'un brun jaunâtre.

---

(1) Mus. Ad. Frid. 2, p. 77*.
Labre strié. Daubenton et Haüy, Encyclopédie méthodique.
Id. Bonnaterre, planches de l'Encyclopédie méthodique.
(2) Forskael, Faun. Arab., p. 36, n. 30.
Labre kichla. Bonnaterre, planches de l'Encyclopédie méthodique.
(3) Forskael, Faun. Arab., p. 36, n. 31.
Labre lapine. Bonnaterre, planches de l'Encyclopédie méthodique.
(4) Forskael, Faun. Arab., p. 34, n. 28.
Labre rameux. Bonnaterre, planches de l'Encyclopédie méthodique.
(5) Forskael, Faun. Arab., p. 37, n. 33.
Labre œil d'écarlate. Bonnaterre, planches de l'Encyclopédie méthodique.

Le lutjan scina et le lutjan lapine habitent dans la Propontide, et particulièrement auprès de Constantinople. Le scina a le dessous du corps et de la queue blanc, avec des raies jaunes et un peu tortueuses; les pectorales jaunes et sans tache; les autres nageoires jaunâtres et tachées de bleu. La tête du lutjan lapine présente des taches rouges sur le côté, et une raie petite, ondée, et bleue au-dessous de l'œil; ses pectorales sont jaunes; ses thoracines bleues; et ses autres nageoires violettes avec des taches bleues. Forskael a le premier publié la description de ces deux lutjans, ainsi que du rameux et de l'œillé, dont l'un vit dans la mer d'Arabie, et l'autre dans celle de Syrie. Le rameux est d'un vert mêlé de brun; il a des taches violettes sur le sommet de la tête, au-dessous des yeux, et sur les nageoires. L'œillé, qui préfère les eaux de la Syrie, montre auprès de chaque œil une tache ronde et couleur d'écarlate, qui se marie très-bien avec la tache bleue et bordée de rouge qu'indique pour ce poisson le tableau générique des lutjans.

---

(6) *Gibbous wrasse*. Pennant, Brit. Zoolog. 3, p. 208, n. 5.
Labre bossu. Bonnaterre, planches de l'Encyclopédie méthodique.
(7) Brunn. Pisc. Massil., p. 56, n. 71.
Labre olivâtre. Bonnaterre, planches de l'Encyclopédie méthodique.
(8) M. Cuvier ne mentionne que trois de ces sept espèces de poissons. Il les considère comme se rapportant à son sous-genre Crénilabre, dans le grand genre des Labres, et selon lui, le Lutjan œillé de cet article ne diffère pas spécifiquement du Lutjan olivâtre. DESM. 1830.

On a pêché le bossu auprès des côtes d'Angleterre. Les pectorales de ce thoracin sont jaunes ; la base de ces pectorales offre des bandes étroites, transversales et rouges ; les thoracines et la nageoire de la queue sont verdâtres (1).

A l'égard de l'olivâtre, que l'on rencontre dans la Méditerranée, comptons parmi ses principaux attributs les teintes argentées de sa tête, celles de sa caudale, qui est roussâtre, et la couleur de ses autres nageoires, qui est semblable à celle du corps.

---

(1)   6 rayons à la membrane branchiale du lutjan décacanthe.

17 rayons à chaque pectorale.

1 rayon aiguillonné et 5 rayons articulés à chaque thoracine.

12 rayons à la caudale.

14 rayons à chaque pectorale du lutjan scina.

1 rayon aiguillonné et 5 rayons articulés à chaque thoracine.

15 rayons à la nageoire de la queue.

15 rayons à chaque pectorale du lutjan lapine.

1 rayon aiguillonné et 5 rayons articulés à chaque thoracine.

15 rayons à la caudale.

5 rayons à la membrane branchiale du lutjan rameux.

13 rayons à chaque pectorale.

1 rayon aiguillonné et 5 rayons articulés à chaque thoracine.

12 rayons à la nageoire de la queue.

11 rayons à chaque pectorale du lutjan œillé.

1 rayon aiguillonné et 5 rayons articulés à chaque thoracine.

15 rayons à la caudale.

13 rayons à chaque pectorale du lutjan bossu.

1 rayon aiguillonné et 5 rayons articulés à chaque thoracine.

5 rayons à la membrane branchiale du lutjan olivâtre.

13 rayons à chaque pectorale.

1 rayon aiguillonné et 5 rayons articulés à chaque thoracine.

12 rayons à la nageoire de la queue.

LE LUTJAN BRUNNICH.[1]

Crenilabrus fuscus, Cuv.; *Labrus fuscus*, Linn., Gmel.;
Lutjanus Brunnichii, Lacep. (2).

Le LUTJAN MARSEILLAIS (3), *Crenilabrus unimaculatus*, Cuv.;
Labrus unimaculatus, Linn., Gmel.; *Lutjanus massiliensis*,
Lac. (4).—LUTJAN ADRIATIQUE (5), *Serranus Hepatus*, Cuv.;
Labrus adriaticus, Linn., Gmel.; *Lutjanus adriaticus*, Lac.;
Holocentrus striatus, Bl.; *Hol. siagonotus*, Laroche (6).—
LUTJAN MAGNIFIQUE, *Perca nobilis*, Linn., Gmel.; *Lutjanus
magnificus*, Lac. (7).—LUTJAN POLYMNE (8), *Amphiprion
Polymnus*, Bl., Schn., Cuv.; *Anthias Polymnus*, Bl.; *Lutjanus Polymnus*, Lac. (9).

LE brunnich ne parvient ordinairement qu'à la
longueur d'un décimètre; il est allongé et un peu

---

(1) Brunn. Pisc. Massil., p. 56, n. 72.
Labre serpentin. Bonnaterre, planches de l'Encyclopédie méthodique.
(2) Du sous-genre Crénilabre, dans le grand genre Labre de la famille
des Acanthoptérygiens labroïdes, Cuv. DESM. 1830.
(3) Brunn. Pisc. Massil., p. 57, n. 73; et p. 97, n. 10.
Labre rayé de bleu. Bonnaterre, planches de l'Encyclopédie méthodique.
(4) Du sous-genre Crénilabre, de M. Cuvier, comme le précédent. DESM. 1830.
(5) *Labre rayé de brun.* Bonnaterre, planches de l'Encyclopédie méthodique.
Brunn. Pisc. Massil., p. 98, n. 11.
(6) Du genre MÉROU, *Serranus*, dans la famille des Acanthoptérygiens percoïdes de M. Cuvier.

comprimé : sa dorsale, son anale et sa caudale sont brunes ou rousses, et tachées de bleu ; les pectorales rousses à leur base , et bleues à leur sommet ; les thoracines rouges et sans taches. Il a été observé par Brunnich dans la Méditerranée, ainsi que le marseillais. Ce dernier lutjan est aussi petit et aussi comprimé que le premier, mais sa forme générale est moins allongée. On voit souvent une tache noire vers l'extrémité postérieure de sa nageoire du dos.

C'est encore le savant Brunnich qui a décrit le premier le lutjan adriatique. Il l'a vu dans la mer de ce nom auprès de Spalatro. La longueur ordinaire de ce poisson est à-peu-près égale à celle du marseillais et du brunnich. Sa nageoire

---

M. de Lacépède a décrit ce poisson trois fois, sous les noms, 1° de *Lutjan adriatique* , 2° de *Labre hépate* , et 3° d'*Holocentre triacanthe*. Desm. 1830.

(7) Non mentionné par M. Cuvier. Desm. 1830.

(8) *Tontelton* , dans les grandes Indes.

Id. en Angleterre.

Den weisband , en Allemagne.

Genaarde baarr , en Hollande.

Perca polymna , Linnée, édition de Gmelin.

« Perca dorso monopterygio , caudâ subrotundâ , corpore fasciis transversis albis. » Gronov. Mus. 190.

Seba, Mus. 3 , tab. 26 , fig. 20.

Persègue polymne. Daubenton et Haüy , Encyclopédie méthodique.

Id. Bonnaterre, planches de l'Encyclopédie méthodique.

Anthias polymne. Bloch , pl. 316 , fig. 1.

(9) Du genre Amphiprion, dans la famille des Acanthoptérygiens sciénoïdes, Cuv. Desm. 1830.

de l'anus est noire à la base et jaune à son bord extérieur (1).

L'éclat de l'argent dont brille le magnifique, m'a indiqué le nom spécifique que j'ai cru devoir lui donner. Ce lutjan habite dans les eaux de l'Amérique; et les orifices de ses narines sont placés comme au bout d'un très-petit tube (2).

Les Grandes-Indes sont la patrie du polymne. La tête de ce poisson est petite; la nuque élevée;

---

(1)   5 rayons à la membrane branchiale du lutjan brunnich.
     12 rayons à chaque pectorale.
      1 rayon aiguillonné et 5 rayons articulés à chaque thoracine.
     13 rayons à la caudale.

      5 rayons à la membrane branchiale du lutjan marseillais.
     14 rayons à chaque pectorale.
      1 rayon aiguillonné et 5 rayons articulés à chaque thoracine.
     13 rayons à la nageoire de la queue.

      6 rayons à la membrane branchiale du lutjan adriatique.
     14 rayons à chaque pectorale.
      1 rayon aiguillonné et 5 rayons articulés à chaque thoracine.
     17 rayons à la caudale.

     15 rayons à chaque pectorale du lutjan magnifique.
      1 rayon aiguillonné et 5 rayons articulés à chaque thoracine.
     17 rayons à la nageoire de la queue.

      6 rayons à la membrane branchiale du lutjan polymne.
     16 rayons à chaque pectorale.
      1 rayon aiguillonné et 5 rayons articulés à chaque thoracine.
     14 rayons à la caudale.

(2) Je n'ai pas vu d'individu de l'espèce du magnifique : si ce lutjan, contre mon opinion, n'avait pas de dentelure aux opercules, il faudrait le placer parmi les labres ou parmi les spares, suivant les caractères que l'observation ferait reconnaître dans ce thoracin.

la langue lisse, ainsi que le palais; le dos caréné;
le ventre arrondi.

Bloch a décrit une variété de ce beau lutjan (1). Elle diffère du polymne que nous tâchons
de faire connaître par les quatre caractères suivants : premièrement, le corps et la queue sont
plus allongés que ceux de ce même polymne;
secondement, toutes les nageoires sont bordées
de noir; troisièmement, la partie postérieure de
la dorsale, les pectorales, les thoracines, l'anale
et la caudale sont cendrées; et quatrièmement,
la ligne latérale n'est pas interrompue.

____

(1) Bloch, pl. 316, fig. 3.

LE LUTJAN PAUPIERE.[1]

Perca palpebrosa, Linn., Gmel.; *Lutjanus palpebratus*,
Lacep. (2).

Le LUTJAN NOIR (3), *Perca atraria*, Linn., Gmel.; *Lutjanus atrarius*, Lac. (4).—LUTJAN CHRYSOPTÈRE (5), *Hœmulon chrysopteron*, Cuv.; *Perca chrysoptera*, Linn., Gmel.; *Lutjanus chrysopterus*, Lac. (6). — LUTJAN MÉDITERRANÉEN (7), *Crenilabrus* . . . . , Cuv.; *Perca mediterranea*, Linn., Gmel.; *Lutjanus mediterraneus*, Lac. (8).—LUTJAN RAYÉ (9), *Perca vittata*, Linn., Gmel.; *Lutjanus vittatus*, Lac. (10).

LE lutjan paupière, qui habite en Amérique, ne présente jamais que de petites dimensions.

---

(1) *Persègue paupière.* Daubenton et Haüy, Encyclopédie méthodique.
Id. Bonnaterre, planches de l'Encyclopédie méthodique.

(2) Non mentionné par M. Cuvier.   DESM. 1830.

(3) *Black fish*, dans la Caroline, suivant Garden.
Persègue noire. Daubenton et Haüy, Encyclopédie méthodique.
Id. Bonnaterre, planches de l'Encyclopédie méthodique.

(4) Non mentionné par M. Cuvier.   DESM. 1830.

(5) « Perca marina gibbosa. » Catesby, Carol. 2, p. 2, tab. 2, fig. 1.
Persègue dorée. Daubenton et Haüy, Encyclopédie méthodique.
Id. Bonnaterre, planches de l'Encyclopédie méthodique.

(6) Du genre GORETTE, *Hœmulon*, Cuv., dans la famille des Acanthoptérygiens sciénoïdes. DESM. 1830.

Le noir et le chrysoptère ont été vus particulièrement dans les eaux de la Caroline, l'un par Garden, et l'autre par ce même observateur et par Catesby. Le second de ces lutjans a la tête allongée, et couverte en entier de petites écailles, et l'anale ainsi que la caudale tachetées de brun (1).

Nous n'avons pas besoin de dire que le méditerranéen vit dans la Méditerranée. Il n'a point

---

(7) Mus. Ad. Frid. 2, p. 85 *.

Brunn. Pisc. Massil., p. 66, n. 82.

Persègue tachée. Daubenton et Haüy, Encyclopédie méthodique.

Id. Bonnaterre, planches de l'Encyclopédie méthodique.

(8) Indiqué comme se rapportant au sous-genre Crénilabre, dans le grand genre des Labres, par M. Cuvier. DESM. 1830.

(9) Mus. Ad. Frid. 2, p. 85 *.

Persègue rayée. Daubenton et Haüy, Encyclopédie méthodique.

Id. Bonnaterre, planches de l'Encyclopédie méthodique.

(10) Non cité par M. Cuvier. DESM. 1830.

(1) 15 rayons à chaque pectorale du lutjan paupière.

1 rayon aiguillonné et 5 rayons articulés à chaque thoracine.

17 rayons à la nageoire de la queue.

7 rayons à la membrane branchiale du lutjan noir.

20 rayons à chaque pectorale.

7 rayons à chaque thoracine.

20 rayons à la caudale.

5 rayons à la membrane branchiale du lutjan méditerranéen.

14 rayons à chaque pectorale.

1 rayon aiguillonné et 5 rayons articulés à chaque thoracine.

13 rayons à la nageoire de la queue.

6 ou 7 rayons à la membrane branchiale du lutjan rayé.

18 rayons à chaque pectorale.

1 rayon aiguillonné et 5 rayons articulés à chaque thoracine.

17 rayons à la caudale.

de petites écailles sur la partie supérieure de la tête ; et ses pectorales, ses thoracines, son anale et sa caudale sont rousses ou jaunes.

Le lutjan rayé a été pêché en Amérique. On a remarqué la force du second rayon aiguillonné de sa nageoire de l'anus. Il nous semble que c'est avec raison que les professeurs Gmelin et Bonnaterre ont rapporté à cette espèce le poisson du Japon, décrit par le savant Houttuyn, dans les *Mémoires de Harlem*, *tome XX*, *p.* 326, et qui avait un peu plus de deux décimètres de longueur.

LE LUTJAN ÉCRITURE.[1]

Serranus Scriba, Cuv.; *Perca Scriba*, Linn., Gmel.; *Lutjanus Scriptura*, *Holocentrus marinus*, et *Holocentrus fasciatus*, Lac. (2).

Le LUTJAN CHINOIS (3), *Perca sinensis*, Linn., Gmel.; *Lutjanus chinensis*, Lac. (4). — LUTJAN PIQUE (5), *Pristipoma Hasta*, Cuv.; *Lutjanus Hasta*, Bl., Lac. (6). — LUTJAN SELLE (7), *Amphiprion Ephippium*, Schn., Cuv.; *Lutjanus ephippinus*, Bl., Lac. (8). — LUTJAN DEUX-DENTS (9), *Crenilabrus . . . . .*, Cuv.; *Lutjanus bidens*, Bl., Lac. (10).

ON ne connaît pas la patrie du lutjan écriture; il serait superflu de dire quelle est celle du chi-

---

(1) Mus. Ad. Frid. 2, p. 86*.

Persègue écriture. Daubenton et Haüy, Encyclopédie méthodique.

Id. Bonnaterre, planches de l'Encyclopédie méthodique.

(2) Du genre MÉROU, *Serranus*, Cuv., dans la famille des Acanthoptérygiens percoïdes. DESM. 1830.

Ce même poisson a été décrit deux autres fois par M. de Lacépède sous les noms d'*Holocentre fascé* et d'*Holocentre marin*. DESM. 1830.

(3) Osbeck, It. tho. Chin. vol. 2, p. 25.

Persègue chinoise. Bonnaterre, planches de l'Encyclopédie méthodique.

(4) Non mentionné par M. Cuvier. DESM. 1830.

(5) *Lutjan broche*. Bloch, pl. 246, fig. 1.

(6) Du genre PRISTIPOME, Cuv., dans la famille des Acanthoptérygiens sciénoïdes. DESM. 1830.

(7) *Lutjan selle*. Bloch, pl. 250, fig. 2.

(8) Du genre AMPHIPRION, Cuv., dans la famille des Acanthoptérygiens sciénoïdes. DESM. 1830.

(9) *Lutjan dent-double*. Bloch, pl. 251, fig. 1.

(10) Du sous-genre Crénilabre de M. Cuvier. DESM. 1830.

nois. Ce dernier poisson a de petites dents aux deux mâchoires, et la nageoire du dos échancrée (1).

On trouve au Japon le lutjan pique, dont le nom a été imaginé pour désigner la longueur et la forme du second aiguillon de son anale, lequel a paru présenter une petite image du fer d'une pique. Le palais de ce thoracin est revêtu de dents très-petites; ses yeux sont un peu saillants; la nageoire du dos est tachetée de brun; les pectorales, les thoracines et la caudale sont rouges; l'anale est bleuâtre.

La langue du lutjan selle est courte, épaisse et lisse, de même que son palais; la nuque est re-

---

(1)   7 rayons à la membrane branchiale du lutjan écriture.

13 rayons à chaque pectorale.

1 rayon aiguillonné et 5 rayons articulés à chaque thoracine.

15 rayons à la caudale.

18 rayons à chaque pectorale du lutjan chinois.

1 rayon aiguillonné et 5 rayons articulés à chaque thoracine.

17 rayons à la nageoire de la queue.

16 rayons à chaque pectorale du lutjan pique.

1 rayon aiguillonné et 5 rayons articulés à chaque thoracine.

18 rayons à la caudale.

6 rayons à la membrane branchiale du lutjan selle.

19 rayons à chaque pectorale.

1 rayon aiguillonné et 5 rayons articulés à chaque thoracine.

16 rayons à la nageoire de la queue.

5 rayons à la membrane branchiale du lutjan deux-dents.

13 rayons à chaque pectorale.

1 rayon aiguillonné et 5 rayons articulés à chaque thoracine.

15 rayons à la caudale.

levée; la grande tache noire placée sur le dos, et descendant des deux côtés de l'animal, comme une selle, s'étend d'autant plus, à proportion des dimensions du poisson, que l'individu est moins jeune et plus grand. Toutes les nageoires de ce thoracin sont d'un gris bleuâtre. On a pèché cet osseux dans les Indes orientales.

Le lutjan deux-dents habite dans l'océan Atlantique boréal, et par conséquent dans une mer bien éloignée de celle dans laquelle on a observé le lutjan selle. Il n'y a qu'un seul orifice à chaque narine du premier de ces deux poissons; cette ouverture est très-proche de l'œil. Une tache noire marque la base de chaque pectorale; chaque écaille montre une petite raie longitudinale, et d'un jaune pâle.

LE LUTJAN MARQUÉ.[1]

Crenilabrus notatus, Cuv.; *Lutjanus notatus*, Bl., Lac. (2).

Le LUTJAN LINKE (3), *Crenilabrus Linkii*, Cuv.; *Lutjanus Linkii*, Bl., Lac. (4). — LUTJAN SURINAM (5), *Pristipoma surinamense*, Cuv.; *Lutjanus surinamensis*, Bl., Lac.; *Holocentrus gibbosus*, Lac. (6). — LUTJAN VERDATRE (7), *Crenilabrus virescens*, Cuv.; *Lutjanus virescens*, Bl., Lac. (8). — LUTJAN GROIN (9), *Crenilabrus Verres*, Cuv.; *Lutjanus Verres*, et *Bodianus Bodianus*, Bl.; *Lutjanus rostratus*, Lac. (10). — LUTJAN NORVÉGIEN (11), *Crenilabrus norvegicus*, Cuv.; *Lutjanus norvegicus*, Bl.. Lac. (12).

Le marqué n'a qu'une rangée de dents serrées et pointues à chacune de ses mâchoires; sa langue

---

(1) *Lutjan marqué*. Bloch, pl, 251, fig. 2.

(2) Du sous-genre CRÉNILABRE, dans le grand genre Labre, selon M. Cuvier. DESM. 1830.

(3) *Lutjan de Linke*. Bloch, pl. 252.

(4) Autre espèce du sous-genre CRÉNILABRE de M. Cuvier, qui le réunit au *Labrus violaceus* de Bloch. DESM. 1830.

(5) *Stein kahlkopf*, par les Allemands.

Steen kaal kop, par les Hollandais.

Lutjan de Surinam. Bloch, pl. 253.

(6) Du genre PRISTIPOME, dans la famille des Acanthoptérygiens sciénoïdes, Cuv.

M. de Lacépède a décrit ce poisson deux fois, 1° sous le nom de *Lutjan Surinam*, et 2° d'*Holocentre bossu*. DESM. 1830.

(7) *Lutjan verdâtre*. Bloch, pl. 254, fig. 1.

et son palais sont lisses; chaque narine n'a qu'un orifice; les Indes orientales sont sa patrie.

Bloch, qui a décrit le premier le lutjan linke, a donné à ce poisson le nom de M. Linke son ami, de qui il avait reçu un individu de cette espèce; mais il ignorait dans quelles eaux cet individu avait été pêché.

Le lutjan surinam, dont la patrie est indiquée par le nom que porte ce thoracin, a la langue lisse, mais le palais rude au toucher; chaque opercule composé de trois pièces; les nageoires bleues; et la caudale rouge dans sa partie supérieure (1).

---

(8) Du sous-genre CRÉNILABRE, dans le grand genre des Labres, selon M. Cuvier. DESM. 1830.

(9) *Lutjan groin.* Bloch, pl. 254, fig. 2.

(10) Du sous-genre CRÉNILABRE, Cuv. DESM. 1830.

(11) *Lutjan de Norwège.* Bloch, pl. 256.

(12) Du sous-genre CRÉNILABRE, dans le grand genre Labre de M. Cuvier. DESM. 1830.

(1) 5 rayons à la membrane branchiale du lutjan marqué.

14 rayons à chaque pectorale.

1 rayon aiguillonné et 5 rayons articulés à chaque thoracine.

16 rayons à la nageoire de la queue.

14 rayons à chaque pectorale du lutjan linke.

1 rayon aiguillonné et 5 rayons articulés à chaque thoracine.

13 rayons à la caudale.

6 rayons à la membrane branchiale du lutjan surinam.

16 rayons à chaque pectorale.

1 rayon aiguillonné et 5 rayons articulés à chaque thoracine.

16 rayons à la nageoire de la queue.

5 rayons à la membrane branchiale du lutjan verdâtre.

12 rayons à chaque pectorale.

On ne doit pas oublier de remarquer, sur le lutjan verdâtre, la forme de la dernière pièce de chaque opercule, qui se termine en pointe; les raies violettes qui régnent sur la tête, les côtés, la dorsale et l'anale; ni les deux bandes transversales, étroites, courbes, et d'un violet plus ou moins foncé, que l'on peut voir sur la caudale.

Le palais et la langue du lutjan groin sont doux au toucher, et ses nageoires courtes.

Le lutjan norvégien a aussi sa langue et son palais très-lisses; une petite membrane s'avance un peu au-dessus de chaque œil de ce poisson; une humeur gluante sort des pores que l'on peut compter auprès de cet organe; les rayons aiguillonnés de la dorsale sont garnis chacun d'un filament; une nuance bleue distingue les pectorales et les thoracines; l'anale et la caudale sont violettes à leur extrémité.

---

1 rayon aiguillonné et 5 rayons articulés à chaque thoracine.
16 rayons à la caudale.

5 rayons à la membrane branchiale du lutjan groin.
12 rayons à chaque pectorale.
1 rayon aiguillonné et 5 rayons articulés à chaque thoracine.
15 rayons à la nageoire de la queue.

5 rayons à la membrane branchiale du lutjan norvégien.
14 rayons à chaque pectorale.
1 rayon aiguillonné et 5 rayons articulés à chaque thoracine.
16 rayons à la caudale.

LE LUTJAN JOURDIN.[1]

Amphiprion bifasciatus, Bl., Schn., Cuv.; *Anthias bifasciatus*, Bl.; *Holocentrus bifasciatus*, Schneid.; *Lutjanus Jourdin*, Lac (2).

Le LUTJAN ARGUS (3), *Anthias Argus*, Bl.; *Lutjanus Argus*, Lac. (4). — LUTJAN JOHN (5), *Mesoprion Johnii*, Cuv.; *Anthias Johnii*, Bl.; *Lutjanus Johnii*, Lac. (6). — LUTJAN TORTUE (7), *Anabas testudineus*, Cuv.; *Anthias testudineus*, Bl.; *Lutjanus testudineus*, Lac. (8). — LUTJAN PLUMIER (9), *Serranus striatus*, Cuv.; *Anthias striatus*, Bl.; *Anthias Cherna*, Bl., Schn.; *Lutjanus Plumieri*, et *Sparus chrysomelanus*, Lac. (10). — LUTJAN ORIENTAL (11), *Serranus orientalis*, Cuv.; *Anthias orientalis*, Bl.; *Lutjanus orientalis*, et *Lutjanus aurantius*, Lac. (12).

Le lutjan jourdin a beaucoup de rapports avec le lutjan polymne. Son palais et sa langue sont

(1) *Doppel band*, par les Allemands.
« Anthias jourdin, anthiais bifasciatus. » Bloch, pl. 316, fig. 2.
(2) Du genre AMPHIPRION; dans la famille des Acanthoptérygiens sparoïdes, selon M. Cuvier. DESM. 1830.
(3) « Anthias argus. » Bloch, pl. 317.
(4) Non mentionné par M. Cuvier. DESM. 1830.
(5) « Anthias Johnii. » Bloch, pl. 318.
(6) Du genre MÉSOPRION, dans la famille des Acanthoptérygiens percoïdes de M. Cuvier. DESM. 1830.
(7) « Anthias testudineus. » Bloch, pl. 322.
(8) Ce poisson est placé par M. Cuvier dans le genre ANABAS, de la

dénués de petites dents; mais son gosier en est entouré. Les deux pièces de chaque opercule sont dentelées, et la postérieure l'est profondément. Les deux côtés de la caudale sont blancs, de manière à faire présenter par la couleur brune du milieu de cette nageoire, la figure d'un fer de lance. On voit aussi sur le haut de la partie postérieure de la dorsale une teinte blanche qui se réunit et se confond avec la seconde bande transversale. Valentyn, qui a donné le premier un dessin de ce beau poisson, que l'on trouve dans les eaux de l'île d'Amboine, dit que ce thoracin parvient à la longueur de deux ou trois décimètres, et que les reflets dorés dont il brille, jettent un tel éclat, que, lorsqu'on voit plusieurs individus de cette espèce nager ensemble, ils offrent un petit spectacle des plus agréables.

L'argus est remarquable par ses taches brunes en forme de cercle ou d'anneau, et par conséquent un peu semblables à une prunelle entourée

---

famille des Acanthoptérygiens pharyngiens - labyrinthiformes. C'est le même que le *lutjan grimpeur*, Lacép.   DESM. 1830.

(9) « Anthias striatus. » Bloch, pl. 324.

(10) Du genre MÉROU, *Serranus*, dans la famille des Acanthoptérygiens percoïdes, Cuv.

M. de Lacépède a décrit deux fois ce poisson, sous les noms, 1° de *Lutjan Plumier*, et 2° de *Spare chrysomelane*.   DESM. 1830.

(11) « Anthias linéaire, anthias lineatus. » Bloch, pl. 326, fig. 1.

(12) Du genre MÉROU, *Serranus*, Cuv.

M. de Lacépède l'a décrit une seconde fois sous le nom de *Lutjan orangé.*   DESM. 1830.

de son iris; il a d'ailleurs sur la tête et sur les nageoires d'autres taches de la même couleur, rondes, mais plus petites, et non percées dans leur centre. Les deux mâchoires de ce poisson sont garnies de dents aiguës et égales.

Le lutjan John a reçu de Bloch le nom qu'il porte ; et ce savant naturaliste le lui a donné pour exprimer sa reconnaissance envers son ami, le missionnaire John, qui lui avait envoyé un individu de cette espèce. Ce thoracin vit à Tranquebar: Il a la chair blanche et de bon goût. La mâchoire supérieure est garnie de dents aiguës et séparées les unes des autres, parmi lesquelles deux attirent l'œil par leur longueur. L'orifice de chaque narine est double. Chaque opercule est terminé par une prolongation pointue. Une partie de la caudale est couverte de petites écailles. Cette même caudale, les pectorales et les thoracines sont rouges, pendant que le bleu et l'orangé distinguent la dorsale et la nageoire de l'anus.

On trouve dans le Japon, aussi bien que sur la côte de Coromandel, le lutjan tortue. Ses écailles sont grandes ; et son crâne a paru assez dur au naturaliste Bloch pour qu'il ait cru devoir désigner la manière d'être de cette boîte osseuse, par le nom de *Tortue* qu'il a donné à l'animal.

Les nageoires du lutjan Plumier sont rougeâtres; et, suivant le célèbre voyageur dont nous avons cru devoir lui faire porter le nom, sa chair est de bon goût et facile à digérer. On le pêche dans la

partie de l'océan Atlantique qui entoure les Antilles (1).

L'oriental, dont la dénomination annonce qu'il
habite les Indes orientales, a chaque opercule terminé par une prolongation anguleuse; les pectorales, les thoracines et la caudale, rouges ou rougeâtres; la dorsale et l'anale rouges du côté de
la tête et jaunes vers la nageoire de la queue,
sur laquelle on voit des taches noires et petites,
ainsi que sur la nageoire du dos.

---

(1) 6 rayons à la membrane branchiale du lutjan jourdin.
14 rayons à chaque pectorale.
1 rayon aiguillonné et 5 rayons articulés à chaque thoracine.
14 rayons à la caudale.

16 rayons à chaque pectorale du lutjan argus.
1 rayon aiguillonné et 5 rayons articulés à chaque thoracine.
16 rayons à la nageoire de la queue.

6 rayons à la membrane branchiale du lutjan John.
16 rayons à chaque pectorale.
1 rayon aiguillonné et 5 rayons articulés à chaque thoracine.
18 rayons à la caudale.

5 rayons à la membrane branchiale du lutjan tortue.
16 rayons à chaque pectorale.
1 rayon aiguillonné et 5 rayons articulés à chaque thoracine.
15 rayons à la nageoire de la queue.

14 rayons à chaque pectorale du lutjan plumier.
1 rayon aiguillonné et 5 rayons articulés à chaque thoracine.
18 rayons à la caudale.

5 rayons à la membrane branchiale du lutjan oriental.
16 rayons à chaque pectorale.
1 rayon aiguillonné et 5 rayons articulés à chaque thoracine.
21 rayons à la nageoire de la queue.

Bloch a publié le premier la description des six lutjans dont nous venons de parler.

~~~~~~

LE LUTJAN TACHETÉ.[1]

Pristipoma Caripa, Cuv.?; *Anthias maculatus*, Bl.; *Lutjanus maculatus*, Lac. (2).

Le **Lutjan Orange** (3), *Serranus orientalis*, Cuv.; *Anthias orientalis*, Bl.; *Lutjanus aurantius*, et *L. orientalis*, Lac. (4). — **Lutjan Blanc-or** (5), *Mesoprion albo-aureus*, Cuv.; *Lutjanus albo-aureus*, Lac. (6). — **Lutjan Perchot** (7), *Amphiprion Percula*, Cuv.; *Lutjanus Percula*, et *L. Polymna*, var., Lac.; *Anthias Percula*, Bl. (8). — **Lutjan Jaunellipse** (9), *Lutjanus elliptico-flavus*, Lac. (10). — **Lutjan Grimpeur** (11), *Anabas testudineus*, Cuv.; *Amphiprion Scansor*, Bl., Schn.; *Perca scandens*, Daldorff.; *Lutjanus scandens*, Lac. (12). — **Lutjan Chétodonoïde**, *Diagramma Plectorhynchus*, Cuv.; *Plectorynchus chœtodonoides*, et *Lutjanus chœtodonoides*, Lac. (13). — **Lutjan Diacanthe**, *Corvina Catalea*, Cuv.; *Lutjanus Diacanthus*, Lac. (14). — **Lutjan Cayenne**, *Otolithus Toe-toe*, Cuv.; *Lutjanus cayenensis*, Lac. (15).

LE tacheté se trouve dans les Indes orientales, et a les écailles dures et argentées.

---

(1) « Barbier tacheté, Anthias maculatus. » Bloch, pl. 326, fig. 2.

(2) M. Cuvier rapporte, presque sans doute, le lutjan tacheté, Lac., à son Pristipome Caripe, de la famille des Acanthoptérygiens sciénoïdes. DESM. 1830.
~~~~~~

L'orange habite dans les eaux du Japon.

Le blancor a été vu par Commerson auprès

---

(3) *Mongrel*, par les Anglais.

« Mulot, Anthias orientalis. » Bloch, pl. 3ʒ6 , fig. 3.

(4) Du genre MÉROU, dans la famille des Acanthoptérygiens percoïdes, Cuv. Il ne diffère pas spécifiquement du lutjan oriental de Lacépède, décrit dans l'article précédent.   DESM. ı83o.

(5) « Aspro lineis aureis (circiter decem utrinque) longitudinaliter « virgatus, pinnæ dorsalis posterioris fastigio et caudâ nigris. » Commerson, manuscrits déja cités.

(6) Du genre MÉSOPRION, dans la famille des Acanthoptérygiens percoïdes, Cuv.   DESM. ı83o.

(7) Perchot de la Nouvelle-Bretagne.

« Aspro ex aurantio rubens, zonis tribus è cæruleo albicantibus, nigro « marginatis, capiti postremo, medio corpori, caudæque basi circum« fusis. » Commerson, manuscrits déja cités.

(8) Du genre AMPHII   ɯN, famille des Acanthoptérygiens percoïdes. M. Cuvier lui rapporte²la variété du Lutjan polymne, décrite par M. de Lacépède.   DESM. ı83o.

(9) « Aspro subrubens, tæniâ ellipticâ oculis ponè contiguâ. » Commerson, manuscrits déja cités.

(ıo) Non mentionné par M. Cuvier.   DESM. ı83o.

(ıı) *Perca scandens*, par le lieutenant Daldorff de Tranquebar (Mémoire communiqué par le chevalier Banks, Actes de la société Linnéenne de Londres, tome 3, page 6ʒ).

(ıʒ) Du genre ANABAS de M. Cuvier, dans la famille des Acanthoptérygiens pharyngiens-labyrinthiformes. Il ne diffère pas spécifiquement du *Lutjan tortue*, décrit dans l'article précédent.   DESM. ı83o.

(ı3) M. Cuvier regarde ce poisson comme ne différant pas du plectorhynque chétodonoïde de M. de Lacépède, qui, ainsi, l'a décrit deux fois.

Il lui donne le nom de Diagramme plectorhynque, et le place dans sa famille des Acanthoptérygiens sciénoïdes.   DESM. ı83o.

(ı4) Placé dans le genre JOHNIUS, *Corvina*, sous le nom de *Johnius ponctué*, par M. Cuvier (famille des Acanthoptérygiens sciénoïdes). DESM. ı83o.

(ı5) Du genre OTOLITHE, *Otolithus* de M. Cuvier, dans la famille des Acanthoptérygiens sciénoïdes.   DESM. ı83o.

des rivages de la Nouvelle-France, pendant l'été de cette contrée. Il parvient à deux ou trois décimètres de longueur. Le dessus de la tête et du dos de ce poisson est brunâtre; ses nageoires sont jaunes, excepté la caudale, qui est noire et terminée par une raie blanche, le haut de la partie antérieure de la dorsale, qui est rouge, et le haut de la partie postérieure de cette même nageoire, qui est noir. Ce lutjan a des écailles allongées auprès de ses thoracines. Commerson a écrit que la chair de ce poisson n'était ni malsaine ni désagréable au goût.

Le perchot habite auprès des rivages de la Nouvelle-Bretagne, et particulièrement dans le port Praslin, où Commerson jeta l'ancre avec notre célèbre Bougainville, en juillet 1768. Ce poisson, qui parvient à peine à la longueur d'un décimètre, et qui ne peut pas être recherché pour la table à cause de sa petitesse, vit au milieu des rochers, où il se cache parmi les coraux. Ses belles couleurs orange et bleue non seulement se font ressortir mutuellement d'une manière très-gracieuse par leurs nuances et par leur distribution, mais encore sont relevées par le liséré noir des trois bandes transversales, et par une bordure noire que l'on voit à l'extrémité de chaque nageoire. L'iris brille de l'éclat d'un petit rubis.

La tête est un peu épaisse; le museau arrondi; la mâchoire supérieure extensible, et moins avancée que l'inférieure; la langue courte, dure, et à demi cartilagineuse; le dos élevé et caréné.

On peut croire, d'après les manuscrits de Commerson, que le lutjan auquel nous avons donné le nom de *Jaunellipse*, et que ce voyageur a vu près des côtes de l'Ile-de-France, en décembre 1769, est très-rare auprès de ces rivages, puisque notre naturaliste ne l'y a observé qu'une fois. Ce poisson est moins petit que le perchot; mais sa longueur ordinaire ne paraît pas aller jusqu'à deux décimètres. Il a la nageoire du dos et celle de la queue d'un rouge brillant; les pectorales et les thoracines sont d'un rouge pâle; des nuances brunes sont répandues sur l'anale; des taches noires paraissent sur la membrane de la partie de la nageoire du dos qui n'est soutenue que par des rayons articulés; une ligne noire règne au-dessous de la gorge; et cinq ou six taches rouges sont placées sur chaque opercule.

Les petites dents qui hérissent chaque mâchoire, sont situées derrière d'autres dents un peu plus grandes, et séparées les unes des autres. Chaque opercule se termine par une prolongation anguleuse.

Le grimpeur a été vu à Tranquebar, en novembre 1791. Le lieutenant anglais Daldorff a observé la faculté remarquable qui a fait donner à ce lutjan le nom spécifique que nous lui avons conservé. Un individu de cette espèce, surpris dans une fente de l'écorce d'un palmier éventail, à deux mètres, ou environ, au-dessus de la surface d'un étang, s'efforçait de monter. Suspendu à droite et à gauche par la dentelure de ses opercules, il agitait sa queue, s'accrochait avec les rayons aiguillonnés de la nageoire du dos et de celle de l'anus, détachait alors ses opercules, se soulevait sur ses deux nageoires anale et dorsale, s'attachait de nouveau, et plus haut que la première fois, avec les dentelures des opercules de ses branchies, et, par la répétition de ces mouvements alternatifs, grimpait avec assez de facilité. Il employa les mêmes manœuvres pour ramper sur le sable où on le plaça, et où il vécut hors de l'eau pendant plus de quatre heures.

Cette manière de se mouvoir est curieuse : elle est une nouvelle preuve du grand usage que les poissons peuvent faire de leur queue. Cet instrument de natation, qui, devenant quelquefois une arme funeste à leurs ennemis, leur sert souvent pour s'élancer (1), et dans certaines circonstances pour ramper (2), peut donc aussi être employé par ces animaux pour grimper à une hauteur assez grande.

Les habitants de Tranquebar croient que les petits piquants dont la réunion forme la dentelure des opercules, sont venimeux. On ne pourrait le supposer qu'en regardant ces pointes comme propres à faire entrer dans les petites plaies que l'on doit leur rapporter, quelques gouttes de l'humeur

---

(1) Voyez l'article du *Saumon*.
(2) Voyez l'article de l'*Anguille*.

visqueuse et noirâtre dont le grimpeur est enduit, qui est plus abondante auprès des opercules que sur plusieurs autres portions de la surface de l'animal, parce que les pores d'où elle coule sont plus gros et plus nombreux sur la tête que sur le corps et sur la queue, et qui pourrait contracter de temps en temps une qualité vénéneuse (1).

La longueur ordinaire du lutjan grimpeur est d'un palme. Il peut coucher sa dorsale et son anale dans un sillon longitudinal (2).

------

(1) Voyez le Discours sur la nature des poissons.

(2)   5 rayons à la membrane branchiale du lutjan tacheté.
   15 rayons à chaque pectorale.
    1 rayon aiguillonné et 5 rayons articulés à chaque thoracine.
   16 rayons à la caudale.

    5 rayons à la membrane branchiale du lutjan orange.
   12 rayons à chaque pectorale.
    1 rayon aiguillonné et 5 rayons articulés à chaque thoracine.
   18 rayons à la nageoire de la queue.

    7 rayons à la membrane branchiale du lutjan blanc-or.
   15 rayons à chaque pectorale.
   13 rayons à la caudale.

    4 rayons à la membrane branchiale du lutjan perchot.
   14 rayons à chaque pectorale.
   15 rayons à la nageoire de la queue.

    5 rayons à la membrane branchiale du lutjan jaunellipse.
   14 rayons à chaque pectorale.
    1 rayon aiguillonné et 5 rayons articulés à chaque thoracine.
   15 rayons à la caudale.

   12 rayons à chaque pectorale du lutjan grimpeur.
    1 rayon aiguillonné et 5 rayons articulés à chaque thoracine.
   17 rayons à la nageoire de la queue.

Le chétodonoïde a les lèvres charnues et extensibles. Il présente sur presque toute sa surface des taches blanches très-grandes, et chargées d'une ou de plusieurs petites taches foncées. La collection du muséum d'histoire naturelle renferme un individu de cette espèce, dont on n'a pas encore publié de description.

La première pièce de l'opercule du diacanthe est la seule dentelée. Nous avons décrit ce thoracin d'après un individu desséché, mais très-bien conservé, de la collection hollandaise cédée à la France.

Le nom du *Lutjan Cayenne* indique la patrie de cette espèce, dont un individu a été envoyé au Muséum par le naturaliste Leblond.

---

5 rayons à la membrane branchiale du lutjan chétodonoïde.

16 rayons à chaque pectorale.

19 rayons à la caudale.

19 rayons à chaque pectorale du lutjan diacanthe.

1 rayon aiguillonné et 5 rayons articulés à chaque thoracine.

18 rayons à la nageoire de la queue.

1 rayon aiguillonné et 5 rayons articulés à chaque thoracine du lutjan cayenne.

LE LUTJAN PEINT.

Diagramma pictum, Cuv. ; *Perca picta*, Thunberg ; *Lutjanus pictus*, Lac. (1).

———

La couleur générale de ce lutjan est blanche; la partie supérieure de la dorsale, pointillée de blanc et de brun; l'anale blanche; l'extrémité de cette nageoire noirâtre; la caudale blanche et rayée de noir de chaque côté.

Thunberg a vu ce lutjan dans la mer qui baigne les îles du Japon (2).

———

(1) Du genre Diagramme, dans la famille des Acanthoptérygiens sciénoïdes, selon M. Cuvier.   Desm. 1830.

(2) 14 rayons à chaque pectorale du lutjan peint.

     1 rayon aiguillonné et 5 rayons articulés à chaque thoracine.

     16 rayons à la nageoire de la queue.

LE LUTJAN ARAUNA.[1]

Dascyllus Aruanus, Cuv.; *Chætodon Aruanus*, Linn., Gmel.;
Lutjanus Aruanus, Lac. (2).

L'ARAUNA a été placé parmi les chétodons; mais
il n'en a pas les caractères, ce que Bloch avait
très-bien remarqué; et il offre ceux des lutjans.
De petites dents coniques et aiguës garnissent ses
deux mâchoires, qui sont aussi avancées l'une que
l'autre. Le dos est jaunâtre; les côtés sont argen-
tins; l'anale est jaune; les pectorales sont trans-

---

(1) *Abu-dasur*, en Arabie.
Buyt-Klippare, par les Suédois.
Bourgonjese Klipuanna, par les Hollandais.
Bont duifje.
Schwarz kopf, par les Allemands.
Chætodon Arauna. Daubenton et Haüy, Encyclopédie méthodique.
Id. Bonnaterre, planches de l'Encyclopédie méthodique.
Bandouillère à trois bandes. Bloch, pl. 198, fig. 2.
Séba, Mus., p. 70, n° 23, tab. 26, fig. 23.
Rhombotides parvus. Klein, Miss. pisc. 4, p. 37, tab. 30, n° 13,
tab. 11, fig. 3.
Valent. Ind. 3, p. 501, n° 489, fig. 491.
Renard. Poiss. 1, tab. 30, fig. 165.
(2) Du genre DASCYLLE, *Dascyllus*, dans la famille des Acanthopté-
rygiens sciénoïdes de M. Cuvier. DESM. 1830.

parentes; la caudale est grise; les thoracines sont longues et noires.

L'arauna se plaît au milieu des coraux. Il se nourrit de vers et d'autres petits animaux marins. On le prend au filet et à l'hameçon; mais sa chair est peu agréable au goût (1).

---

(1) 17 rayons à chaque pectorale du lutjan arauna.

 1 rayon aiguillonné et 4 rayons articulés à chaque thoracine.

 16 rayons à la caudale.

LE LUTJAN TRIDENT,[1]

Centropristes trifurcatus, Cuv. ; *Perca trifurca*, Linn., Gmel. ;
Lutjanus Tridens, Lac. (2).

ET

LE LUTJAN TRILOBÉ.

Centropistes nigricans, Cuv. ; *Coryphæna nigrescens*, Bl. ;
Perca varia, Mitchill ; *Lutjanus Trilobus*, Lac.

LE trident et le trilobé appartiennent au troisième sous-genre des lutjans, dont le caractère distinctif consiste dans les trois lobes ou dans la double échancrure de la nageoire de la queue, qui, par cette conformation, ressemble un peu à un trident, ou à une fourche à trois pointes. Le premier de ces deux thoracins a la tête peinte de couleurs variées et agréables ; il vit dans la mer qui baigne la Caroline, et a été observé par le docteur Garden. Nous ne connaissons pas la pa-

---

(1) *Persègue trident*. Daubenton et Haüy, Encyclopédie méthodique.
Id. Bonnaterre, planches de l'Encyclopédie méthodique.

(2) Les deux poissons décrits dans cet article sont placés, par M. Cuvier, dans le genre CENTROPRISTE, de la famille des Acanthoptérygiens percoïdes. DESM. 1830.

trie du second, que nous avons décrit d'après un bel individu de la collection du Muséum d'histoire naturelle. Les dents qui garnissent ses mâchoires sont très-petites et égales. On n'aperçoit pas de ligne latérale. La nageoire dorsale présente un grand nombre de taches ou plutôt de raies inégales, irrégulières, et placées entre les rayons (1).

---

(1) 16 rayons à chaque pectorale du lutjan trident.

   1 rayon aiguillonné et 5 rayons articulés à chaque thoracine.

20 rayons à la nageoire de la queue.

16 rayons à chaque pectorale du lutjan trilobé.

   6 rayons à chaque thoracine.

21 ou 22 rayons à la caudale.

CENT DIX-SEPTIÈME GENRE.

LES CENTROPOMES (1).

*Une dentelure à une ou plusieurs pièces de chaque opercule ;
point d'aiguillon à ces pièces ; un seul barbillon, ou point
de barbillon aux mâchoires ; deux nageoires dorsales.*

PREMIER SOUS-GENRE.

La nageoire de la queue fourchue, ou en croissant.

ESPÈCES.	CARACTÈRES.
1. LE CENTROPOME SANDAT.	Quatorze rayons aiguillonnés à la première dorsale ; vingt-trois rayons à la seconde nageoire du dos ; quatorze rayons à la nageoire de l'anus ; la caudale en croissant ; la tête allongée et dénuée de petites écailles, ainsi que les opercules ; le corps et la queue allongés ; deux orifices à chaque narine ; le dos varié par des taches ou bandes courtes, irrégulières et transversales, d'un noir mêlé de bleu et de rougeâtre.
2. LE CENTROPOME HOBER	Huit rayons aiguillonnés à la première nageoire du dos ; un rayon aiguillonné et quatorze rayons articulés à la seconde ; trois rayons aiguillonnés et neuf rayons articulés à l'anale ; l'opercule un peu échancré par derrière ; les dents fortes, un peu éloignées l'une de l'autre ; la couleur générale jaunâtre ; des raies longitudinales dorées ; une tache noire sur chaque côté.

---

(1) M. Cuvier ne conserve qu'une seule espèce dans ce genre, le Centropome onze rayons. Toutes les autres sont réparties dans différents genres, tels que ceux qu'il nomme *Perca, Labrax, Lucioperca, Cheilodipterus, Diagramma, Diacope, Myripristis, Ambassis, Apogon,* etc.

DESM. 1830.

ESPÈCES.	CARACTÈRES.
3. LE CENTROPOME SAFGA	Huit rayons aiguillonnés à la première nageoire du dos ; la mâchoire inférieure plus avancée que la supérieure ; le corps et la queue allongés ; la couleur argentée et sans taches.
4. LE CENTROPOME ALBURNE.	Un rayon aiguillonné et neuf rayons articulés à la première dorsale ; un rayon aiguillonné et vingt-trois rayons articulés à la seconde ; un rayon aiguillonné et sept rayons articulés à l'anale ; trois rayons à la membrane des branchies ; plusieurs bandes obliques et brunes.
5. LE CENTROPOME LOPHAR.	Sept rayons aiguillonnés à la première nageoire du dos ; vingt-sept rayons à la seconde ; vingt-six à la nageoire de l'anus ; les thoracines réunies par une membrane ; la couleur générale argentée.
6. LE CENTROPOME ARABIQUE.	Six rayons aiguillonnés à la première dorsale ; un rayon aiguillonné et dix rayons articulés à la seconde ; deux rayons aiguillonnés et neuf rayons articulés à la nageoire de l'anus ; les écailles larges, dentelées, et peu attachées à la peau ; l'entre-deux des yeux creusé par un sillon qui se divise en deux, à chacune de ses extrémités ; la couleur générale argentée ; seize ou dix-sept raies longitudinales et noires de chaque côté du corps.
7. LE CENTROPOME RAYÉ.	Huit rayons aiguillonnés à la première nageoire du dos ; un rayon aiguillonné et douze rayons articulés à la seconde ; trois rayons aiguillonnés et dix rayons articulés à l'anale ; la mâchoire inférieure plus avancée que la supérieure ; un seul orifice à chaque narine ; le bord postérieur de l'opercule échancré ; la couleur générale argentée ; le dos violet ; des raies longitudinales jaunes.
8. LE CENTROPOME LOUP.	Neuf rayons aiguillonnés à la première nageoire du dos ; quatorze rayons à la seconde ; trois rayons aiguillonnés et onze rayons articulés à la nageoire de l'anus ; la caudale en croissant ; les deux mâchoires également avancées ; les dents des mâchoires courtes et pointues ; le palais et les environs du gosier hérissés de petites dents ; deux orifices

ESPÈCES. | CARACTÈRES.

8. LE CENTROPOME LOUP.

à chaque narine ; les yeux très-rapprochés ; plusieurs pores muqueux à la mâchoire inférieure ; les écailles petites ; la couleur générale blanche ; le dos brunâtre ; les dorsales et l'anale rougeâtres ; les pectorales et les thoracines jaunes ; la caudale noirâtre.

9. LE CENTROPOME ONZE-RAYONS.

Huit rayons aiguillonnés à la première nageoire du dos ; un rayon aiguillonné et dix rayons articulés à la seconde ; trois rayons aiguillonnés et sept rayons articulés à l'anale ; la caudale en croissant ; le museau allongé ; la mâchoire inférieure plus avancée que la supérieure ; un seul orifice à chaque narine ; de petites écailles sur une partie de la caudale et de la seconde nageoire du dos ; la ligne latérale noire ; la couleur générale rouge.

10. LE CENTROPOME PLUMIER.

Neuf rayons aiguillonnés à la première dorsale ; deux rayons aiguillonnés et huit rayons articulés à la seconde ; deux rayons aiguillonnés et sept rayons articulés à l'anale ; la caudale en croissant ; deux orifices à chaque narine ; le premier rayon aiguillonné de la nageoire de l'anus très-gros et très-long ; la couleur générale blanche ; des bandes transversales brunes ; des raies longitudinales jaunes.

11. LE CENTROPOME MULET.

Neuf rayons aiguillonnés à la première nageoire du dos ; treize rayons à la seconde ; treize rayons à la nageoire de l'anus ; sept rayons à la membrane branchiale ; deux orifices à chaque narine ; la mâchoire inférieure un peu plus avancée que la supérieure ; les dents fines et très-serrées ; les écailles fortement attachées à la peau ; la ligne latérale droite ; le dos brun ; les côtés gris.

12. LE CENTROPOME AMBASSE.

Sept rayons aiguillonnés à la première dorsale ; un rayon aiguillonné et onze rayons articulés à la seconde ; trois rayons aiguillonnés et neuf rayons articulés à l'anale ; les deux premières pièces de chaque opercule dentelées ; la mâchoire supérieure un peu extensible, et plus courte que l'inférieure ; les deux mâchoires et une grande partie du pa-

ESPÈCES.	CARACTÈRES.
12. LE CENTROPOME AMBASSE.	lais, hérissées de très-petites dents; la langue dure; les téguments du ventre très-transparents; le péritoine argenté; la partie supérieure de l'animal d'un vert brunâtre.
13. LE CENTROPOME DE ROCHE.	Neuf rayons aiguillonnés à la première nageoire du dos; un rayon aiguillonné et douze rayons articulés à la seconde; trois rayons aiguillonnés et neuf rayons articulés à la nageoire de l'anus; la dernière pièce de chaque opercule échancrée; la couleur générale bleuâtre; presque toutes les écailles noires ou noirâtres dans leur centre et dans leur circonférence.
14. LE CENTROPOME MACRODON.	Six rayons aiguillonnés à la première dorsale; un rayon aiguillonné et dix rayons articulés à la seconde; deux rayons aiguillonnés et neuf rayons articulés à l'anale; le museau allongé; l'ouverture de la bouche grande; chaque mâchoire garnie d'un seul rang de dents longues, aiguës, et séparées l'une de l'autre; six dents à la mâchoire d'en-haut, huit dents à celle d'en-bas; les deux dents antérieures de la mâchoire d'en-bas, plus grandes que les autres; la couleur générale blanchâtre; huit ou neuf raies longitudinales brunes de chaque côté du poisson; la première dorsale presque toute noire; les autres nageoires rouges.
15. LE CENTROPOME DORÉ.	La couleur générale d'un rouge de cuivre doré et sans taches; la première dorsale et la base de la caudale noires; les autres nageoires rouges.
16. LE CENTROPOME ROUGE.	La première dorsale composée uniquement de rayons aiguillonnés; un rayon aiguillonné et quatorze rayons articulés à la seconde nageoire du dos; un rayon aiguillonné et sept rayons articulés à chaque thoracine; trois rayons aiguillonnés et treize rayons articulés à l'anale; la mâchoire inférieure plus avancée que la supérieure; quatre grandes dents à chaque mâchoire; les écailles dentelées; presque toute la surface de l'animal d'un rouge plus ou moins vif et quelquefois doré.

SECOND SOUS-GENRE.

La nageoire de la queue, rectiligne, ou arrondie, et non échancrée.

ESPÈCES.	CARACTÈRES.
17. Le Centropome nilotique.	Huit rayons aiguillonnés à la première dorsale; un rayon aiguillonné et huit rayons articulés à la seconde; trois rayons aiguillonnés et dix rayons articulés à l'anale; la couleur générale brune.
18. Le Centropome oeillé.	Dix rayons aiguillonnés à la première nageoire du dos; un rayon aiguillonné et vingt-quatre rayons articulés à la seconde; un rayon aiguillonné et neuf rayons articulés à l'anale; une tache ronde, noire, et bordée de blanc, auprès de la caudale.
19. Le Centropome six-raies.	Cinq rayons aiguillonnés à la première dorsale; quatorze à la seconde; un rayon aiguillonné et dix rayons articulés à la nageoire de l'anus : la caudale arrondie; six raies longitudinales et blanches de chaque côté du poisson.
20. Le Centropome fascé.	La nageoire de la queue rectiligne; sept ou huit bandes transversales et brunes; la couleur générale d'un brun mêlé de blanc; la dentelure des opercules très-peu marquée.
21. Le Centropome perchot.	Vingt-sept rayons à la seconde nageoire du dos; la caudale arrondie; onze ou douze raies obliques et brunes, de chaque côté du poisson.

LE CENTROPOME SANDAT.[1]

Lucioperca Sandra, Cuv.; *Perca Lucioperca*, Linn., Gmel.;
Centropomus Sandat, Lac. (2).

Le CENTROPOME HOBER (3), *Diacope fulviflamma*, Cuv.; *Sciæna
fulviflamma*, Forsk.; *Centropomus Hober*, Lac. (4). — CEN-
TROPOME SAFGA (5), *Ambassis Commersonii*, Cuv.; *Lutjanus
gymnocephalus*, *Centropomus Ambassis*, et *Centropomus
Safgha*, Lacep. (6). — CENTROPOME ALBURNE (7), *Umbrina
Alburnus*, Cuv.; *Perca Alburnus*, Linn., Gmel.; *Sciæna
nebulosa*, Mitch.; *Centropoma Alburnus*, Lac. (8). — CEN-
TROPOME LOPHAR (9), *Perca Lophar*, Linn., Gmel.; *Centropomus Lophar*, Lac. (10). — CENTROPOME ARABIQUE (11),
Cheilodipterus arabicus, Cuv.; *Perca lineata*, Forsk.; *Centropomus arabicus*, Lacep. (12). — CENTROPOME RAYÉ (13),
Labrax lineatus, Cuv.; *Sciæna lineatus*, Bl.; *Perca saxatilis*, et *Perca septentrionalis*, Bl., Schn.; *Centropomus lineatus*, Lacep. (14).

LE sandat habite dans les eaux douces de l'Allemagne, de la Hongrie, de la Pologne, de la Rus-

---

(1) *Zander*, dans plusieurs contrées de Prusse.
Id. en Poméranie.
Xant, ibid.
Sand baarsch, ibid.
Sandat et *sandart*, dans le Holstein, le Mecklembourg, la Pomé-
ranie, etc.
Sandat et *sander*, en Livonie.
Stahrks, en Estonie.

sie, de la Suède et du Danemarck. Le grand nombre de noms vulgaires qu'il porte, prouve

---

Kahha, ibid.

Sudacki, en Russie.

Sedax, en Pologne.

Zant et *zahnt*, en Silésie.

Schiel, en Autriche.

Nagmaul, en Bavière.

Schindel, ibid.

Santor, dans le Danemarck.

Gios, ou *gioes*, en Suède.

Persègue sandat. Daubenton et Haüy, Encyclopédie méthodique.

Id. Bonnaterre, planches de l'Encyclopédie méthodique.

Le sandre. Bloch, pl. 51.

Fauna Suecica, 332.

Mull. Zool. Dan. Prodrom., p. 46, n. 391.

Meiding. Ic. pisc. Aust., t. 1.

« Perca pallidè maculosa, dentibus duobus, utrinque majoribus. » Artedi, gen. 39, syn. 67, spec. 76.

« Lucioperca *et* piscis quem schilum Germani vocant, alii nagemulum. » Gesner, Paralip., p. 28, *vel* 1288; et (germ.) f. 176, *b*.

Lucioperca. Schonev., p. 43.

Id. Willughby, p. 293, t. *S.* 14.

Id. Rai, p. 98, n. 24.

« Schilus, sive nagemulus Germanorum. » Aldrovand., lib. 5, cap. 59, p. 667, 668.

Id. Jonst., lib. 3, tit. 4, cap. 7, p. 174, tab. 30, fig. 15.

« Schilus nagemulus. » Charlet., p. 164.

« Perca dorso dipterygio, capite lævi alepidoto, dentibus maxillaribus « duobus, utrinque majoribus. » Gronov. Zooph., p. 91, n. 299.

« Perca buccis crassis. » Klein, Miss. pisc. 5, p. 36, n. 2, tab. 7, fig. 3.

Zander. Schrift. der. Berl. naturf. ges. 1, p. 281.

(2) Du genre SANDRE, *Lucioperca*, dans la famille des Acanthoptérygiens percoïdes de M. Cuvier. DESM. 1830.

(3) *Sciène hober.* Bonnaterre, planches de l'Encyclopédie méthodique. Forskael, Faun. Arab., p. 45, n. 45.

combien il est recherché : et on ne sera pas surpris qu'il soit l'objet d'une poursuite particulière, et qu'on le pêche avec autant de soin que de constance, lorsqu'on saura que sa chair est blanche, tendre, très-agréable au goût, facile à digérer, et qu'il parvient à un très-grand volume. Il présente quelquefois une longueur d'un mètre, et même d'un mètre et demi. On prend, dans le Danube, des individus de cette espèce qui pèsent dix kilogrammes, et le professeur Bloch en a vu un du poids de onze kilogrammes, qui venait du lac

---

(4) Du genre DIACOPE, dans la famille des Acanthoptérygiens percoïdes, Cuv. DESM. 1830.

(5) Forskael, Faun. Arab., p. 53, n. 67.
Sciène safga. Bonnaterre, planches de l'Encyclopédie méthodique.

(6) Du genre AMBASSE, dans la famille des Acanthoptérygiens percoïdes, selon M. Cuvier, qui reconnaît dans cette même espèce de poisson, le *Lutjan gymnocéphale*, et le *Centropome ambasse* de Lacépède. DESM. 1830.

(7) « Alburnus americanus. » Catesby, Carol. 2, p. 12, tab. 12, fig. 2.
Persègue ablette de mer. Bonnaterre, planches de l'Encyclopédie méthodique.

(8) Du genre OMBRINE, *Umbrina*, dans la famille des Acanthoptérygiens sciénoïdes, Cuv. DESM. 1830.

(9) Forskael, Faun. Arab., p. 38, n. 35.
Persègue lophar. Planches de l'Encyclopédie méthodique.

(10) Non mentionné par M. Cuvier. DESM. 1830.

(11) Forskael, Faun. Arab., p. 42, n° 43.

(12) Du genre CHEÏLODIPTÈRE, dans la famille des Acanthoptérygiens percoïdes, selon M. Cuvier. DESM. 1830.

(13) *Sciène à lignes.* Bloch, pl. 304.

(14) Du genre BAR, *Labrax*, dans la famille des Acanthoptérygiens percoïdes, Cuv. DESM. 1830.

Schwulow en Saxe. Ce centropome (1) ressemble au brochet par les dimensions de son corps, la forme et les dimensions de sa tête, la prolongation de son museau, la disposition, la grosseur et la force de ses dents. Il a d'ailleurs beaucoup de rapports avec la persèque perche, par la dentelure de ses opercules, le nombre et la place de ses nageoires dorsales, la dureté et la rudesse de ses écailles : aussi presque tous les auteurs latins qui en ont parlé, lui ont-ils donné le nom de *Lucioperca* (brochet perche), que Linnée lui a conservé. La grande ouverture de sa gueule annonce d'ailleurs sa voracité, et la ressemblance de ses habitudes avec celles de la perche, et surtout avec celles du brochet.

Sa mâchoire supérieure, plus avancée que l'inférieure, lui donne plus de facilité pour saisir la proie sur laquelle il se jette. Elle est garnie, ainsi que cette dernière, de quarante dents ou environ : ces dents sont inégales et très-propres à percer, retenir et déchirer une victime. On voit aussi de petites dents dans quelques endroits du palais et auprès du gosier.

L'iris de ce centropome est d'un rouge brun, et son œil paraît très-nébuleux. La partie inférieure du poisson est blanchâtre ; une nuance verdâtre est répandue sur quelques portions de la

---

(1) Le nom générique *Centropome* désigne la dentelure des opercules. Κέντρον, en grec, signifie *aiguillon*, ou *piquant*; et πῶμα, *opercule*.

tête et des opercules; les pectorales sont jaunes; les thoracines, l'anale et la caudale grises; les deux dorsales grises et tachetées d'un brun très-foncé.

Nous suivons pour le sandat la règle que nous nous sommes imposée pour tant d'autres espèces, afin de ne pas allonger sans nécessité l'ouvrage que nous offrons au public. Nous avons cru ne devoir pas répéter dans l'histoire de ces animaux ce que nous dirons de leurs caractères extérieurs dans les tables génériques sur lesquelles nous les avons inscrits.

L'œsophage du sandat est grand, ainsi que son estomac, son foie, et sa vésicule du fiel, qui est de plus jaune et transparente. Les organes relatifs à la digestion sont donc ceux d'un animal qui peut beaucoup détruire à proportion du volume de son corps; et si son canal intestinal proprement dit n'est pas aussi long que l'ensemble du poisson, ce tube est garni, auprès du pylore, de six cœcums ou appendices.

Le péritoine est d'une couleur argentée et brillante.

Le sandat ne vient pas fréquemment auprès de la surface de l'eau : peut-être l'apparence nébuleuse de ses yeux indique-t-elle dans ces organes une sensibilité ou une faiblesse qui rend le voisinage de la lumière plus incommode ou moins nécessaire pour ce centropome. Quoi qu'il en soit, il vit ordinairement dans les profondeurs des lacs qu'il habite; et comme il a besoin d'un fluide assez pur, on ne le trouve communément que dans les lacs qui renferment beaucoup d'eau, dont le fond est de sable ou de glaise, et qui reçoivent de petites rivières, ou au moins de petits ruisseaux. Il se plaît dans les étangs où vivent les poissons qui aiment, comme lui, à se tenir au fond de l'eau; et voilà pourquoi il préfère ceux qui nourrissent des éperlans. Il croît très-vite, lorsqu'il trouve facilement la quantité de nourriture dont il a besoin. Il dévore un grand nombre de petits poissons, même de ceux qui ont de la force et quelques armes pour se défendre. Il attaque avec avantage quelques perches et quelques brochets; mais il n'est pour ces animaux un ennemi dangereux que lorsqu'il jouit de presque toutes ses facultés. Pendant qu'il est encore jeune, il succombe au contraire très-souvent sous la dent du brochet et de la perche, comme sous celle des silures, et sous le bec de plusieurs espèces d'oiseaux d'eau qui plongent avec vitesse, et le poursuivent jusque dans ses asiles les plus reculés. Il abandonne ces retraites écartées dans le temps de son frai, qui a lieu ordinairement vers le milieu du printemps. Sa femelle dépose alors ses œufs sur les broussailles, les pierres, ou les autres corps durs qu'elle rencontre auprès des bords de son lac ou de son étang, et qui peuvent soumettre ces œufs à l'influence salutaire des rayons du soleil, de la température de l'air, ou des fluides de l'atmosphère. Ces œufs sont d'un jaune blanchâtre. L'ovaire qui les renferme est composé de deux portions distinctes par le haut, et réunies par le bas. Le conduit par lequel ils en sortent, aboutit à un orifice particulier situé au-delà de l'anus; et cette conformation que l'on peut observer dans un grand nombre d'espèces de poissons, doit être remarquée. Ces mêmes œufs sont très-petits, et par conséquent très-nombreux; néanmoins les sandats ne paraissent pas se multiplier beaucoup, apparemment parce qu'ils s'attaquent mutuellement, et parce qu'ils tombent souvent dans les filets des pêcheurs, particulièrement dans la saison du frai, où les sensations qu'ils éprouvent les rendent plus hardis et plus vagabonds. Ils ont cependant un grand moyen d'échapper à la poursuite des pêcheurs ou des animaux qui leur font la guerre : ils nagent avec facilité, et s'élèvent ou s'abaissent au milieu des eaux avec promptitude. Ils sont aidés, dans leur fuite du fond des eaux vers la surface des lacs, par une vessie natatoire placée près du dos, qui égale presque toute la longueur du corps proprement dit, dont l'enveloppe consiste dans une peau très-dure, et qui se sépare, du côté de la tête, en deux portions ou appendices, lesquels lui donnent la forme d'un *cœur* tel que celui que les peintres représentent. Le canal pneumatique de cette vessie est situé vers le haut de la partie antérieure de cet organe, que l'on ne peut détacher que difficilement des parties de l'animal auxquelles il tient, parce que sa dernière membrane appartient aussi au péritoine.

Le sandat meurt promptement, lorsqu'on le tire du lac ou de l'étang qui l'a nourri, et qu'on le met dans un vase rempli d'eau. Il expire surtout très-vite, si on le retient hors de l'eau, principalement lorsqu'une température chaude hâte le desséchement si funeste aux poissons, dont nous avons déja parlé plusieurs fois dans cet ouvrage. On ne peut donc le transporter en vie qu'à de petites distances, avec beaucoup de précautions, et lorsque la saison est froide; et cependant, comme le sandat est un des poissons les plus précieux pour l'économie publique et privée, et de ceux qu'il faut le plus chercher à introduire de proche en proche dans tous les lacs et dans tous les étangs, nous ne devons pas négliger de recommander, avec Bloch, de se servir des œufs fécondés de ce centropome, pour répandre cette espèce.

Immédiatement après l'époque où les mâles se seront débarrassés de leur laite, on prendra de petites branches sur lesquelles on découvrira des œufs de sandat; on les mettra dans un vase plein d'eau, et on les transportera dans l'étang ou dans le lac que l'on voudra peupler d'individus de l'espèce dont nous nous occupons, et où l'on ne manquera pas de fournir aux jeunes poissons qui seront sortis de ces œufs, de petits éperlans, des goujons, ou d'autres cyprins à petites dimensions, dont ils puissent se nourrir sans peine.

On pêche les sandats non seulement avec des filets, et notamment avec des *collerets* ou petites *seines* (1), mais encore avec des hameçons et des lignes de fond. Il ne faut pas les garder long-temps dans des réservoirs, ou dans des *bannetons*, parce que, ne voulant pas manger dans ces enceintes ou prisons resserrées, ils y perdent bientôt de leur graisse et du bon goût de leur chair.

Lorsqu'ils sont morts, on les envoie au loin, salés ou fumés, ou empaquetés dans des herbes ou de la neige.

Nous croyons devoir rapporter à une variété du sandat, le poisson décrit par le célèbre Pallas dans le premier volume de ses Voyages, et inscrit parmi les persèques ou perches dans l'édition de Linnée, que nous devons au professeur Gmelin (2).

Ce thoracin a tant de rapports avec le sandat et la perche ordinaire, ou la perche d'eau douce, qu'on l'a regardé comme un métis provenant du mélange de ces deux espèces. Sa couleur générale est d'un vert doré, relevé par des bandes transversales ou places noires, au nombre de cinq ou six. On remarque aussi cinq bandes sur les dorsales, qui sont soutenues par des rayons très-forts. Les écailles sont grandes et rudes. Les deux

---

(1) Voyez la description de la seine, dans l'article de la *Raie bouclée.*

(2) Pallas, It. 1, p. 461, n° 21,

Perca volgensis. Linnée, édition de Gmelin.

    13 rayons à la première dorsale.

    23   à la seconde.

     6   à chaque thoracine.

    15   à la nageoire de la queue.

dents de devant de la mâchoire inférieure surpassent les autres dents en grandeur. Ce poisson vit dans le Volga et dans d'autres fleuves du bassin de la Caspienne (1).

Le hober, que l'on trouve dans la mer d'Arabie, a été bien moins observé que le sandat. On en doit la connaissance à Forskael. Ce poisson a les deux dorsales arrondies; le premier de ces deux instruments de natation, brunâtre, le second jaune, et toutes les autres nageoires jaunâtres.

Le safga habite les mêmes eaux que le hober.

On pêche dans la mer qui arrose la Caroline, l'alburne, que Catesby et Garden ont observé. Ce poisson est remarquable par la conformation de sa première dorsale, qui ne présente qu'un rayon aiguillonné, ainsi qu'on peut le voir dans le tableau générique des centropomes. Il montre à sa mâchoire inférieure cinq ou six excroissances. L'échancrure de sa caudale est peu profonde. Sa couleur générale est d'un brun clair; et sa longueur, de trois ou quatre décimètres.

Le lophar a été pêché dans la Propontide, auprès de Constantinople. Il a beaucoup de rapports avec le hareng, et par sa conformation générale, et par ses dimensions. Des sillons longitudinaux sont tracés dans l'entre-deux de ses yeux. La base

---

(1) M. Cuvier considère ce poisson comme une espèce distincte, et lui donne le nom de SANDRE BATARD DE RUSSIE, *Lucioperca volgensis*. DESM. 1830.

de la seconde dorsale et celle de l'anale sont charnues, ou plutôt adipeuses. Le dos est d'un vert brun; et l'extrémité de la caudale, noirâtre (1).

Il est superflu de dire que l'arabique vit près des rivages de l'Arabie. On voit derrière ses yeux trois stries relevées et osseuses. La mâchoire supérieure est armée de six dents longues, droites et écartées l'une de l'autre. On en compte huit d'analogues à la mâchoire inférieure. La langue est lisse; mais le palais est hérissé de dents petites, déliées et très-nombreuses. Les deux segments de la caudale ont la forme d'un fer de

---

(1) 7 rayons à la membrane branchiale du centropome sandat.

15 rayons à chaque pectorale.

7 rayons à chaque thoracine.

22 rayons à la caudale.

7 rayons à la membrane branchiale du centropome hober.

15 rayons à chaque pectorale.

1 rayon aiguillonné et 5 rayons articulés à chaque thoracine.

15 rayons à la nageoire de la queue.

22 rayons à chaque pectorale du centropome alburne.

6 rayons à chaque thoracine.

19 rayons à la caudale.

16 rayons à chaque pectorale du centropome lophar.

1 rayon aiguillonné et 5 rayons articulés à chaque thoracine.

17 rayons à la nageoire de la queue.

14 rayons à chaque pectorale du centropome arabique.

1 rayon aiguillonné et 5 rayons articulés à chaque thoracine.

17 rayons à la caudale.

5 rayons à la membrane branchiale du centropome rayé.

16 rayons à chaque pectorale.

1 rayon aiguillonné et 5 rayons articulés à chaque thoracine.

16 rayons à la nageoire de la queue.

lance, de même que les pectorales. Les dorsales, les thoracines et l'anale sont triangulaires. Toutes les nageoires offrent d'ailleurs un brun mêlé de jaune, excepté la première dorsale, qui est brune; et une tache noire, bordée d'or, brille sur le milieu de la queue.

La Méditerranée est la patrie du centropome rayé. Une petite pièce dentelée est placée au-dessus de l'extrémité de chaque opercule de ce poisson. La plus grande partie de la tête et les nageoires sont jaunes ou couleur d'or.

LE CENTROPOME LOUP.[1]

Labrax Lupus, Cuv.; *Perca Labrax*, Linn.; *Perca punctata*, Gmel.; *Sciæna Labrax*, Bl.; *Centropomus Lupus*, et *Centropomus Mullus*, Lac. (2).

Le CENTROPOME ONZE-RAYONS (3), *Centropomus undecimalis*, Cuv.; *Centropomus undecim-radiatus*, *Perca Loubina*, et *Sphyræna aureoviridis*, Lac.; *Platycephalus undecimalis*, Schn. (4). — CENTROPOME PLUMIER (5), *Perca Plumieri*, Cuv.; *Sciæna Plumieri*, Bl.; *Centropomus Plumieri*, et *Cheilodipterus chrysopterus*, Lac. (6).—CENTROPOME MULET, *Labrax Lupus*, Cuv.; *Centropomus Mullus*, et *Centropomus Lupus*, Lac. (7).

ON trouve le loup non-seulement dans l'Adriatique et dans toute la Méditerranée, mais encore

---

(1) *Bar*, sur les côtes de France voisines de la Loire et de la Garonne.
Loubine, ibid.
Brigne, ibid.
Loup, sur plusieurs côtes françaises de l'Océan ou de la Méditerranée.
Dréligny, dans plusieurs départements méridionaux de France.
Loupasson, ibid.
Lubin ou *lupin*, ibid.
Lupo, en Espagne.
Louvazzo, dans la Ligurie.
Aranco, en Toscane.
Spigola, par les Romains.
Lupasso, idem.
Bronchini, à Venise.
Varolo, ibid.

dans les eaux de l'Océan qui arrosent les côtes de
l'Europe, particulièrement dans le golfe de Gas-

Cavalla, à Spalatro.

Salmbarsch, par les Allemands.

Lach sumber, idem.

Basse, par les Anglais.

Basse, idem.

Zee snoeck, par les Hollandais.

Persègue loup. Daubenton et Haüy, Encyclopédie méthodique.

Id. Bonnaterre, planches de l'Encyclopédie méthodique.

Mus. Ad. Frid. 2, p. 82 *.

Gronov. Act. Upsal. 1750, p. 39, t. 4.

« *Perca radiis pinnæ dorsalis secundæ* 13, ani 14. » Artedi, gen. 41,
syn. 69.

Sciène loup. Bloch, pl. 301.

Λαϐραξ. Aristot., lib. 1, cap. 5; lib. 4, cap. 8; et lib. 5, cap. 9 et 10.

Id. Ælian., lib, 1, cap. 30, p. 36; lib. 9, cap. 7; lib. 10, cap. 2; et
lib. 16, cap. 12.

Id. Athen., lib. 7, p. 310, 311; et lib. 14, p. 662.

Id. Oppian., Hal., lib. 1, p. 5; et lib. 2, cap. 34, 58.

Lupus. Ovid. Hal., v. 23, 38, 112.

Id. Varro, Rustic., lib. 3, cap. 3.

Id. Plin., lib. 9, cap. 16, 17, 51, 54; et lib. 32, cap. 2.

Wotton, lib. 8, cap. 172, fol. 155.

Loup. Rondelet, première partie, liv. 9, chap. 6.

Salvian., fol. 107, *b.* 108, 109.

Gesner, p. 506, et (germ.) fol. 37, *b.*

Aldrovand., lib. 4, cap. 2, p. 491, 492.

Jonston, lib. 2, tit. 1, cap. 2, tab. 23, fig. 3.

Willughby, p. 271.

Rai, p. 83.

Spigola, sive *lupus.* P. Jov., cap. 9, p. 64.

(2) Du genre BAR, *Labrax*, Cuv., dans la famille des Acanthopté-
rygiens-percoïdes.

M. de Lacépède a séparé à tort de ce poisson, le centropome mullet
qu'il décrit dans le même article.   DESM. 1830.

(3) « *Sciæna undecimalis.* » Bloch, pl. 303.

cogne, dans la Manche ou canal de France et d'Angleterre, et dans le golfe Britannique. Il devient grand; et, selon Duhamel, on en prend quelquefois auprès de l'embouchure de la Loire qui pèsent jusqu'à quinze kilogrammes. Il se plaît dans le voisinage des fleuves et des grandes rivières; mais il ne s'engage que rarement dans leur lit. Il a la chair très-délicate; et par conséquent il doit être très-recherché. Les anciens Romains le payaient très-cher; ils le comptaient, avec la murénophis hélène, le mulle rouget, l'acipensère esturgeon, et le muge qu'ils nommaient *Myxo*, parmi les poissons les plus précieux. Ils désiraient surtout de montrer sur leurs tables, et dans leurs festins les plus splendides, les loups que l'on prenait dans le Tibre, entre les deux ponts de Rome. Cependant on a toujours dû préférer, suivant Rondelet, ceux de ces poissons qui vivent auprès de l'embouchure des fleuves à ceux qui remon-

---

(4) Type du genre CENTROPOME, tel que M. Cuvier le conserve dans la famille des Acanthoptérygiens percoïdes.

M. de Lacépède a décrit ce poisson trois fois, sous les noms de *Centropome onze-rayons*, de *Persèque loubine*, et de *Sphyrène orverd*. DESM. 1830.

(5) « Sciène striée, sciæna Plumierii. » Bloch, pl. 306.

(6) Du genre PERCHE, type de la famille des Acanthoptérygiens percoïdes, selon M. Cuvier.

M. de Lacépède a décrit deux fois ce poisson, sous les noms de *Centropome Plumier*, et de *Cheílodiptère chrysoptère*. DESM. 1830.

(7) Ainsi que le remarque M. Cuvier, le Centropome mulet de Lacépède est manifestement de la même espèce que le centropome loup, décrit dans le même article. DESM. 1830.

tent dans les rivières, ceux que l'on trouve dans les étangs salés à ceux que l'on prend auprès de l'embouchure des fleuves, et ceux que l'on rencontre dans la haute mer à ceux qui ne quittent pas les étangs salés. Au reste, Pline nous apprend que les anciens gourmets de Rome et de l'Italie attachaient moins de prix aux loups ordinaires qu'à ceux qu'ils nommaient laineux (*lanati*), à cause de leur blancheur, de la mollesse, et vraisemblablement de la graisse de leur chair.

C'est auprès des endroits où les rivières se jettent dans la mer, que le loup dépose ses œufs, quelquefois deux fois par an. Ces œufs ont été souvent employés, comme ceux d'autres poissons, à faire cette préparation que l'on nomme *boutargue* ou *botargo*.

Ce centropome est très-hardi : il est de plus très-vorace ; et voilà pourquoi on lui a donné le nom de *Loup*. Il nage fréquemment très-près de la surface de la mer. Plusieurs auteurs anciens se sont plu à lui attribuer la finesse de l'instinct, aussi bien que le courage de la force ; et ils ont écrit que lorsqu'on voulait le prendre avec des filets, il savait creuser dans le sable, en agitant vivement sa queue, une sorte de sillon dans lequel il s'enfonçait pour laisser passer au-dessus de lui la nappe verticale dans laquelle on cherchait à l'envelopper.

On le pêche pendant toute l'année, et avec plusieurs sortes de filets; mais la saison la plus favorable pour le prendre est communément la fin de l'été.

Nous avons exposé ses principaux caractères extérieurs dans le tableau générique. Nous aurions pu y parler encore d'une tache noire que l'on voit à la pointe postérieure de chaque opercule de ce centropome.

On compte six cœcums auprès de son pylore; son foie présente deux lobes; sa vésicule du fiel est grande; et sa vessie natatoire, qui n'offre aucune division intérieure, est attachée aux côtes.

La Jamaïque est la patrie du centropome onze-rayons, qui y vit auprès des fonds pierreux. Ce poisson a la nuque très-relevée; les dents très-petites, nombreuses et serrées; l'opercule terminé par une prolongation un peu arrondie, et surmonté par derrière d'une petite pièce écailleuse et dentelée; le corps gros; le ventre rond; le dos arrondi et bleuâtre; les côtés argentés; les pectorales et les thoracines d'un rouge brun; la caudale grise ou bleue à son extrémité.

La mer des Antilles nourrit le centropome plumier, qui, par conséquent, habite très-près du onze-rayons. Bloch en a publié la description d'après un dessin de Plumier, le célèbre voyageur et l'habile naturaliste. Les deux mâchoires de ce thoracin sont aussi avancées l'une que l'autre; le dos est brun; les nageoires sont jaunes; la première dorsale est bordée de brun ou de noir (1).

J'ai reçu de MM. Noël de Rouen et Metaihe, la description du poisson auquel j'ai conservé le nom de *Mulet*, qui lui avait été donné par ces observateurs, et que j'ai dû placer dans le genre des centropomes d'après sa conformation. Ce thoracin abandonne la mer pour remonter dans les rivières, lorsque l'été succède au printemps. Le temps le plus chaud paraît être celui qu'il préfère pour ce voyage annuel, qu'il termine lorsque l'automne arrive. Il est très-commun dans la Seine, depuis le solstice de l'été jusqu'à l'équinoxe de l'automne. Sa chair est excellente un mois après son entrée dans l'eau douce. Il se nourrit de débris ou de résidus de corps organisés. Il va par troupes très-nombreuses : aussi en prend-on quel-

---

(1) 5 rayons à la membrane branchiale du centropome loup.

18 rayons à chaque pectorale.

1 rayon aiguillonné et 5 rayons articulés à chaque thoracine.

20 rayons à la caudale.

5 rayons à la membrane branchiale du centropome onze-rayons.

13 rayons à chaque pectorale.

1 rayon aiguillonné et 5 rayons articulés à chaque thoracine.

18 rayons à la nageoire de la queue.

13 rayons à chaque pectorale du centropome plumier.

1 rayon aiguillonné et 5 rayons articulés à chaque thoracine.

22 rayons à la caudale.

15 rayons à chaque pectorale du centropome mulet.

5 rayons à chaque thoracine.

17 rayons à la nageoire de la queue.

24 vertèbres.

quefois quatre ou cinq cents d'un seul coup de filet. Ses mouvements sont très-vifs; et les sauts élevés et fréquents qu'il fait au-dessus de la surface de la rivière, l'annoncent de loin aux pêcheurs. Lorsqu'on le trouve dans une eau bourbeuse, on le pêche avec la *seine;* mais lorsqu'il est dans les eaux très-claires, on cherche plutôt à le prendre avec le filet nommé *vergaut.* Il parvient souvent à la longueur de six décimètres; et alors il a plus de trois décimètres de tour dans la partie la plus grosse de son corps. Chacun de ses opercules est composé de trois pièces. Sa langue est large, et son palais lisse dans presque toute sa surface. Six appendices sont placés auprès de son pylore. Sa vessie natatoire a près de deux décimètres de longueur.

LE CENTROPOME AMBASSE.[1]

Ambassis Commersonii, Cuv.; *Lutjanus gymnocephalus*, *Centropomus Ambassis*, et *Centropomus Safga*, Lacep. (2).

Le Centropome de Roche (3), *Dules rupestris*, Cuv.; *Centropomus rupestris*, Lac. (4). — Centropome Macrodon (5), *Cheilodipterus octovittatus*, Cuv.; *Cheilodipterus lineatus*, et *Centropomus Macrodon*, Lac. (6). — Centropome doré (7), *Apogon*......, Cuv.; *Centropomus aureus*, Lacep. (8). — Centropome rouge (9), *Myripristis hexagonus*, Cuv.? *Centropomus ruber*, Lac. (10).

Les cinq centropomes dont nous allons parler ont été observés, par Commerson, dans les eaux

---

(1) « Aspro ambassis (de deux sous) (l'ambasse du Gol) dorso dip-« terygio, maculâ minimâ nigrâ in apice pinnæ dorsalis primæ, ferè « obsoletâ, ventre per transparentiam peritonæi argentei albicante. » Commerson, manuscrits déja cités.

(2) Du genre Ambasse, dans la famille des Acauthoptérygiens per-coïdes, Cuv.

M. de Lacépède a décrit ce poisson, 1º sous le nom de *Lutjan gymnocéphale*, 2º sous celui de *Centropome ambasse*, et 3º probablement encore, sous la dénomination de *Centropome safga*. (Voyez ci-dessus page 148). Desm. 1830.

(3) « Aspro dorso dipterygio cærulescente, squamis laterum, plerisque « ambitu et medio nigris, guttis concoloribus in capite utrinque majo-« ribus et frequentioribus. » Idem, ibid.

(4) Du genre Doules, *Dules*, dans la famille des Acauthoptérygiens percoïdes, Cuv. Desm. 1830.

douces des Iles de France et de Bourbon, ou dans la mer qui en baigne les rivages. La description n'en a encore été publiée par aucun naturaliste.

L'ambasse se trouve dans l'étang de l'île Bourbon sur le bord duquel on voyait, du temps de Commerson, un château nommé *Gol*. On pêchait dans cet étang un grand nombre d'individus de cette espèce. Leur longueur était presque toujours au-dessous de deux décimètres; mais ils étaient cependant très-recherchés par les habitants de l'île, qui les préparaient d'une manière analogue à celle dont on prépare les anchois en Europe, les employaient également à relever le goût des mets, et les trouvaient même d'une sa-

---

(5) « Aspro dorso dipterygio, dentibus raris, at longis et exertis, cor-« pore tæniis fuscis obsoletis octo circiter utrinque lineato. » Idem, ibid.

(6) Du genre Cheïlodiptère de M. Cuvier, dans la famille des Acan⁻thoptérygiens percoïdes.

M. de Lacépède a décrit ce poisson deux fois, sous les noms, 1° de *Chïelodiptère rayé*, et 2° de *Centropome macrodon*. Desm. 1830.

(7) « Aspro rubro-cupræus deauratus, dorso dipterygio, pinnis rubris, « dorsali priori et basi caudæ nigris. » Idem, ibid.

(8) Du genre Apogon, dans la famille des Acanthoptérygiens percoïdes, selon M. Cuvier, qui n'en détermine pas l'espèce. Desm. 1830.

(9) « Aspro totus rubens, pinnarum posteriorum marginibus albis, « postico operculorum branchialium limbo atrato. » Idem, ibid.

(10) M. Cuvier rapporte cette espèce à son genre Myripristis (Acanth. percoïdes), et croit qu'elle est identique avec son Myripristis hexagone.

Si cela est, ce poisson a été décrit une seconde fois par M. de Lacépède, sous le nom de *Lutjan hexagone*. Desm. 1830.

veur plus agréable et plus appétissante que ces derniers poissons.

L'ambasse a deux callosités sur la partie antérieure du palais, et une tache noire, quelquefois très-faible, au plus haut de la première dorsale, qui est triangulaire.

Le centropome de roche parvient à des dimensions plus considérables que l'ambasse; il est souvent long de quatre ou cinq décimètres. Il se tient dans les eaux douces, ou auprès des embouchures des rivières. Commerson l'a vu particulièrement dans *la ravine du Gol* de l'île Bourbon. Sa chair est de très-bon goût. De petites taches noires sont répandues sur les opercules; les écailles qui garnissent le dessous de la poitrine, ne sont noires qu'à leur base; une nuance brune, plus ou moins foncée, est répandue sur les nageoires et sur la membrane des branchies; et la caudale ne présente qu'une légère échancrure.

Le macrodon n'a pas ordinairement trois décimètres de longueur. Plusieurs dents très-petites sont placées dans les intervalles qui séparent les grandes dents de la mâchoire inférieure. La lèvre d'en-haut peut s'étendre à la volonté de l'animal. Le palais est relevé par deux bosses, dont la postérieure est hérissée de petites dents : on n'en voit pas sur la langue, qui s'arrondit et s'élargit un peu par-devant. Les yeux sont très-grands; les écailles larges, et faiblement attachées à la peau;

les secondes pièces des opercules anguleuses du côté de la queue; le péritoine est argenté.

Le centropome doré ne parvient qu'à de petites dimensions. Il a été vu très-souvent par Commerson, qui cependant ne lui a jamais trouvé une longueur égale à deux décimètres.

Le centropome rouge est long de plus de trois décimètres. Sa saveur est très-agréable au goût, et sa parure des plus riches : toute sa surface présente un mélange de rose, de rouge et de doré, relevé par une très-grande variété de reflets, par un liséré blanc qui borde une grande partie du contour de la seconde dorsale, des pectorales, de l'anale et de la caudale, et par une superbe tache noire placée à l'extrémité de l'opercule et à la base de chaque pectorale. Les nuances de ce beau centropome brillent d'autant plus, que les écailles qui en réfléchissent l'éclat, offrent une grande largeur (1). La dentelure de ces écailles est d'ail-

---

(1)   6 rayons à la membrane branchiale du centropome ambasse.

15 rayons à chaque pectorale.

1 rayon aiguillonné et 5 rayons articulés à chaque thoracine.

6 rayons à la membrane branchiale du centropome de roche.

14 rayons à chaque pectorale.

1 rayon aiguillonné et 5 rayons articulés à chaque thoracine.

17 rayons à la caudale.

7 rayons à la membrane branchiale du centropome macrodon.

12 rayons à chaque pectorale.

6 rayons à chaque thoracine.

17 rayons à la nageoire de la queue.

leurs si forte, que l'on ne peut toucher le poisson sans être blessé, à moins que la main n'aille dans le sens de la tête à la queue. Toutes les lames qui revêtent la tête, sont aussi très-dentelées dans leur circonférence. La mâchoire supérieure, dont le poisson peut étendre la lèvre, paraît comme tronquée lorsque l'animal ne meut pas cette lèvre d'en haut. Outre les huit grandes dents indiquées par le tableau générique, le centropome rouge a un grand nombre de petites dents à chaque mâ-choire et auprès du gosier; mais son palais est lisse. Les yeux, très-grands relativement au volume de la tête, ont de diamètre le neuvième, ou à-peu-près, de la longueur totale du poisson. Deux plaques écailleuses et dentelées sont situées de chaque côté, au-dessus de l'ouverture branchiale; et la ligne latérale est composée d'une série de très-petites lignes.

---

7 rayons à la membrane branchiale du centropome rouge.
15 rayons à chaque pectorale.
19 rayons à la caudale.

LE CENTROPOME NILOTIQUE.[1]

Lates niloticus, Cuv.; *Perca nilotica*, Linn., Gmel.;
Centropomus niloticus, Lac. (2).

ET

LE CENTROPOME OEILLÉ.[3]

Corvina ocellata, Cuv.; *Perca ocellata*, Linn., Gmel.; *Sciæna
imberbis*, Mitch.; *Lutjanus triangulum*, et *Centropomus
ocellatus*, Lac. (4).

L E nilotique habite dans le Nil; mais on le trouve
aussi dans la mer Caspienne. Ses deux nageoires
dorsales sont très-rapprochées l'une de l'autre.

---

(1) Mus. Ad. Frid. 2 , p. 83 *.

S. G. Gmelin, It. 5 , p. 344 , tab. 25, fig. 3.

Perca nilotica. Hasselquist, It. 359 , n. 83.

Persègue brune. Daubenton et Haüy, Encyclopédie méthodique.

Id. Bonnaterre, planches de l'Encyclopédie méthodique.

(2) Du genre VARIOLE, *Lates*, Cuv., dans la famille des Acanthoptérygiens percoïdes, Cuv.   DESM. 1830.

(3) *Bass*, à la Caroline.

Persègue basse. Daubenton et Haüy, Encyclopédie méthodique.

Id. Bonnaterre, planches de l'Encyclopédie méthodique.

(4) Du genre JOHNIUS, *Corvina*, dans la famille des Acanthoptérygiens
sciénoïdes, Cuv.

M. de Lacépède a décrit deux fois cette espèce, sous les noms de
Lutjan triangle, et de *Centropome œillé.*   DESM. 1830.

L'œillé a été observé dans la Caroline par le docteur Garden. Le premier rayon de la première dorsale et celui de chaque thoracine sont très-courts. On ne voit qu'un petit intervalle entre les deux nageoires du dos (1).

---

(1) 16 rayons à chaque pectorale du centropome nilotique.

1 rayon aiguillonné et 5 rayons articulés à chaque thoracine.

20 rayons à la nageoire de la queue.

7 rayons à la membrane branchiale du centropome œillé.

16 rayons à chaque pectorale.

6 rayons à chaque thoracine.

16 rayons à la caudale.

LE CENTROPOME SIX-RAIES.

Grammistes orientalis, Bl., Cuv.; *Sciæna vittata*, *Perca tria-*
cantha, *Perca pentacantha*, *Bodianus sex-lineatus*, et
Centropomus sex-lineatus, Lac. (1).

ON a pêché dans la mer qui baigne les Indes
orientales, ce centropome, dont la mâchoire inférieure est plus avancée que la supérieure, et dont
la tête, le corps et la queue présentent six raies
blanches de chaque côté.

M. Noël nous a envoyé une description et un
dessin de ce poisson (2).

(1) Du genre GRAMMISTE, *Grammistes*, dans la famille des Acanthoptérygiens percoïdes, Cuv.

Ce poisson a été décrit cinq fois par M. de Lacépède, sous les noms
1° de *Sciène rayée*, 2° de *Persèque triacanthe*, 3° de *Persèque penta-*
canthe, 4° de *Bodian six-raies*, et 5° de *Centropome six-raies*. DESM.
1830.

(2)   6 rayons à la membrane branchiale du centropome six-raies.

15 rayons à chaque pectorale.

1 rayon aiguillonné et 5 rayons articulés à chaque thoracine.

16 rayons à la nageoire de la queue.

LE CENTROPOME FASCÉ.[1]

Centropomus fasciatus, Lacep. (2).

ET

LE CENTROPOME PERCHOT.[3]

Centropomus Perculus, Lacep. (4).

Nous avons trouvé dans les manuscrits de Commerson, la description de ces deux centropomes que les naturalistes ne connaissaient pas encore.

La couleur générale du perchot est d'un gris brun qui se mêle sur le ventre avec des teintes blanches; les thoracines sont jaunâtres; l'anale et les pectorales sont variées de jaune et de brun; l'iris est brun dans sa partie supérieure, et argenté ou doré dans le reste de sa surface.

---

(1) « Perca dorso dipterygio, etc. » Commerson, manuscrits déja cités.

(2) Non mentionné par M. Cuvier.   Desm. 1830.

(3) « Perca dorso dipterygio, cauda medio productiori, etc. » Commerson, manuscrits déja cités.

(4) M. Cuvier ne cite pas ce poisson.   Desm. 1830.

CENT DIX-HUITIÈME GENRE.

LES BODIANS (1).

Un ou plusieurs aiguillons, et point de dentelure aux opercules; un seul barbillon, ou point de barbillon aux mâchoires; une seule nageoire dorsale.

PREMIER SOUS-GENRE.

La nageoire de la queue, fourchue, ou en croissant.

ESPÈCES.	CARACTÈRES.
1. LE BODIAN OEILLÈRE.	Deux rayons aiguillonnés et vingt rayons articulés à la nageoire du dos; seize rayons à celle de l'anus; une sorte de valvule au-dessus de chaque œil.
2. LE BODIAN LOUTI.	Neuf rayons aiguillonnés et quinze rayons articulés à la dorsale; trois rayons aiguillonnés et neuf rayons articulés à l'anale; des dents fortes, coniques, et séparées l'une de l'autre; un grand nombre d'autres dents très-déliées, très-serrées les unes contre les autres, et flexibles; trois aiguillons sur la dernière pièce de chaque opercule; la couleur générale d'un rouge foncé; de petites taches violettes.
3. LE BODIAN JAGUAR.	Onze rayons aiguillonnés et dix-sept rayons articulés à la nageoire dorsale; deux rayons aiguillonnés et dix rayons articulés à la nageoire de l'anus; cinq aiguillons à la

---

(1) Le genre des BODIANS n'est pas adopté par M. Cuvier; il renferme, selon ce naturaliste, des espèces qui se rapportent à ses genres Mérou, Mésoprion, Holocentre, Cæsio, Glyphisodon, Plectropome, Pentapode, Lethrinus, Percis, etc. DESM. 1830.

ESPÈCES.	CARACTÈRES.

3. Le Bodian jaguar.

pièce antérieure de chaque opercule; toute la surface de l'animal d'un rouge plus ou moins vif, excepté la partie antérieure de la nageoire du dos, qui est jaune.

4. Le Bodian macrolé-pidote.

Quatorze rayons aiguillonnés et huit rayons articulés à la dorsale; deux rayons aiguillonnés et neuf rayons articulés à l'anale; un ou deux aiguillons à la pièce postérieure de chaque opercule; les écailles grandes, striées en rayons, dentelées et bordées de gris.

5. Le Bodian argenté.

Neuf rayons aiguillonnés et quinze rayons articulés à la dorsale; trois rayons aiguillonnés et onze rayons articulés à la nageoire de l'anus; la tête allongée et comprimée; de petites dents à chaque mâchoire; la mâchoire d'en-bas plus avancée que celle d'en-haut; un ou deux aiguillons aplatis à la pièce postérieure de chaque opercule; les écailles petites, molles et argentées.

6. Le Bodian bloch.

Douze rayons aiguillonnés et dix rayons articulés à la nageoire du dos; chaque mâchoire garnie de plusieurs rangs de dents; les antérieures plus grandes que les autres; un aiguillon à la dernière pièce de chaque opercule; les nageoires pointues; les écailles très-douces au toucher, dorées et bordées de rouge; celles de la partie supérieure du corps proprement dit, pourpres et bordées de bleu.

7. Le Bodian aya.

Neuf rayons aiguillonnés et dix-huit rayons articulés à la nageoire du dos; un rayon aiguillonné et huit rayons articulés à celle de l'anus; la caudale en croissant; chaque opercule terminé par un aiguillon long et aplati; la couleur générale rouge; le dos couleur de sang; le ventre argenté.

8. Le Bodian tacheté.

Sept rayons aiguillonnés et douze rayons articulés à la dorsale; deux rayons aiguillonnés et huit rayons articulés à la nageoire de l'anus; la caudale en croissant; la tête courte et grosse; trois aiguillons grands et recourbés vers le museau, à la seconde pièce de chaque opercule; deux aiguillons aplatis à la troisième; la couleur générale jaune; des taches petites et bleues sur toute la surface de l'animal.

ESPÈCES.	CARACTÈRES.
9. LE BODIAN VIVANET.	Onze rayons aiguillonnés et neuf rayons articulés à la nageoire du dos; quatre rayons aiguillonnés et huit rayons articulés à la nageoire de l'anus; la caudale en croissant; l'œil gros; les lèvres épaisses; deux aiguillons aplatis et larges à la dernière pièce de chaque opercule; la couleur générale jaune; la partie supérieure de l'animal violette.
10. LE BODIAN FISCHER.	Neuf rayons aiguillonnés et neuf rayons articulés à la nageoire du dos; trois rayons aiguillonnés et six rayons articulés à celle de l'anus; quatre ou six dents plus grandes que les autres, à l'extrémité de la mâchoire supérieure; un seul aiguillon à la dernière pièce de chaque opercule; les écailles rhomboïdales, dentelées, et placées obliquement.
11. LE BODIAN DÉCACANTHE.	Dix rayons aiguillonnés et sept rayons articulés à la dorsale; trois rayons aiguillonnés et six rayons articulés à l'anale; un seul aiguillon à la dernière pièce de chaque opercule; le museau un peu pointu.
12. LE BODIAN LENTJAN.	Dix rayons aiguillonnés et huit rayons articulés à la nageoire du dos; trois rayons aiguillonnés et huit rayons articulés à la nageoire de l'anus; les dents fortes; deux aiguillons à la dernière pièce de chaque opercule.
13. LE BODIAN GROSSE-TÊTE.	Dix rayons aiguillonnés et seize rayons articulés à la nageoire du dos; dix rayons à celle de l'anus; la caudale en croissant; la tête grosse; la nuque élevée et arrondie; les dents des mâchoires égales et menues; un aiguillon aplati à la dernière pièce de chaque opercule, qui se termine par une prolongation anguleuse; les écailles petites; la partie postérieure de la queue d'une couleur plus claire que le corps proprement dit.
14. LE BODIAN CYCLOSTOME.	Huit rayons aiguillonnés et neuf rayons articulés à la dorsale; deux rayons aiguillonnés et neuf rayons articulés à l'anale; la caudale en croissant; la mâchoire supérieure beaucoup plus courte que l'inférieure, conformée de manière à représenter une très-grande portion de cercle, et garnie, de chaque côté, de deux dents longues, pointues,

ESPÈCE.	CARACTÈRES.

14. LE BODIAN CYCLOS-TOME.

et tournées en avant; la mâchoire inférieure armée de plusieurs dents fortes, longues et crochues; un aiguillon aplati à la dernière pièce de chaque opercule, qui se termine par une prolongation anguleuse; quatre ou cinq bandes transversales, irrégulières, et très-inégales en longueur ainsi qu'en largeur.

SECOND SOUS-GENRE.

La nageoire de la queue rectiligne ou arrondie, et non échancrée.

ESPÈCES.	CARACTÈRES.

15. LE BODIAN ROGAA.

Neuf rayons aiguillonnés et dix-neuf rayons articulés à la nageoire du dos; trois rayons aiguillonnés et dix rayons articulés à la nageoire de l'anus; les thoracines arrondies; des dents très-nombreuses, très-déliées, flexibles et mobiles; la mâchoire supérieure plus courte que l'inférieure; trois aiguillons à la dernière pièce de chaque opercule; point de ligne latérale apparente; la couleur générale d'un roux noirâtre; les nageoires noires.

16. LE BODIAN LUNAIRE.

Neuf rayons aiguillonnés et dix-neuf rayons articulés à la nageoire du dos; trois rayons aiguillonnés et dix rayons articulés à la nageoire de l'anus; les thoracines triangulaires; la couleur générale noirâtre; les pectorales noires à la base, et jaunes au bout opposé; une raie longitudinale rouge sur la dorsale et l'anale; le bord postérieur de la dorsale blanc et transparent; un croissant blanc et transparent sur la caudale, qui est roussâtre et rectiligne.

17. LE BODIAN MÉLA-NOLEUQUE.

Huit rayons aiguillonnés et douze rayons articulés à la nageoire du dos; un rayon aiguillonné et neuf rayons articulés à l'anale; la mâchoire inférieure plus avancée que la supérieure; deux orifices à chaque narine; deux pièces à chaque opercule; trois aiguillons placés vers le bas de la première pièce, et deux autres aiguillons au bord postérieur de la seconde; la couleur générale d'un blanc d'argent; six ou sept bandes transversales, irrégulières et noires.

ESPÈCES.	CARACTÈRES.
18. Le Bodian jacob-évertsen.	Neuf rayons aiguillonnés et seize rayons articulés à la dorsale; trois rayons aiguillonnés et huit rayons articulés à l'anale; la caudale arrondie; deux grandes dents et un grand nombre de petites à chaque mâchoire; la mâchoire d'en-bas plus avancée que celle d'en-haut; trois aiguillons à la dernière pièce de chaque opercule; la couleur générale d'un brun jaunâtre; un grand nombre de taches brunes, petites, rondes; plusieurs de ces taches, blanches dans le centre.
19. Le Bodian bænac.	Neuf rayons aiguillonnés et seize rayons articulés à la nageoire du dos; trois rayons aiguillonnés et huit rayons articulés à l'anale; la caudale arrondie; chaque mâchoire garnie de dents pointues, petites, et toutes plus courtes que les deux antérieures; la mâchoire d'en-bas plus avancée que celle d'en-haut; un seul orifice à chaque narine; trois aiguillons aplatis à la dernière pièce de chaque opercule; les écailles petites et dentelées; la couleur générale d'un roux foncé; sept ou huit bandes transversales, brunes, étroites, et dont quelques-unes se divisent en deux ou trois.
20. Le Bodian hiatule.	La tête allongée; le museau pointu; la mâchoire inférieure un peu plus longue que la supérieure; des dents pointues, égales, et un peu séparées les unes des autres, à chaque mâchoire; la caudale arrondie; deux aiguillons au bord postérieur de chaque opercule; le ventre gros; des raies longitudinales et rousses sur le dos, qui est d'un rouge foncé; la dorsale jaune et tachetée de roux.
21. Le Bodian apua.	Sept rayons aiguillonnés et seize rayons articulés à la nageoire du dos; trois rayons aiguillonnés et treize rayons articulés à l'anale; la caudale arrondie; la mâchoire inférieure plus longue que la supérieure, et garnie, comme cette dernière, de dents pointues qui s'engrènent avec celles qui leur sont opposées, et dont les deux antérieures sont les plus grandes; deux orifices à chaque

ESPÈCES.	CARACTÈRES.

21. LE BODIAN APUA. narine; un aiguillon à la pièce postérieure de chaque opercule; la couleur générale rouge; un grand nombre de points noirs; des taches noires sur le dos; une bordure noire et lisérée de blanc, à l'extrémité de la caudale, à l'anale, aux thoracines, et à la partie postérieure de la dorsale.

22. LE BODIAN ÉTOILÉ. Douze rayons aiguillonnés et vingt-un rayons articulés à la dorsale; deux rayons aiguillonnés et huit rayons articulés à la nageoire de l'anus; la caudale arrondie; la tête courte; le museau plus avancé que l'ouverture de la bouche; trois ou quatre aiguillons à la première et à la seconde pièce de chaque opercule; six ou sept aiguillons disposés en rayons le long du contour inférieur et postérieur de l'œil; la couleur générale dorée.

23. LE BODIAN TÉTRACANTHE. Quatre rayons aiguillonnés et vingt-un rayons articulés à la nageoire du dos; dix-sept rayons à la nageoire de l'anus; deux aiguillons à la pièce postérieure de chaque opercule.

24. LE BODIAN SIX-RAIES. Sept rayons aiguillonnés et quatorze rayons articulés à la dorsale; neuf rayons à l'anale; la caudale arrondie; deux aiguillons à la pièce postérieure de chaque opercule; trois raies longitudinales et blanches de chaque côté du corps.

LE BODIAN ŒILLÈRE [1].

Bodianus palpebratus, Lac.; *Sparus palpebratus*, Pallas,
Linn., Gmel.; *Kurtus palpebratus*, Schn. (2).

Le Bodian Louti (3), *Serranus Luti*, Cuv.; *Perca Luti*,
Forsk.; *Bodianus Luti*, Lac. (4). — Bódian Jaguar (5), *Holocentrum Longipinne*, Cuv.; *Holocentrus Sogho*, *Bodianus
pentacanthus*, et *Sciæna rubra*, Bl.; *Amphiprion Matejuelo*, Bl., Schn.; *Bodianus Jaguar*, Lac. (6). — Bodian
macrolépidote (7), *Glyphisodon macrolepidotus*, Cuv.; *Bodianus macrolepidotus*, Bl., Lac. (8). — Bodian argenté (9),
Cæsio argenteus, Cuv.; *Bodianus argenteus*, Bl., Lac. (10).
— Bodian Bloch (11), *Bodianus Bodianus*, Bl.; *Bodianus
Blochii*, Lac. (12). — Bodian Aya (13), *Mesoprion Aya*,
Cuv.; *Bodianus Aya*, Bl., Lac. (14).

A conformation des yeux du bodian œillère
mérite l'attention des physiciens. D'après la des-

____

(1) Pallas, n. Nord. Beytr. 2, p. 55, n. 1, tab. 4, fig. 1, et 2.
Spare œillère. Bonnaterre, planches de l'Encyclopédie méthodique.

(2) Selon M. Cuvier, on ne peut encore, faute d'observation, placer le
bodian œillère de cet article, poisson très-singulier, qui doit sûrement
former un genre à part. Desm. 1830.

(3) Forskael, Faun. Arab. p. 40, n. 40.
Persègue louti. Bonnaterre, planches de l'Encyclopédie méthodique.

(4) Du genre Mérou, *Serranus*, dans la famille des Acanthoptérygiens
percoïdes, selon M. Cuvier. Desm. 1830.

(5) *Jaguar uaca*, au Brésil.
Bodianus pentacanthus. Bloch, pl. 225.

(6) Du genre Holocentre, dans la famille des Acanthoptérygiens
percoïdes, selon M. Cuvier, qui a reconnu que l'espèce du Bodian jaguar

cription que l'illustre Pallas a donnée de ce poisson, et d'après un dessin colorié que le célèbre
naturaliste Boddaert a fait lui-même, et qu'il a
bien voulu m'envoyer dans le temps, ce thoracin présente au-dessus de chaque œil une pièce
membraneuse un peu ovale, qui n'est attachée
que par son extrémité antérieure, sur laquelle
elle joue comme sur une charnière, et qui en s'é-
cartant ou se rapprochant de la tête par son extrémité postérieure, et en s'abaissant ou en s'élevant, découvre l'organe de la vue, ou le cache en
entier, et fait l'office des œillères dont on couvre
les yeux des chevaux ombrageux.

Cette sorte de paupière mobile à la volonté de

---

de Lacépède, est fondée sur une figure de Marcgrave, altérée par Bloch.
Desm. 1830.

(7) *Bodian à grandes écailles.* Bloch, pl. 230.

(8) Du genre Glyphisodon dans la famille des Acanthoptérygiens
sciènoïdes, selon M. Cuvier. Desm. 1830.

(9) Bloch, pl. 231, fig. 2.

(10) Du genre Cæsio, dans la famille des Acanthoptérygiens ménides
de M. Cuvier. Desm. 1830.

(11) *Aipimixira,* au Brésil.

Tetimixira, ibid.

Pudiano vermelho, par les Portugais.

Bodiano vermelho, id.

Bloch, pl. 223.

(12) Non mentionné par M. Cuvier. Desm. 1830.

(13) *Acara aya,* au Brésil.

Garanha, ibid.

Bloch, pl. 227.

(14) Du genre Mésoprion, dans la famille des Acanthoptérygiens
percoïdes. Desm. 1830.

l'animal, garantit l'œil des effets funestes de la lumière éblouissante que répand sur la surface de la mer le soleil de la zone torride, et qui est souvent d'autant plus vive autour du bodian dont nous nous occupons, que ce poisson se plaît au milieu des rochers, sur des bas-fonds pierreux, et dans les endroits où les rayons solaires n'ayant à traverser, pour arriver à ses organes, que des couches d'eau assez minces, sont réfléchis, rapprochés et réunis en différents foyers, par les surfaces blanches, unies, polies, et diversement concaves, des roches du rivage et du fond de l'Océan.

L'organe de la vue du bodian œillère, préservé de l'action de la lumière pendant tout le temps où ce thoracin n'a besoin ni de diriger sa route, ni de poursuivre une petite proie, ni d'éviter un ennemi, doit donc être, tout égal d'ailleurs, très-délicat; et il est d'autant plus propre à lui faire distinguer les objets qu'il recherche ou qu'il fuit, que cet organe est grand et saillant.

Cette paupière membraneuse présente une couleur d'un beau jaune; la tête est arrondie par-devant, et presque noire; le corps et la queue sont d'un brun jaunâtre; deux aiguillons arment la dernière pièce de chaque opercule; un ou plusieurs petits sillons règnent sur le dessus de la tête; la ligne latérale, blanche ou argentée, commence par quatre ou cinq papilles ou tubercules; les nageoires sont noirâtres. La longueur ordinaire de l'animal est d'un décimètre; et c'est particulièrement à Amboine que le bodian œillère a été pêché.

Le louti vit dans la mer d'Arabie, où il se plaît parmi les madrépores et les coraux. Chacune de ses nageoires est bordée de jaune. Il parvient quelquefois jusqu'à la longueur remarquable de douze ou treize décimètres. Ses écailles sont petites, arrondies et striées. La lèvre supérieure est moins avancée que celle d'en-bas; mais elle peut être étendue par le bodian.

Le jaguar habite dans la mer du Brésil; il aime à demeurer au milieu des écueils, et par conséquent, auprès des côtes. Il paraît préférer surtout le voisinage de l'embouchure des rivières; et c'est dans ce voisinage qu'il s'engraisse, et que sa chair acquiert un goût encore plus agréable qu'à l'ordinaire, lorsque, dans la saison des pluies, les fleuves débordés entraînent jusqu'à la mer une grande quantité de substances organiques et nutritives, dont le jaguar retire un aliment salutaire et abondant.

Ce bodian a la mâchoire d'en haut plus avancée que celle d'en bas; plusieurs rangs de dents presque égales, pointues, et séparées l'une de l'autre; deux orifices à chaque narine; les écailles dentelées; et le lobe supérieur de sa caudale plus long que l'inférieur. Le prince Maurice de Nassau a laissé de ce poisson un dessin qui a été copié par Bloch, et qui l'avait été auparavant par

Marcgrave, d'après lequel Pison, Willughby, Jonston et Ruysch paraissent avoir représenté ce bodian.

On peut croire que le macrolépidote a été pêché dans les grandes Indes. Les deux mâchoires sont aussi avancées l'une que l'autre, et garnies de dents très-serrées ; on ne voit qu'un orifice à chaque narine ; la ligne latérale est droite, et aboutit à la fin de la dorsale, où elle se perd. On aperçoit du rougeâtre sur la tête et sur le dos de l'animal ; les pectorales et les thoracines sont jaunes ; la dorsale et l'anale sont brunes ; et la caudale est brune comme la dorsale, mais jaune dans son milieu.

L'argenté a la langue et le palais très-lisses ; un seul orifice à chaque narine ; les nageoires jaunâtres ; et la caudale bordée de bleu ou de cramoisi. Il paraît qu'on l'a observé dans la Méditerranée.

Le prince Maurice de Nassau, Marcgrave, Pison, Willughby, Jonston, Ruysch et Bloch, ont fait dessiner le poisson auquel j'ai donné un nom spécifique qui rappelle celui du savant ichthyologiste de Berlin. J'ai voulu, par cette nouvelle marque d'estime pour ce naturaliste, indiquer l'espèce dont le nom vulgaire a été employé par lui pour désigner le genre entier des bodians, qu'il a proposé le premier, et que j'ai adopté après avoir fait subir quelques modifications à cette partie de sa classification.

Le bodian bloch a été vu dans la mer du Brésil ; il y parvient à la grandeur du cyprin carpe, et y a été très - recherché à cause de la bonté de sa chair. Chaque narine de ce poisson ne présente qu'un orifice ; du pourpre, du rouge, et du jaune doré, resplendissent sur ses nageoires.

La figure de l'aya a été donnée par Marcgrave, Pison, Willughby, Jonston, Ruysch, le prince de Nassau et Bloch, qui a fait copier le dessin du prince Maurice (1). On le trouve dans les lacs du Brésil. Il y parvient fréquemment à la longueur

---

(1) 16 rayons à chaque pectorale du bodian œillère.

6 rayons à chaque thoracine.

20 rayons à la caudale.

7 rayons à la membrane branchiale du bodian louti.

17 rayons à chaque pectorale.

1 rayon aiguillonné et 5 rayons articulés à chaque thoracine.

15 rayons à la nageoire de la queue.

15 rayons à chaque pectorale du bodian jaguar.

1 rayon aiguillonné et 5 rayons articulés à chaque thoracine.

18 rayons à la caudale.

4 rayons à la membrane branchiale du bodian macrolépidote.

15 rayons à chaque pectorale.

1 rayon aiguillonné et 5 rayons articulés à chaque thoracine.

22 rayons à la nageoire de la queue.

7 rayons à la membrane branchiale du bodian argenté.

16 rayons à chaque pectorale.

1 rayon aiguillonné et 5 rayons articulés à chaque thoracine.

22 rayons à la caudale.

13 rayons à chaque pectorale du bodian bloch.

6 rayons à chaque thoracine.

15 rayons à la nageoire de la queue.

d'un mètre; et il y multiplie si fort, qu'on envoie au loin un grand nombre d'individus de cette espèce, salés ou séchés au soleil. Il serait très-utile et peut-être assez facile d'acclimater ce grand et beau bodian, dont la chair est très-agréable au goût, dans les eaux douces de l'Europe, et particulièrement dans les lacs et dans les étangs de cette partie du globe. Au reste, nous n'avons pas besoin de répéter ici ce que nous avons déja écrit sur l'acclimatation des poissons, dans plus d'un endroit de l'histoire de ces animaux.

L'aya a l'ouverture de la bouche assez grande; la mâchoire supérieure un peu plus avancée que l'inférieure; les deux mâchoires garnies d'un rang de dents cunéiformes, dont les deux antérieures sont les plus grosses; et deux orifices à chaque narine.

---

5 rayons à la membrane branchiale du bodian aya.
16 rayons à chaque pectorale.
6 rayons à chaque thoracine.
15 rayons à la caudale.

LE BODIAN TACHETÉ.[1]

Plectropoma maculatum, Cuv.; *Bodianus maculatus*, Bl., Lac. (2).

Le Bodian Vivanet (3), *Mesoprion griseus*, Cuv.; *Sparus tetracanthus*, Bl.; *Cichla tetracantha*, Schn.; *Bodianus Vivanet*, Lac. (4). — Bodian de Fischer, *Pentapus unicolor*, Cuv.? *Bodianus Fischerii*, Lac. (5). — Bodian décacanthe, *Pentapus vittatus*, Cuv.? *Sparus vittatus*, Bl.; *Bodianus decacanthus*, Lac. (6). — Bodian Lentjan, *Lethrinus Leutjanus*, Cuv.; *Bodianus Leutjan*, Lac. (7). — Bodian grosse-tête, *Serranus flavo-cæruleus*, Cuv.; *Holocentrus flavocæruleus*, *Holocentrus gymnosus*, et *Bodianus macrocephalus*, Lac. (8). — Bodian cyclostome, *Plectropoma melanoleucum*, Cuv.; *Labrus lævis*, *Bodianus melanoleucus*, et *Bodianus cyclostomus*, Lac. (9).

Le tacheté a été vu dans le Japon. Ses deux mâchoires sont également avancées. Les dents anté-

---

(1) Bloch, pl. 228.

(2) Du genre Plectropome, dans la famille des Acanthoptérygiens percoïdes. Desm. 1830.

(3) « Pagrus leucophæus, vulgò *vivanet gris*, apud Martinicam.» Plumier, peintures sur vélin déja citées.

(4) Du genre Mésoprion, dans la famille des Acanthoptérygiens percoïdes. Desm. 1830.

(5) M. Cuvier rapporte, mais avec un peu de doute, ce poisson à

rieures surpassent les autres en longueur. Il n'y a qu'un orifice à chaque narine. Les écailles sont petites, dures et dentelées ; les pectorales, les thoracines et la caudale, d'un rouge brun ; la dorsale et l'anale bleues, et bordées d'un brun rougeâtre (1).

---

l'espèce qu'il nomme *Pentapode unicolor* (famille des Acanthoptérygiens sparoïdes).   DESM. 1830.

(6) Ce poisson, comme le précédent, est un PENTAPODE, *Pentapus*, pour M. Cuvier, dans la famille des Acanthoptérygiens sparoïdes.

C'est avec quelque doute qu'il le rapporte à l'espèce qu'il nomme *Pentapode rayé*.   DESM. 1830.

(7) Du genre LETHRINUS, dans la famille des Acanthoptérygiens sparoïdes.   DESM. 1830.

(8) Du genre MÉROU, *Serranus*, dans la famille des Acanthoptérygiens percoïdes, selon M. Cuvier.

M. de Lacépède a décrit trois fois ce poisson, sous les noms, 1° de *Bodian grosse-tête*, 2° d'*Holocentre jaune et bleu*, et 3° d'*Holocentre gymnose*.   DESM. 1830.

(9) Du genre PLECTROPOME, dans la famille des Acanthoptérygiens percoïdes, selon M. Cuvier.

Ce poisson a été décrit trois fois par M. de Lacépède, sous les noms, 1° de *Labre lisse*, 2° de *Bodian cyclostome*, et 3° de *Bodian mélanoleuque*.   DESM. 1830.

(1)   7 rayons à la membrane branchiale du bodian tacheté.
    15 rayons à chaque pectorale.
      1 rayon aiguillonné et 5 rayons articulés à chaque thoracine.
    21 rayons à la nageoire de la queue.
      12 rayons à chaque pectorale du bodian vivanet.
      6 rayons à chaque thoracine.
    14 ou 15 rayons à la caudale.
    16 rayons à chaque pectorale du bodian fischer.
      1 rayon aiguillonné et 5 rayons articulés à chaque thoracine.
    17 rayons à la nageoire de la queue.

Le vivanet vit dans les eaux de la Martinique. Ses pectorales et sa caudale sont très-grandes, et doivent lui donner une natation rapide; les premières sont, de plus, triangulaires; deux raies longitudinales, assez larges, dorées, et dont la supérieure offre souvent des nuances très-faibles, accompagnent la ligne latérale; les nageoires sont variées de jaune et de violet.

Aucun naturaliste n'a encore publié la description du Fischer, ni des autres quatre bodians dont la notice suit celle de ce thoracin. Nous avons desiré que le nom spécifique de ce poisson fût un témoignage de notre estime et de notre attachement pour le naturaliste Fischer, bibliothécaire de Mayence, qui chaque jour acquiert, par son zèle et par ses ouvrages, de nouveaux droits à la reconnaissance des amis des sciences, et s'efforce de donner une nouvelle activité au noble et si utile commerce des lumières entre la France et l'Allemagne.

---

16 rayons à chaque pectorale du bodian décacanthe.

1 rayon aiguillonné et 5 rayons articulés à chaque thoracine.

18 rayons à la nageoire de la queue.

13 rayons à chaque pectorale du bodian lentjan.

1 rayon aiguillonné et 5 rayons articulés à chaque thoracine.

17 rayons à la caudale.

9 ou 10 rayons à chaque pectorale du bodian grosse-tête.

14 ou 15 rayons à la nageoire de la queue.

11 ou 12 rayons à chaque pectorale du bodian cyclostome.

12 ou 13 rayons à la caudale.

Le bodian fischer a le corps et la queue allongés, et les rayons aiguillonnés de sa dorsale très-éloignés l'un de l'autre. Nous faisons connaître ce poisson d'après un individu de cette espèce compris dans la belle collection zoologique cédée par la Hollande à la France.

Cette même collection renfermait des individus de l'espèce que nous avons nommée *Décacanthe*, et de celle que nous appelons *Lentjan*, parce qu'une note manuscrite nous a appris qu'elle avait reçu ce nom de *Lentjan* dans le pays qu'elle habite.

A l'égard du *Bodian grosse-tête* et du *Cyclostome*, nous en avons trouvé des dessins parmi les manuscrits de Commerson.

LE BODIAN ROGAA.[1]

Serranus Rogaa, Cuv.; *Perca Rogaa*, Forsk., Linn., Gmel.;
Bodianus Rogaa, Cuv.(2).

Le BODIAN LUNAIRE (3), *Perca lunaria*, Linn., Gmel.; *Bodianus lunarius*, Lac. (4). — BODIAN MÉLANOLEUQUE (5), *Plectropoma melanoleucum*, Cuv.; *Labrus lævis, Bodianus melanoleucus*, et *Bodianus cyclostomus*, Lac. (6). — BODIAN
JACOB-EVERTSEN (7), *Serranus guttatus*, Cuv.; *Bodianus gut-
tatus*, Bl.; *Bodianus Jacob-Evertsen*, Lac. (8). — BODIAN
BÆNAK (9), *Serranus Bænak*, Cuv.; *Holocentrus Bænak*,
Bl.; *Bodianus Bænak*, Lac. (10). — BODIAN HIATULE (11),
Serranus Cabrilla, Cuv.; *Perca Cabrilla*, Linn.; *Holocen-
trus Chani, Holocentrus virescens, Lutjanus Serran*, et *Bo-
dianus Hiatula*, Lac. (12). — BODIAN APUE (13), *Serranus
Apua*, Cuv.; *Bodianus Apua*, Bl., Lac. (14). — BODIAN
ÉTOILÉ (15), *Corvina trispinosa*, Cuv.; *Bodianus stellifer*,
Bl.? *Cheilodipterus Acoupa*, et *Bodianus stellatus*, Lac. (16).

La mer d'Arabie nourrit le rogaa et le lunaire.

---

(1) Forskael, Faun. Arab., p. 38, n. 36.

Persègue rogaa. Bonnaterre, planches de l'Encyclopédie méthodique.

(2) Du genre MÉROU, *Serranus*, dans la famille des Acanthoptérygiens
percoïdes. DESM. 1830.

(3) Forskael, Faun. Arab., p. 39, n. 37.

Persègue lunaire. Bonnaterre, planches de l'Encyclopédie méthodique.

(4) Non mentionné par M. Cuvier. DESM. 1830.

(5) « Aspro pinnis dorsalibus unitis, radiis octo spinosis, duodecim
« muticis, corpore argenteo, maculis sex septemve irregularibus nigris
« latè variegato. » Commerson, manuscrits déja cités.

Le rogaa a les lèvres très-grosses, et la supé-

---

(6) M. Cuvier regarde ce poisson comme étant de la même espèce que le Bodian cyclostome, décrit dans l'article précédent. Cette espèce appartient au genre PLECTROPOME, dans la famille des Acanthoptérygiens percoïdes.

M. de Lacépède fait un triple emploi de ce poisson, sous les noms de *Labre lisse*, de *Bodian cyclostome*, et de *Bodian mélanoleuque*. DESM. 1830.

(7) *The jew-fish*, par les Anglais.

Ican ocara, au Japon.

Ganimin, par les Malais.

Bodianus guttatus. Bloch, pl. 224.

(8) Du genre MÉROU, *Serranus*, dans la famille des Acanthoptérygiens percoïdes. DESM. 1830.

(9) *Ycan bænak*, au Japon.

Bloch, pl. 226.

(10) Du même genre que l'espèce précédente (Mérou), selon M. Cuvier. DESM. 1830.

(11) *Labre hiatule*. Bonnaterre, planches de l'Encyclopédie méthodique.

Salv. Hist. aquat. anim., p. 229.

Willughby, p. 327.

(12) Du genre MÉROU, *Serranus*, Cuv., dans la famille des Acanthoptérygiens percoïdes.

M. de Lacépède le décrit quatre fois, et dans trois genres différents, sous les noms suivants, 1° *Lutjan Serran*, 2° *Bodian Hiatule*, 3° *Holocentre Chani*, et 4° *Holocentre verdâtre*. DESM. 1830.

(13) *Pirati apia*, par les Brasiliens.

Parati apua, id.

Bloch, pl. 229.

(14) Autre espèce du genre MÉROU, *Serranus*, de M. Cuvier. DESM. 1830.

15) Bloch, pl. 231, fig. 1.

(16) Du genre CORB, *Corvina*, Cuv., dans la famille des Acanthoptérygiens sciénoïdes.

M. Cuvier lui rapporte, mais en conservant quelques doutes, le Cheïodactyle acoupa de Lacépède. DESM. 1830.

rieure extensible ; le devant de ses mâchoires présente souvent deux dents fortes et un peu coniques ; sa longueur est ordinairement de six ou sept décimètres ; il se plaît au milieu des coraux et des madrépores.

Le mélanoleuque a été vu par Commerson près des rivages de l'Ile-de-France. Ses couleurs blanche et noire m'ont indiqué le nom spécifique que j'ai cru devoir lui donner (1). Ses nageoires sont jaunâtres ; ses pectorales et ses thoracines offrent à leur base une tache noire : le bout de son museau brille d'un beau jaune. Le corps et la queue sont allongés ; la lèvre supérieure est extensible ; les mâchoires sont garnies de plusieurs rangs de dents inégales ; on voit de petites dents sur une partie du palais ; et la longueur ordinaire de l'animal est de quatre ou cinq décimètres.

Le Jacob-Evertsen a deux orifices à chaque narine ; la ligne latérale est large. La dorsale, la caudale, et la nageoire de l'anus, sont couvertes en partie de petites écailles ; elles sont d'ailleurs jaunes et bordées de violet : une nuance jaune distingue les pectorales et les thoracines.

Le nom que porte ce bodian est celui d'un matelot de Hollande, dont le visage gâté par la petite vérole présentait des taches semblables à celles de ce poisson, et que d'autres marins hollandais avaient sous les yeux, lorsqu'ils découvrirent

---

(1) Μέλας, en grec, signifie *noir* ; et λευκὸς, *blanc*.

l'espèce dont nous nous occupons; ce nom de *Jacob-Evertsen* a même été donné depuis par plusieurs navigateurs bataves à des espèces différentes du bodian dont nous parlons, mais qui montraient sur leur surface un grand nombre de petites taches.

On trouve les Jacob-Evertsens auprès de l'île de Sainte-Hélène, où l'on en pêche beaucoup ; dans les grandes Indes, et dans la mer du Japon. Ils vivent de proie, sont très-goulus, se jettent imprudemment sur les lignes, et sont pris facilement dans toutes les saisons. Ils remontent les fleuves dans le temps de la ponte des œufs, qu'ils déposent par préférence sur les fonds pierreux. Ils parviennent souvent dans l'Asie à la longueur de treize ou quatorze decimètres : ils y sont très-gras, très-agréables au goût, et très-recherchés surtout par les Européens. Bloch pense que l'on doit les regarder comme de la même espèce que le *Jew-fish*, dont Browne a parlé, qui, suivant ce dernier auteur, vit dans les eaux de la Jamaïque, et qui y pèse quelquefois cent cinquante kilogrammes. Le prince Maurice de Nassau, Bontius, Renard et Nieuhof, ont laissé des dessins de ces poissons, dont Willughby et Seba ont fait copier la figure(1).

Le bænak a la tête étroite et allongée; l'ouverture de la bouche petite; les yeux rapprochés du sommet; les nageoires d'un jaune plus ou moins

---

(1) Les dessins de Bontius, de Renard et de Nieuhof, sont très-imparfaits.

mêlé de brun ; la dorsale et les pectorales relevées par des prolongations de quelques-unes des bandes transversales que le tableau générique indique ; et une bande transversale et courbe placée sur la caudale.

Il a été envoyé du Japon à Bloch, qui a reçu aussi du même pays une variété de ce bodian, distinguée des autres individus de cette espèce par des raies d'une nuance claire, que l'on aperçoit très-difficilement.

L'hiatule se trouve dans la Méditerranée. Nous n'avons pas besoin de faire observer que ce bodian est d'une espèce bien différente de celle que nous avons décrite sous le nom de *Hiatule gardénienne*.

On voit l'apue dans le Brésil : ce thoracin y recherche pendant l'été l'eau salée qui baigne les rivages et les écueils de la mer, et pendant l'hiver l'eau douce des rivières. Sa chair est grasse, et d'un goût exquis. Sa pêche est très-abondante, et d'autant plus utile que son poids ordinaire est de deux ou trois kilogrammes (1).

---

(1) 7 rayons à la membrane branchiale du bodian rogaa.

18 rayons à chaque pectorale.

1 rayon aiguillonné et 5 rayons articulés à chaque thoracine.

14 rayons à la caudale.

7 rayons à la membrane branchiale du bodian lunaire.

18 rayons à chaque pectorale.

1 rayon aiguillonné et 4 ou 5 rayons articulés à chaque thoracine.

14 rayons à la nageoire de la queue.

7 rayons à la membrane branchiale du bodian mélanoleuque.

Le prince Maurice, Marcgrave, Pison, Willughby, Jonston, Ruysch et Bloch, ont fait faire des dessins de ce poisson, dont Klein s'est aussi occupé.

C'est du cap de Bonne-Espérance qu'on a apporté en Europe l'étoilé. Ses dents sont très-petites ; sa langue et son palais très-lisses ; ses narines percées chacune d'une seule ouverture.

18 rayons à chaque pectorale.

1 rayon aiguillonné et 5 rayons articulés à chaque thoracine.

15 rayons à la caudale.

5 rayons à la membrane branchiale du bodian jacob-evertsen.

14 rayons à chaque pectorale.

1 rayon aiguillonné et 5 rayons articulés à chaque thoracine.

17 rayons à la nageoire de la queue.

7 rayons à la membrane branchiale du bodian bænak.

15 rayons à chaque pectorale.

1 rayon aiguillonné et 5 rayons articulés à chaque thoracine.

17 rayons à la caudale.

15 rayons à chaque pectorale du bodian apua.

1 rayon aiguillonné et 5 rayons articulés à chaque thoracine.

17 rayons à la nageoire de la queue.

4 rayons à la membrane branchiale du bodian étoilé.

14 rayons à chaque pectorale.

1 rayon aiguillonné et 5 rayons articulés à chaque thoracine.

18 rayons à la caudale.

LE BODIAN TÉTRACANTHE,

Percis cancellata, Cuv.; *Labrus tetracanthus*, et *Bodianus tetracanthus*, Lacep. (1).

ET

LE BODIAN SIX-RAIES.

Grammistes orientalis, Cuv.; *Centropomus sexlineatus, Sciæna vittata, Perca triacantha, Perca pentacantha*, et *Bodianus sexlineatus*, Lac. (2).

On n'a pas encore publié de description de ces deux bodians; nous avons vu un individu de chacune de ces espèces dans la collection du Muséum national d'histoire naturelle. La première a la tête un peu déprimée et plus large que le corps; la lèvre supérieure épaisse et extensible; les dents aiguës,

(1) Du genre Percis, *Percis*, Cuv., dans la famille des Acanthoptérygiens percoïdes.

Ce poisson a été décrit deux fois par M. de Lacépède, sous les nom s 1° de *Labre tétracanthe*, et 2° de *Bodian tétracanthe*.   Desm. 1830.

(2) Du genre Grammiste, de M. Cuvier, dans la famille des Acanthoptérygiens percoïdes.

Il est décrit cinq fois par M. de Lacépède, sous les noms, 1° de *Centropome six-raies*, 2° de *Sciène rayée*, 3° de *Persèque triacanthe*, 4° de *Persèque pentacanthe*, et 5° de *Bodian six-raies*.   Desm. 1830.

crochues et inégales. La seconde a l'ouverture de la bouche très-grande, et la mâchoire inférieure plus avancée que la supérieure (1).

---

(1) 8 rayons à la membrane branchiale du bodian tétracanthe.
17 rayons à chaque pectorale.
6 rayons à chaque thoracine.
18 rayons à la nageoire de la queue.

8 rayons à la membrane branchiale du bodian six-raies.
14 rayons à chaque pectorale.
1 rayon aiguillonné et 5 rayons articulés à chaque thoracine.
15 rayons à la caudale.

CENT DIX-NEUVIÈME GENRE.

LES TÆNIANOTES.

*Un ou plusieurs aiguillons, et point de dentelure aux opercules;
un seul barbillon, ou point de barbillons aux mâchoires; une
nageoire dorsale étendue depuis l'entre-deux des yeux jusqu'à la nageoire de la queue, ou très-longue et composée de
plus de quarante rayons.*

PREMIER SOUS-GENRE.

La nageoire de la queue, fourchue, ou en croissant.

ESPÈCE.	CARACTÈRES.
1. Le Tænianote large-raie.	Quarante-huit rayons à la nageoire du dos et à celle de l'anus; la couleur générale bleue; une raie longitudinale noire et très-large de chaque côté du corps.

SECOND SOUS-GENRE.

*La nageoire de la queue, rectiligne, ou arrondie, et non
échancrée.*

ESPÈCE.	CARACTÈRES.
2. Le Tænianote triacanthe.	La caudale arrondie; trois aiguillons à la première pièce de chaque opercule.

LE TÆNIANOTE LARGE-RAIE.

Malacanthus . . . . , Cuv.; *Tænianotus lato-vittatus*, Lac.;
Labrus lato-vittatus, (fig.), Lac. (1).

L~ES~ tænianotes n'ont encore été décrits par
aucun auteur; je les ai compris dans un genre
particulier, auquel j'ai donné le nom de *Tænianote* pour désigner la très-grande longueur de leur
nageoire dorsale, dont l'étendue forme un des
caractères distinctifs de ce groupe (2).

Commerson a vu, dans le marché au poisson de
l'Ile-de-France, des individus de l'espèce que je
nomme *Large-raie*. Leur longueur était de quatre
à cinq décimètres; leur saveur peu agréable; et
l'on trouvait, dans leur estomac, des débris de
coraux, et des fragments de coquilles. Les dents
du tænianote que nous décrivons, sont cependant
très-petites; et sa langue, ainsi que son palais,

---

(1) M. Cuvier rapporte la description de ce poisson au genre M~ALA~-
~CANTHE~, qu'il établit dans la famille des Acanthoptérygiens labroïdes.

Il considère aussi la figure du *Labre large-raie*, Lac., comme se rapportant à cette espèce. Quant à la figure du Tænianote large-raie, il la
rapporte à une espèce de son genre A~PISTES~, *Apistus tænianotus*, dans
la famille des Acanthoptérygiens à joues cuirassées.   D~ESM~. 1830.

(2) Ταινία, en grec, signifie *bande* ou *ruban*; et νῶτος, *dos*.

n'offrent ni dents ni aspérités : la dureté des mâchoires, la constance des efforts et le nombre des dents suppléent, dans ce thoracin, à la grandeur de ces derniers instruments, et sont une nouvelle preuve de la réserve avec laquelle on doit, dans l'étude de l'histoire naturelle, conclure l'existence des habitudes, de celle des formes dont elles paraissent le plus dépendre, ou l'existence de ces formes, de celle de ces habitudes.

Le large-raie a deux orifices à chaque narine ; les yeux un peu rapprochés l'un de l'autre ; les écailles très-petites, mais rudes et dentelées ; un aiguillon à la pièce postérieure de chaque opercule, qui d'ailleurs se termine en pointe ; le ventre argenté ; la nageoire du dos et les pectorales variées de brun et de bleu ; les thoracines et l'anale blanchâtres ; la caudale distinguée par la prolongation de la raie longitudinale large et noire qui règne sur le corps et sur la queue, et par une tache blanche et grande, placée sur le lobe inférieur (1).

---

(1) 6 rayons à la membrane branchiale.

17 rayons à chaque pectorale.

1 rayon aiguillonné et 5 rayons articulés à chaque thoracine.

15 rayons à la nageoire de la queue.

LE TÆNIANOTE TRIACANTHE.

Tænianotus triacanthus, Cuv.? Lac. (1).

CETTE espèce a le corps allongé et très-comprimé. Sa nageoire du dos ressemble à une longue bande, plus élevée vers le crâne et la nuque que vers la fin du corps et au-dessus de la queue. La partie antérieure de ce remarquable instrument de natation est arrondie ; et les premiers rayons qui la soutiennent sont un peu séparés l'un de l'autre. L'ouverture de la bouche et les dents sont très-petites. La mâchoire inférieure avance plus que celle d'en-haut.

Un tænianote triacanthe était conservé dans de l'alcool, parmi les poissons qui faisaient partie de la nombreuse collection d'histoire naturelle donnée par la Hollande à la France (2).

---

(1) Ce n'est qu'avec doute que M. Cuvier rapporte la description du *Tænianote triacanthe* de Lacépède, au genre TÆNIANOTE, qu'il admet dans la famille des Acanthoptérygiens à joues cuirassées, près du genre Scorpène. DESM. 1830.

(2) 25 rayons à la nageoire du dos.

1 rayon aiguillonné et 5 rayons articulés à chaque thoracine.

8 rayons à la nageoire de l'anus.

CENT VINGTIÈME GENRE.

LES SCIÈNES.

Un ou plusieurs aiguillons et point de dentelure aux opercules; un seul barbillon, ou point de barbillons aux mâchoires; deux nageoires dorsales.

PREMIER SOUS-GENRE.

La nageoire de la queue, fourchue, ou en croissant.

ESPÈCES.	CARACTÈRES.
1. LA SCIÈNE ABUSAME.	Dix rayons aiguillonnés à la première dorsale; trois rayons aiguillonnés et neuf rayons articulés à l'anale; des dents molaires arrondies; des dents antérieures fortes et coniques; un aiguillon à la pièce postérieure de chaque opercule; la couleur générale verte; un grand nombre de petites taches blanches.
2. LA SCIÈNE CORO.	Dix rayons aiguillonnés à la première nageoire du dos; deux rayons aiguillonnés et neuf rayons articulés à la seconde; onze rayons à celle de l'anus; la caudale en croissant; la tête et les opercules dénués de petites écailles; les dents petites et pointues; un aiguillon à la seconde pièce de chaque opercule; la couleur générale argentée; huit bandes transversales, étroites et brunes.
3. LA SCIÈNE CILIÉE.	Un rayon aiguillonné et six rayons articulés à la première dorsale; huit rayons à la seconde; sept rayons à l'anale; la mâchoire supérieure arrondie et plus avancée que l'inférieure; deux aiguillons à la pièce postérieure de chaque opercule; presque toutes les écailles divisées en deux portions par une arête transversale; la première de ces portions unie, et la seconde finement striée et ciliée.

ESPÈCES.	CARACTÈRES.
4. LA SCIÈNE HEPTA-CANTHE.	Sept rayons aiguillonnés à la première nageoire du dos; neuf rayons à la seconde; sept rayons à la nageoire de l'anus; la mâchoire supérieure un peu plus avancée que l'inférieure; des dents fortes à chaque mâchoire; deux aiguillons, dont un est très-petit, à la dernière lame de chaque opercule.

SECOND SOUS-GENRE.

La nageoire de la queue, rectiligne, ou arrondie, et non échancrée.

ESPÈCES.	CARACTÈRES.
5. LA SCIÈNE CHROMIS.	Dix rayons à la première dorsale; un rayon aiguillonné et vingt-un rayons articulés à la seconde; deux rayons aiguillonnés et cinq rayons articulés à l'anale; un aiguillon à chaque opercule; le second rayon aiguillonné de l'anale, long, épais, comprimé, et très-fort; des bandes transversales brunes.
6. LA SCIÈNE CROKER.	Dix rayons aiguillonnés à la première nageoire du dos; un rayon aiguillonné et vingt-huit rayons articulés à la seconde; deux rayons aiguillonnés et dix-huit rayons articulés à l'anale; cinq petits aiguillons à la pièce antérieure de chaque opercule; le corps ondulé de brun.
7. LA SCIÈNE UMBRE.	Dix rayons à la première nageoire du dos; vingt-quatre à la seconde; deux rayons aiguillonnés et huit rayons articulés à celle de l'anus; la caudale arrondie; deux aiguillons à la pièce postérieure de chaque opercule; le dos noir; le ventre argenté.
8. LA SCIÈNE CYLIN-DRIQUE.	Cinq rayons aiguillonnés à la première dorsale; vingt-un rayons articulés à la seconde; un rayon aiguillonné et dix-sept rayons articulés à l'anale; la caudale arrondie; deux aiguillons à la pièce postérieure de chaque opercule; la forme générale cylindrique; la tête, le dos, onze bandes transversales, et deux raies longitudinales, d'un brun plus ou moins foncé.

ESPÈCES. | CARACTÈRES.

9. LA SCIÈNE SAMMARA.

Dix rayons aiguillonnés à la première nageoire du dos; un rayon aiguillonné et quatorze rayons articulés à la seconde; quatre rayons aiguillonnés et huit rayons articulés à l'anale; un aiguillon à la première pièce de chaque opercule; deux aiguillons à la pièce postérieure; le dos d'un rouge de cuivre; un grand nombre de taches rondes, blanches, et bordées de noir.

10. LA SCIÈNE PENTA-DACTYLE.

Sept rayons à la première dorsale; dix rayons à la seconde et à l'anale; cinq rayons à chaque thoracine; la caudale arrondie; un aiguillon recourbé à la pièce antérieure de chaque opercule; les pectorales très-larges; la ligne latérale insensible.

11. LA SCIÈNE RAYÉE.

Six rayons aiguillonnés à la première nageoire du dos; quinze rayons articulés à la seconde; dix rayons à la nageoire de l'anus; la caudale un peu arrondie; trois aiguillons à la première et à la dernière pièce de chaque opercule; la couleur générale noirâtre; des raies longitudinales blanches.

LA SCIÈNE ABUSAMPF.[1]

Pagrus ......? Cuv.; *Sciæna Murdjan*, var., *Abusamf*,
Gmel.; *Sciæna Abusamf*, Lac. (2).

La Scièine Coro (3), *Pristipoma Coro*, Cuv.; *Sciæna Coro*,
Bl., Lacep. (4). — Scièine ciliée, *Upeneus chryserydros*,
Cuv.; *Sciæna ciliata*, et *Mullus chryserydros*, Lacep. (5). —
Scièine Heptacanthe, *Upeneus cyclostomus*, Cuv.; *Mullus
cyclostomus*, et *Sciæna heptacantha*, Lac. (6).

Les scièines ne diffèrent des bodians que par le

----

(1) Forskael, Faun. Arab., p. 49, n. 55.

Scièine abu-samf, variété de la scièine murdjan. Bonnaterre, planches
de l'Encyclopédie méthodique.

(2) M. Cuvier remarque (Hist. des poiss., tome III) que ce ne peut
être que par erreur que le *Sciæna abusamf* de Forskael a été regardé
comme une variété du murdjan. Selon lui, ce serait plutôt un pagre (dans
la famille des Acanthoptérygiens sparoïdes.) Néanmoins, dans le tome IV
du même ouvrage, qui contient la description des Pagres, il n'en est fait
nulle mention.   Desm. 1830.

(3) *Corocoro*, au Brésil.

Corocoraca, ibid.

Bloch, pl. 307, fig. 2.

(4) Du genre Pristipome, dans la famille des Acanthoptérygiens
sciénoïdes.   Desm. 1830.

(5) Du genre Upeneus, l'un de ceux que M. Cuvier range, dans un
appendice, à la suite des Acanthoptérygiens percoïdes.

M. de Lacépède a décrit deux fois ce poisson, 1° sous le nom de
Mulle rougeor, et 2° de *Scièine ciliée*.   Desm. 1830.

(6) Du même genre (Upeneus) que l'espèce précédente. Voyez la
note 5.   Desm. 1830.

nombre de leurs nageoires dorsales : elles en ont deux, pendant que l'on n'en voit qu'une sur les bodians ; elles ont donc avec ces derniers le même degré d'affinité que les cheïlodiptères avec les labres, les ostorhinques avec les scares, les diptérodons avec les spares, les centropomes avec les lutjans, et les persèques avec les holocentres.

Les habitudes de la sciène umbre, dont nous tâcherons de présenter quelques traits, nous donneront une idée de celles des autres sciènes. Mais l'umbre n'appartient qu'au second sous-genre de ces thoracins : avant de nous en occuper, jetons un coup d'œil sur les sciènes du premier sous-genre.

L'abusamf vit dans la mer d'Arabie, et le coro dans celle du brésil.

Ce dernier poisson parvient à la longueur de quatre ou cinq décimètres ; les deux mâchoires sont aussi avancées l'une que l'autre ; la caudale brille de l'éclat de l'or. On pêche cette sciène dans toutes les saisons ; mais elle est peu recherchée, parce que sa chair est dure et sèche. Le prince Maurice de Nassau, Marcgrave, Pison, Willughby, Jonston, Ruysch, Klein et Bloch, ont décrit ou fait dessiner le coro.

La ciliée et l'heptacanthe n'ont pas encore été décrites. Nous avons trouvé un individu de chacune de ces deux espèces parmi les poissons desséchés qui font partie de la collection hollandaise donnée à la France. Le tableau générique indique la forme remarquable des écailles de la ciliée. Disons, de plus, que ces écailles présentent la figure d'un trapèze : celles qui garnissent la ligne latérale offrent des arêtes disposées comme des rayons divergents; d'autres écailles plus petites couvrent la base de la nageoire de la queue (1).

---

(1)   8 rayons à la membrane branchiale de la sciène abusamf.

13 rayons à chaque pectorale.

1 rayon aiguillonné et 5 rayons articulés à chaque thoracine.

17 rayons à la caudale.

12 rayons à chaque pectorale de la sciène coro.

1 rayon aiguillonné et 5 rayons articulés à chaque thoracine.

16 rayons à la nageoire de la queue.

15 rayons à chaque pectorale de la sciène ciliée.

1 rayon aiguillonné et 5 rayons articulés à chaque thoracine.

15 rayons à la caudale.

16 rayons à chaque pectorale de la sciène heptacanthe.

1 rayon aiguillonné et 5 rayons articulés à chaque thoracine.

19 rayons à la nageoire de la queue.

LA SCIÈNE CHROMIS.[1]

Pogonias Chromis, Cuv.; *Labrus Chromis*, Linn., Gmel.; *Pogonias fasciatus*, *Sciæna Chromis*, et *Pogonathus Courbina*, Lac.; *Sciæna Furca*, et *Sciæna Gigas*, Mitch.[2].

La Sciène Croker [3], *Micropogon undulatus*, Cuv.; *Perca undulata*, Linn., Gmel.; *Sciæna undulata*, Lacep. [4].— Sciène Umbre [5], *Corvina nigra*, Cuv.; *Sciæna Umbra*, Linn., Gmel., Lac. [6]. — Sciène cylindrique [7], *Percis cylindrica*, Cuv.; *Bodianus Sebæ*, Bl., Schn.; *Sciæna cylindrica*, Bl., Lac. [8]. — Sciène Sammara [9], *Holocentrum Sammara*, Cuv.; *Sciæna Sammara*, Forsk., Linn., Gmel., Lac.; *Labrus angulosus*, Lac. [10].— Sciène pentadactyle, *Sciena pentadactylus*, Lacep. [11]. — Sciène rayée [12], *Grammistes orientalis*, Cuv.; *Sciæna vittata*, *Perca triacantha*, *Perca pentacantha*, *Bodianus sex-lineatus*, et *Centropomus sexlineatus*, Lac. [13].

On peut voir dans Schneider [14] combien il est difficile de déterminer à quels poissons les anciens

---

(1) *Drum*, dans la Caroline.

« Chromis subargenteus, oblongus, etc. » Browne, Jam. 449.

Coracinus brasiliensis. Rai, Pisc. 96.

Guatucupa. Marcgrave, Brasil. 177.

Labre tambour. Daubenton et Haüy, Encyclopédie méthodique.

Id. Bonnaterre, planches de l'Encyclopédie méthodique.

(2) Du genre Pogonias, dans la famille des Acanthoptérygiens sciénoïdes, Cuv.

Ce poisson a été décrit trois fois par M. de Lacépède, sous les noms

auteurs grecs et latins ont donné le nom de *Chromis*, ou *Cromis*. Il nous semble qu'ils l'ont attri-

---

de 1° *Pogonias fascé* (voyez cette édition, tome VII, page 464), 2° de *Sciène chromis*, et 3° de *Pogonathe courbine*. Desm. 1830.

(3) « Perca marina pinnâ dorsi divisâ. » Catesby, Carol. 2, p. 3, tab. 3 , fig. 1.

Persègue croker. Daubenton et Haüy, Encyclopédie méthodique.

Id. Bonnaterre, planches de l'Encyclopédie méthodique.

(4) Du genre Micropogon, dans la famille des Acanthoptérygiens sciénoïdes de M. Cuvier.   Desm. 1830.

(5) *Corbeau*, dans plusieurs départements de France.

Corp, ibid.

Durdo, ibid.

Vergo, ibid.

Umbrina, en Sardaigne.

Corvo di fortiera, en Italie.

Corvo, ibid.

Figaro, dans la Ligurie.

Schwartz-umber, en Allemagne.

Black-umber, en Angleterre.

Gnotidia, lorsqu'elle est très-jeune, sur plusieurs côtes de la Grèce, suivant Rondelet.

Mylloi, lorsqu'elle est moins jeune, ibid. id.

Platistakoi, lorsqu'elle est âgée, ibid. id.

Mus. Ad. Frid. 2, p. 81*.

« Sciæna nigro varia, pinnis ventralibus nigerrimis. » Artedi, gen. 39, syn. 65.

Κοράκινος. Aristot., lib. 5, cap. 10; lib. 6, cap. 17; lib. 8, cap. 15, 19, 30; et lib. 9, cap. 2.

Id. Ælian. lib. 14, cap. 23, p. 833.

Id. Athen., lib. 7, p. 308.

Id. Oppian., Hal. lib. 1, p. 6.

Coracinus. Plin., lib. 9, cap. 16 et 18; lib. 5, cap. 9; et lib. 32, cap. 5 et 7.

Sciène noire corbeau de mer. Bloch, pl. 297.

Coracinus. Petri Artedi, Synonymia piscium, etc., auctore J. G. Schneider, p. 101.

bué à plus d'une espèce de ces animaux; mais, quoi qu'il en soit, Linnée s'en est servi pour désigner un thoracin auquel nous avons cru devoir le conserver, quoique ce thoracin soit très-différent des espèces qui vivent dans la Méditerranée, et que les anciens ont pu connaître. Cette

---

Sciène umbre. Daubenton et Haüy, Encyclopédie méthodique.

Id. Bonnaterre, planches de l'Encyclopédie méthodique.

Corp. Rondelet, première partie, liv. 5, chap. 8.

Gesner (Francfort, 1604), p. 294.

« Coracinus niger Salviani. » Aldrovand. (Bologne, 1638) lib. 1, cap. 15, p. 73.

Coracinus Gesneri. Id., lib. 1, cap. 15, p. 74.

Jonston. (Amst. 1657) lib. 1, tit. 2, cap. 1, art. 11, tab. 15, fig. 4.

(6) Ce poisson, dont la synonymie a été confondue avec celle du Maigre d'Europe (*Sciæna Aquila*, Cuv.), appartient au genre CORB. C'est le *Corvina nigra*, que M. Cuvier place dans la famille des Acanthoptérygiens sciènoïdes. DESM. 1830.

(7) *Sciæna cylindrica.* Bloch, pl. 299, fig. 1.

(8) Du genre PERCIS, dans la famille des Acanthoptérygiens percoïdes, Cuv. DESM. 1830.

(9) Forskael, Faun. Arab., p. 48, n. 53.

(10) Du genre HOLOCENTRE, Cuv.; dans la famille des Acanthoptérygiens percoïdes.

Ce poisson a été décrit deux fois par M. de Lacépède, 1° sous le nom de *Labre anguleux*, et 2° sous celui de *Sciène sammara*. DESM. 1830.

(11) Non mentionnée par M. Cuvier. DESM. 1830.

(12) « Aspro niger, lineis albis longitudinaliter pictus. » Commerson, manuscrits déja cités.

(13) Du genre GRAMMISTE, dans la famille des Acanthoptérygiens percoïdes, Cuv.

M. de Lacépède a décrit ce poisson sous cinq noms différents, 1° *Sciène rayée*, 2° *Persèque triacanthe*, 3° *Persèque pentacanthe*, 4° *Bodian six-raies*, 5° *Centropome six-raies.* DESM. 1830.

(14) Ouvrage déja cité, p. 98.

application que le grand naturaliste de Suède a faite du nom de *Chromis* à un osseux de l'Amérique, est venue de ce que ce poisson fait entendre une sorte de bruissement, qui a rappelé un prétendu son produit par le *chromis* des Grecs ; et c'est ce même bruissement qui a fait nommer *Tambour* cette sciène américaine. Elle vit dans les eaux de la Caroline et dans celles du Brésil. Ses mâchoires sont armées de petites dents ; et sa couleur générale est argentée.

La Caroline est aussi la patrie de la sciène croker. Ce poisson a la gueule large ; les mâchoires hérissées de plusieurs rangées de très-petites dents ; une tache brune auprès des nageoires pectorales ; et sa longueur est souvent de près d'un mètre.

La sciène umbre a été souvent confondue avec notre persèque umbre. Il est cependant très-aisé de distinguer ces deux poissons l'un de l'autre. Indépendamment de plusieurs autres différences, la sciène umbre a les deux mâchoires également avancées, et la persèque umbre a la mâchoire d'en-haut plus longue que celle d'en-bas. On ne voit aucun barbillon auprès de l'ouverture de la bouche de la première : la mâchoire inférieure de la seconde est garnie d'un barbillon. D'ailleurs la sciène umbre a des piquants sans dentelure aux opercules de ses branchies ; la persèque umbre présente dans ses opercules, comme la perche et toutes les véritables persèques, une dentelure et des piquants. Elles appartiennent donc non seulement à deux espèces distinctes, mais même à deux genres différents.

Nous n'avons pas cru cependant qu'il nous suffît de montrer les grandes dissemblances qui séparent ces deux thoracins : nous avons voulu rapporter à chacun de ces animaux les passages des auteurs qui ont trait à ses formes ou à ses habitudes, et qui ont été cités par les principaux naturalistes modernes; nous avons tâché de rectifier, les erreurs qui se sont glissées dans ces citations, particulièrement dans celles qui ont été faites par Artédi et par les naturalistes qui l'ont copié. Les notes de cet ouvrage qui présentent la synonymie relative à cette sciène et à cette persèque, offrent le résultat de notre travail à cet égard. La sciène umbre est le *poisson Corbeau*, le *Coracin* des Grecs, des Latins, et des naturalistes des derniers siècles : la persèque umbre est la véritable *Umbre* de ces mêmes auteurs. La première est aussi le *Corp* de Rondelet, et de plusieurs autres écrivains; et il aurait été à désirer que dans des ouvrages d'histoire naturelle très-recommandables, on n'eût pas appliqué à la persèque umbre cette dénomination de *Corp*, qui n'aurait dû appartenir qu'à la sciène dont nous écrivons l'histoire.

Cette sciène a la tête courte, et toute couverte, ainsi que la base de la seconde dorsale, de l'anale et de la caudale, d'écailles semblables à celles du dos; chaque narine percée de deux orifices; deux rangs de dents petites et pointues à la mâchoire d'en-haut; un grand nombre de dents plus petites à celle d'en-bas; les écailles finement dentelées; les thoracines très-noires; les autres nageoires noires avec un peu de jaune à leur base; les côtés du corps et de la queue parsemés d'une très-grande quantité de points noirs presque imperceptibles; et des reflets dorés qui brillent au milieu des différentes nuances noirâtres dont elle est variée.

C'est le beau noir dont l'umbre est parée, qui l'a fait, dit-on, comparer au corbeau, *corax* en grec, et l'a fait nommer *Coracinus*. Le poète grec Marcellus, de Séide en Pamphylie, lui a donné le nom d'*Argiodonte* (1), à cause de la blancheur des dents de ce poisson, que l'on avait d'autant plus observée, que la couleur générale de l'animal est noire.

Elle parvient à la longueur de trois ou quatre décimètres. Son canal intestinal n'est pas long; mais son estomac est grand, le foie volumineux, et le pylore entouré de sept ou huit cœcums.

Elle habite dans la Méditerranée, et notamment dans l'Adriatique; elle remonte aussi dans les fleuves. On la trouve particulièrement dans le Nil, et il paraît qu'elle se plaît au milieu des algues ou d'autres plantes aquatiques.

---

(1) *Argos*, en grec, signifie *blanc*.

Aristote la regardait comme un des poissons qui croissent le plus vîte.

Les individus de cette espèce vivent en troupes. Les femelles portent leurs œufs pendant long-temps ; elles aiment à les déposer près des rivages ombragés, et sur les bas-fonds tapissés de végétaux ou garnis d'éponges ; elles s'en débarrassent pendant l'été ou au commencement de l'automne, suivant le climat dont elles subissent l'influence ; et c'est pendant qu'elles sont encore pleines, que leur chair est ordinairement le plus agréable au goût.

Plus l'eau de la mer ou celle des rivières est échauffée par les rayons du soleil, et plus elle convient aux umbres : aussi ces sciènes, plus sensibles au froid que beaucoup d'autres poissons, s'enfoncent-elles dans les profondeurs de la mer ou des grands fleuves, dès les premières gelées de l'hiver. On ne peut alors les prendre que rarement et difficilement ; et on ne peut même y parvenir dans ce temps de leur retraite, que lorsque leur asyle n'est pas inaccessible à la *traine* (1) ou au *boulier* (2).

Dans les autres saisons, on les prend avec plusieurs sortes de filets, ou on les pêche avec des lignes que l'on garnit souvent de portions de

---

(1) *Traine* est un des noms du filet appelé *seine*. Voyez l'article de la *Raie bouclée*.

(2) Le *boulier* est un filet dont on peut voir la description à l'article du *Scombre thon*.

crustacée. Elles aiment en effet à se nourrir de cancres, aussi-bien que d'animaux à coquille, et d'autres habitants des eaux, faibles et petits.

Dès le temps de Pline, les umbres du Nil étaient recherchées, comme l'emportant sur les autres par la bonté de leur goût. Toutes celles que l'on trouvait dans les fleuves, les rivières ou les lacs, étaient, en général, préférées à celles que l'on prenait dans la mer; et les jeunes étaient plus estimées que les plus âgées.

Dans tous les pays où l'on en pêchait une très-grande quantité, on les conservait pour les transporter au loin, en les imprégnant de sel. Celles que l'on avait ainsi préparées en Égypte, recevaient des anciens Grecs, suivant le fameux philosophe Xénocrate, le nom particulier de *Coraxidia*; et ces mêmes Grecs nommaient *Tarichion* CORAXINIDON, le *garum* que l'on faisait avec ces sciènes imbibées de sel. La variété de la sciène umbre, dont plusieurs auteurs ont parlé, et qui est distinguée par ses nuances blanches, était moins recherchée que les umbres ordinaires ou umbres noires. Au reste, il est bon de remarquer que l'on a vu dans l'espèce de poisson noir dont nous nous occupons, une variété plus ou moins blanche, de même que l'on voit des individus blancs dans les espèces de mammifères et d'oiseaux dont le noir est la couleur générale.

Suivant Bloch, on emploie maintenant, pour conserver les umbres que l'on a prises, une autre préparation : on les grille et on les met dans du vinaigre épicé.

Indépendamment du goût agréable des scènes umbres, les anciens avaient un motif très-puissant pour les pêcher ; ils s'étaient persuadés que ces poissons jouissaient de facultés très-extraordinaires : ils ont écrit que des frictions faites avec ces scènes salées étaient un excellent remède contre la morsure du scorpion, et même contre le charbon pestilentiel, et que le foie de ces osseux éclaircissait ou améliorait la vue.

La scène cylindrique a la partie antérieure de la tête dénuée de petites écailles ; la bouche grande ; les lèvres grosses ; la mâchoire inférieure plus longue que la supérieure, et garnie, comme cette dernière, de dents petites et pointues ; un seul orifice à chaque narine ; les écailles dures et dentelées ; la ligne latérale droite ; l'anus plus proche de la tête que de la caudale ; la première dorsale noire ; les pectorales et les thoracines jaunes ; la seconde nageoire du dos, l'anale et la caudale jaunâtres, et pointillées de noir.

La mer d'Arabie est la patrie de la scène sammara. Ses côtés sont argentés, et présentent chacun dix petites raies longitudinales. Les pectorales sont rousses ; les thoracines blanches ; la seconde nageoire du dos, l'anale et la caudale transparentes. De plus, les deux côtés de la caudale, le premier et le dernier rayon de l'anale, ainsi que le second et le troisième de la seconde dorsale, brillent d'un beau rouge (1).

Commerson a vu dans les embouchures limoneuses des petites rivières de l'Ile de France, qui se jettent dans la mer et reçoivent un peu d'eau salée, la sciène à laquelle nous avons donné le nom de *Pentadactyle*, ou de *poisson à cinq doigts*, pour désigner les cinq rayons de ses thoracines. On sait que les thoracines ont été, en effet, comparées à des pieds, et leurs rayons à des doigts. La langue de cette sciène est lisse (2); l'aiguillon

---

(1) Nous n'avons pas vu d'individus de l'espèce de la sammara. Si, contre notre opinion, ce poisson avait les opercules dentelés, il faudrait le placer parmi les persèques.

(2) 18 rayons à chaque pectorale de la sciène chromis.

6 rayons à chaque thoracine.

19 rayons à la nageoire de la queue.

6 rayons à la membrane branchiale de la sciène croker.

18 rayons à chaque pectorale.

1 rayon aiguillonné et 5 rayons articulés à chaque thoracine.

19 rayons à la caudale.

6 rayons à la membrane branchiale de la sciène umbre.

15 rayons à chaque pectorale.

1 rayon aiguillonné et 5 rayons articulés à chaque thoracine.

19 rayons à la nageoire de la queue.

5 rayons à la membrane branchiale de la sciène cylindrique.

12 rayons à chaque pectorale.

1 rayon aiguillonné et 5 rayons articulés à chaque thoracine.

13 rayons à la caudale.

8 rayons à la membrane branchiale de la sciène sammara.

15 rayons à chaque pectorale.

1 rayon aiguillonné et 7 rayons articulés à chaque thoracine.

20 rayons à la nageoire de la queue.

de l'opercule très-petit dans les jeunes individus ;
et la longueur ordinaire de l'animal, de quinze
ou vingt centimètres.

Commerson a trouvé dans les mêmes eaux, ou
à-peu-près, la sciène rayée. On voit une tache
blanche sur la première dorsale et sur les thoracines de ce poisson. La mâchoire supérieure est
extensible, et plus courte que l'inférieure, au-
dessous de laquelle on aperçoit un très-petit barbillon. Les deux mâchoires sont garnies de dents
très-courtes, et pressées comme celles d'une lime.
Les écailles sont très-lisses et très-petites. Cette
sciène offre des dimensions à-peu-près semblables
à celles de la pentadactyle.

---

6 rayons à la membrane branchiale de la sciène pentadactyle.

16 rayons à chaque pectorale.

16 rayons à la caudale.

15 rayons à chaque pectorale de la sciène rayée.

1 rayon aiguillonné et 5 rayons articulés à chaque thoracine.

15 rayons à la nageoire de la queue.

CENT VINGT-UNIÈME GENRE.

LES MICROPTÈRES (1).

Un ou plusieurs aiguillons, et point de dentelure aux opercules; un barbillon, ou point de barbillon aux mâchoires; deux nageoires dorsales; la seconde très-basse, très-courte, et comprenant au plus cinq rayons.

ESPÈCE.	CARACTÈRES.
LE MICROPTÈRE DOLOMIEU.	Dix rayons aiguillonnés et sept rayons articulés à la première nageoire du dos; quatre rayons à la seconde; deux rayons aiguillonnés et onze rayons articulés à la nageoire de l'anus; la caudale en croissant; un ou deux aiguillons à la seconde pièce de chaque opercule.

(1) Dans le tome II de la seconde édition du *Règne animal*, M. Cuvier place le genre MICROPTÈRE dans la famille des Acanthoptérygiens sciénoïdes et dans la division qui renferme les sciénoïdes pourvus d'une seule nageoire dorsale et d'une ligne latérale continue, tels que ceux des genres LOBOTE, CHEÏLODACTYLE, et SCOLOPSIDE.

Ce genre MICROPTÈRE néanmoins n'est pas compris dans la description détaillée des Sciénoïdes qui compose le tome V de l'Histoire naturelle des Poissons, et dans la préface de ce volume M. Cuvier fait connaître qu'un nouvel examen qu'il a fait de l'exemplaire unique qui a servi à la description de M. de Lacépède, lui a démontré que ce n'est autre chose qu'un GROWLER D'AMÉRIQUE, *Gristes Salmoides*, ou *Labre Salmoïde*, Lac. (Acanth. percoïdes), dans lequel un accident a détruit quelques rayons mous de la dorsale, en sorte que les rayons qui suivaient semblent former une petite nageoire particulière. DESM. 1830.

LE MICROPTÈRE DOLOMIEU.

Micropterus Dolomieu et *Labrus Salmoides*, Lacep. (1).

Je désire que le nom de ce poisson, qu'aucun naturaliste n'a encore décrit, rappelle ma tendre amitié et ma profonde estime pour l'illustre Dolomieu, dont la victoire vient de briser les fers. En écrivant mon Discours sur la durée des espèces, j'ai exprimé la vive douleur que m'inspirait son affreuse captivité, et l'admiration pour sa constance héroïque, que l'Europe mêlait à ses vœux pour lui. Qu'il m'est doux de ne pas terminer l'immense tableau que je tâche d'esquisser, sans avoir senti le bonheur de le serrer de nouveau dans mes bras!

Les microptères ressemblent beaucoup aux sciènes : mais la petitesse très-remarquable de leur seconde nageoire dorsale les en sépare; et c'est cette petitesse que désigne le nom générique que je leur ai donné (2).

La collection du Muséum national d'histoire naturelle renferme un bel individu de l'espèce que nous décrivons dans cet article. Cette espèce, qui est encore la seule inscrite dans le nouveau

(1) Voyez la note de la page précédente.
(2) Μικρος, en grec, signifie *petit*.

genre des microptères, que nous avons cru devoir établir, a les deux mâchoires, le palais et la langue, garnis d'un très-grand nombre de rangées de dents petites, crochues et serrées; la langue est d'ailleurs très-libre dans ses mouvements; et la mâchoire inférieure plus avancée que celle d'en haut. La membrane branchiale disparaît entièrement sous l'opercule, qui présente deux pièces, dont la première est arrondie dans son contour, et la seconde anguleuse. Cet opercule est couvert de plusieurs écailles; celles du dos sont assez grandes et arrondies. La hauteur du corps proprement dit excède de beaucoup celle de l'origine de la queue. La ligne latérale se plie d'abord vers le bas, et se relève ensuite pour suivre la courbure du dos. Les nageoires pectorales et celle de l'anus sont très-arrondies; la première du dos ne commence qu'à une assez grande distance de la queue. Elle cesse d'être attachée au dos de l'animal, à l'endroit où elle parvient au-dessus de l'anale : mais elle se prolonge en bande pointue et flottante jusqu'au-dessus de la seconde nageoire dorsale, qui est très-basse et très-petite, ainsi que nous venons de le dire, et que l'on croirait au premier coup-d'œil entièrement adipeuse (1).

---

(1) 5 rayons à la membrane branchiale.

16 rayons à chaque pectorale.

1 rayon aiguillonné et 5 rayons articulés à chaque thoracine.

17 rayons à la nageoire de la queue.

CENT VINGT-DEUXIÈME GENRE.

LES HOLOCENTRES (1).

Un ou plusieurs aiguillons et une dentelure aux opercules; un barbillon, ou point de barbillons aux mâchoires; une seule nageoire dorsale.

PREMIER SOUS-GENRE.

La nageoire de la queue fourchue, ou échancrée en croissant.

ESPÈCES.	CARACTÈRES.
1. L'HOLOCENTRE SOGO.	Onze rayons aiguillonnés et six rayons articulés à la nageoire du dos; quatre rayons aiguillonnés et dix rayons articulés à celle de l'anus; un rayon aiguillonné et sept rayons articulés à chaque thoracine; la caudale très-fourchue; un aiguillon à la première pièce de chaque opercule; deux aiguillons à la seconde; la portion postérieure de la queue très-distincte de l'antérieure par son peu de hauteur et de largeur.
2. L'HOLOCENTRE CHANI.	Dix rayons aiguillonnés et quinze rayons articulés à la dorsale; trois rayons aiguillonnés et sept rayons articulés à l'anale; la mâchoire inférieure plus avancée que la supérieure; trois aiguillons à la dernière pièce de chaque opercule; deux sillons divergents entre les yeux; la couleur générale brune.
3. L'HOLOCENTRE SCHRAITSER.	Dix-huit rayons aiguillonnés et douze rayons articulés à la nageoire du dos; deux rayons aiguillonnés et sept rayons articulés à l'anale; le corps et la queue allongés; un enfoncement sur la tête; la mâchoire supérieure un peu plus avancée que l'inférieure;

---

(1) M. Cuvier, en adoptant le genre HOLOCENTRE, n'y admet qu'un petit nombre des espèces de M. de Lacépède. Il range les autres dans les genres Mérou, Acérine, Scolopside, Diagramme, Therapon, Diacope, Doules, Pomacentre, Myripristis, Sebaste, etc.
DESM. 1830.

ESPÈCES.	CARACTÈRES.
3. L'HOLOCENTRE SCHRAITSER.	deux orifices à chaque narine; les écailles grandes, dures et dentelées; la couleur générale jaunâtre; trois raies longitudinales et noires de chaque côté de l'animal.
4. L'HOLOCENTRE CRÉNELÉ.	Onze rayons aiguillonnés et neuf rayons articulés à la dorsale; trois rayons aiguillonnés et dix rayons articulés à la nageoire de l'anus; la nageoire du dos très-longue; les écailles crénelées; des rangées de points blancs.
5. L'HOLOCENTRE GHANAM.	La couleur générale blanchâtre; deux raies longitudinales, blanches, et situées de chaque côté de l'animal, au-dessous d'une troisième raie composée de taches arrondies, obscures, et disposées en quinconce.
6. L'HOLOCENTRE GATERIN.	Treize rayons aiguillonnés et vingt rayons articulés à la dorsale; trois rayons aiguillonnés et huit rayons articulés à l'anale; les lèvres épaisses et grosses; la couleur générale brune, ou d'un jaune bleuâtre; la langue blanche; le palais rouge.
7. L'HOLOCENTRE JARBUA.	Douze rayons aiguillonnés et neuf rayons articulés à la nageoire du dos; trois rayons aiguillonnés et huit rayons articulés à la nageoire de l'anus; la caudale en croissant; un long aiguillon à la dernière pièce de chaque opercule; deux orifices à chaque narine; trois raies noires, courbes, presque parallèles au bord inférieur du poisson, et situées de chaque côté de l'animal.
8. L'HOLOCENTRE VERDÂTRE.	Dix rayons aiguillonnés et quatorze rayons articulés à la dorsale; trois rayons aiguillonnés et sept rayons articulés à l'anale; la caudale en croissant; la mâchoire inférieure plus avancée que la supérieure; deux orifices à chaque narine; les yeux grands et rapprochés; deux ou trois aiguillons à la dernière pièce de chaque opercule; les écailles dures et dentelées; la couleur générale verdâtre.

ESPÈCES.   CARACTÈRES.

9. L'HOLOCENTRE TIGRÉ. { Dix rayons aiguillonnés et onze rayons articulés à la nageoire du dos; trois rayons
aiguillonnés et sept rayons articulés à la nageoire de l'anus; la caudale en croissant;
la mâchoire inférieure plus avancée que la
supérieure; deux orifices à chaque narine;
trois aiguillons aplatis à la dernière pièce
de chaque opercule; les écailles fines et dentelées; sept ou huit bandes transversales,
jaunâtres, inégales, et très-irrégulières.

10. L'HOLOCENTRE
CINQ-RAIES. { Dix rayons aiguillonnés et quatorze rayons
articulés à la dorsale; trois rayons aiguillonnés et sept rayons articulés à l'anale; la
caudale en croissant; la mâchoire inférieure
un peu plus avancée que la supérieure; deux
orifices à chaque narine; un grand et deux
petits aiguillons aplatis à la dernière pièce
de chaque opercule; cinq raies longitudinales, étroites, égales et bleues, de chaque
côté de l'animal.

11. L'HOLOCENTRE
BENGALI. { Onze rayons aiguillonnés et quatorze rayons
articulés à la nageoire du dos; trois rayons
aiguillonnés et sept rayons articulés à l'anale;
la caudale en croissant; les deux mâchoires
également avancées; deux orifices à chaque
narine; deux aiguillons à la dernière pièce
de chaque opercule; la couleur générale rougeâtre; quatre raies longitudinales, étroites,
bleues et bordées de brun, de chaque côté
de l'animal.

12. L'HOLOCENTRE
ÉPINÉPHÈLE. { Douze rayons aiguillonnés et douze rayons articulés à la dorsale; trois rayons aiguillon-
nés et sept rayons articulés à la nageoire
de l'anus; la caudale en croissant; toute la
tête couverte de petites écailles; la mâchoire
inférieure un peu plus avancée que la supérieure; un seul orifice à chaque narine;
une membrane transparente sur chaque œil;
deux aiguillons à la dernière pièce de chaque
opercule; sept bandes transversales larges,
régulières, brunes, et étendues de chaque
côté sur la base de la dorsale, et sur le corps
ou la queue.

ESPÈCES.	CARACTÈRES.
13. L'HOLOCENTRE POST.	Quinze rayons aiguillonnés et douze rayons articulés à la nageoire du dos; deux rayons aiguillonnés et six rayons articulés à la nageoire de l'anus; les deux mâchoires également avancées; de petits enfoncements creusés sur quelques parties de la tête; la couleur générale d'un jaune verdâtre ou doré; un grand nombre de petites taches noires.
14. L'HOLOCENTRE NOIR.	Le corps et la queue étroits; les dents et les écailles très-petites; des enfoncements sur quelques parties de la tête; les deux mâchoires également avancées; la couleur noire.
15. L'HOLOCENTRE ACERINE.	Dix-huit rayons aiguillonnés et quatorze rayons articulés à la dorsale; deux rayons aiguillonnés et sept rayons articulés à l'anale; des enfoncements sur quelques parties de la tête, qui est allongée; les deux mâchoires également avancées.
16. L'HOLOCENTRE BOUTTON.	Dix rayons aiguillonnés et quatorze rayons articulés à la nageoire du dos; trois rayons aiguillonnés et neuf rayons articulés à la nageoire de l'anus; un aiguillon tourné vers le museau à la dernière pièce de chaque opercule; la mâchoire inférieure un peu plus avancée que la supérieure, qui est extensible; deux orifices à chaque narine; la tête et les opercules garnis de petites écailles; les écailles qui revêtent le corps et la queue rayonnées et dentelées; la tête et le ventre rouges; le dos, les côtés et la caudale, d'un brun doré.
17. L'HOLOCENTRE JAUNE ET BLEU.	Onze rayons aiguillonnés et seize rayons articulés à la dorsale; trois rayons aiguillonnés et huit rayons articulés à l'anale; la caudale en croissant; trois aiguillons à la dernière pièce de chaque opercule; la tête et les deux opercules couverts de petites écailles; deux orifices à chaque narine; une membrane transparente au-dessus de chaque œil; la mâchoire inférieure un peu plus avancée que la supérieure, qui est extensible; la couleur générale bleuâtre; les nageoires jaunes.

ESPÈCES.	CARACTÈRES.

18. L'HOLOCENTRE QUEUE-RAYÉE.

Dix rayons aiguillonnés et treize rayons articulés à la nageoire du dos; trois rayons aiguillonnés et quatorze rayons articulés à celle de l'anus; deux aiguillons à la dernière pièce de chaque opercule; deux orifices à chaque narine; les thoracines composées chacune de cinq rayons, et attachées au ventre par une membrane; l'anus situé plus près de la tête que de la caudale; la couleur générale bleuâtre; la queue rayée longitudinalement et alternativement de blanc et de noir.

19. L'HOLOCENTRE NÉGRILLON.

Douze rayons aiguillonnés et dix-sept rayons articulés à la dorsale; deux rayons aiguillonnés et quatorze rayons articulés à la nageoire de l'anus; un ou deux aiguillons à la dernière pièce de chaque opercule; une petite pièce dentelée auprès de chaque œil; deux orifices à chaque narine; la mâchoire inférieure un peu plus avancée que la supérieure, qui est un peu extensible; une lame écailleuse à chaque extrémité de la base de chaque thoracine; toute la surface de l'animal d'un noir bleuâtre.

20. L'HOLOCENTRE LÉOPARD.

Huit rayons aiguillonnés et douze rayons articulés à la nageoire du dos; un rayon aiguillonné et huit rayons articulés à l'anale; un rayon aiguillonné et sept rayons articulés à chaque thoracine; la caudale en croissant; quatre grands aiguillons à la première pièce, et un aiguillon à la seconde pièce de chaque opercule; un grand nombre de petites taches sur toute la surface de l'animal.

21. L'HOLOCENTRE CILIÉ.

Dix rayons aiguillonnés et neuf rayons articulés à la dorsale; trois rayons aiguillonnés et sept rayons articulés à la nageoire de l'anus; plusieurs rangs de dents très-petites et presque sétacées; un petit aiguillon à la dernière pièce de chaque opercule; les écailles ciliées.

ESPÈCES.   CARACTÈRES.

22. L'HOLOCENTRE
     THUNBERG.
> Onze rayons aiguillonnés et treize rayons articulés à la la nageoire du dos ; trois rayons aiguillonnés et dix rayons articulés à la nageoire de l'anus ; sept rayons articulés à chaque thoracine ; un aiguillon à la dernière pièce de chaque opercule ; la partie postérieure de la queue beaucoup plus basse que l'antérieure ; les écailles striées et dentelées ; la couleur générale argentée et sans taches.

23. L'HOLOCENTRE
     BLANC-ROUGE.
> Douze rayons aiguillonnés à la dorsale ; plusieurs assemblages d'aiguillons entre les yeux ; ces organes très-grands ; la couleur générale rouge ; huit ou neuf raies longitudinales et blanches de chaque côté du poisson.

24. L'HOLOCENTRE
     BANDE-BLANCHE.
> Onze rayons aiguillonnés à la dorsale ; des aiguillons devant et derrière les yeux ; ces organes très-grands ; l'iris noir ; la couleur générale rouge ; une bande transversale, courbe, et blanche près de l'extrémité de la queue.

25. L'HOLOCENTRE
     DIACANTHE.
> Treize rayons aiguillonnés et treize rayons articulés à la nageoire du dos ; deux rayons aiguillonnés et douze rayons articulés à celle de l'anus ; les écailles très-larges et bordées de blanc ; des gouttes blanches et très-petites sur la tête, le corps et la queue ; une tache noire sur la seconde pièce de chaque opercule.

26. L'HOLOCENTRE
     TRIPÉTALON.
> Onze rayons aiguillonnés et huit rayons articulés à la dorsale ; trois rayons aiguillonnés et sept rayons articulés à l'anale ; un aiguillon à la troisième pièce de chaque opercule ; la mâchoire inférieure plus avancée que la supérieure ; la lèvre d'en-haut double ; les écailles ovales et dentelées.

27. L'HOLOCENTRE
     TÉTRACANTHE.
> Douze rayons aiguillonnés et dix rayons articulés à la nageoire du dos ; quatre rayons aiguillonnés et huit rayons articulés à l'anale ; un rayon aiguillonné et sept rayons articulés à chaque thoracine ; une pièce dentelée au-dessus de chaque pectorale et

ESPÈCES.	CARACTÈRES.

27. L'HOLOCENTRE TÉTRACANTHE. — auprès de chaque œil ; un grand et deux petits aiguillons à la dernière pièce de chaque opercule ; des taches sur la dorsale et sur la nageoire de la queue.

28. L'HOLOCENTRE ACANTHOPS. — Treize rayons aiguillonnés et dix rayons articulés à la nageoire du dos ; deux rayons aiguillonnés et sept rayons articulés à l'anale ; une plaque festonnée et garnie de piquants le long de la demi-circonférence inférieure de l'œil ; un ou deux aiguillons à la seconde pièce de chaque opercule ; un aiguillon tourné obliquement vers le haut, et situé au-dessus de la base de chaque pectorale ; de petites taches sur la dorsale et la caudale.

29. L'HOLOCENTRE RADJABAU. — Dix rayons aiguillonnés et vingt-deux rayons articulés à la dorsale ; trois rayons aiguillonnés et six rayons articulés à l'anale ; le devant de la tête presque perpendiculaire au plus long diamètre du corps ; la nageoire du dos s'étendant presque depuis la nuque jusqu'à la caudale ; la mâchoire supérieure un peu plus avancée que l'inférieure ; deux ou trois aiguillons à la seconde pièce de chaque opercule ; des taches sur la dorsale et sur la nageoire de la queue.

30. L'HOLOCENTRE DIADÈME. — Onze rayons aiguillonnés et dix rayons articulés à la nageoire du dos ; deux rayons aiguillonnés et sept rayons articulés à celle de l'anus ; la mâchoire supérieure plus avancée que l'inférieure ; les opercules couverts de petites écailles ; un aiguillon à la première, et un second aiguillon à la seconde pièce de chaque opercule ; la partie antérieure de la dorsale arrondie, plus basse que l'autre partie, soutenue par des aiguillons plus hauts que la membrane, noire, et présentant une raie longitudinale blanche.

31. L'HOLOCENTRE GYMNOSE. — Treize rayons aiguillonnés et quatorze rayons articulés à la dorsale ; trois rayons aiguillonnés et huit rayons articulés à la nageoire de l'anus ; la mâchoire inférieure un peu plus avancée que la supérieure ; un aiguillon à chaque opercule ; la tête, le corps et la queue dénués d'écailles facilement visibles.

ESPÈCE.	CARACTÈRES.
32. L'HOLOCENTRE RABAJI.	Onze rayons aiguillonnés et treize rayons articulés à la nageoire du dos ; trois rayons aiguillonnés et onze rayons articulés à la nageoire de l'anus ; la mâchoire supérieure plus avancée que l'inférieure ; deux bandes noires et transversales sur chaque côté de la tête.

SECOND SOUS-GENRE.

La nageoire de la queue rectiligne, ou arrondie, et non échancrée.

ESPÈCES.	CARACTÈRES.
33. L'HOLOCENTRE MARIN.	Quinze rayons aiguillonnés et quatorze rayons articulés à la nageoire du dos ; trois rayons aiguillonnés et huit rayons articulés à la nageoire de l'anus ; la mâchoire d'en-bas plus avancée que celle d'en-haut ; deux aiguillons à la dernière pièce de chaque opercule ; la couleur générale rouge ; des bandelettes bleues et d'autres bandelettes rouges sur la tête et sur la partie antérieure du ventre.
34. L'HOLOCENTRE TÉTARD.	Quatorze rayons aiguillonnés et six rayons articulés à la nageoire du dos ; trois rayons aiguillonnés et sept rayons articulés à l'anale ; deux aiguillons recourbés auprès de chaque œil ; la nageoire dorsale étendue depuis l'entre-deux des yeux jusqu'à une petite distance de la caudale ; la ligne latérale droite ; deux séries de petits points sur chaque nageoire.
35. L'HOLOCENTRE PHILADELPHIEN.	Dix rayons aiguillonnés et onze rayons articulés à la dorsale ; trois rayons aiguillonnés et sept rayons articulés à la nageoire de l'anus ; les écailles ciliées ; une tache noire au milieu de la nageoire du dos ; des taches et des bandes transversales noires de chaque côté du poisson ; la partie inférieure de l'animal, rouge ou rougeâtre.

ESPÈCES.	CARACTÈRES.

36. L'HOLOCENTRE MEROU.

Onze rayons aiguillonnés et quinze rayons articulés à la nageoire du dos; trois rayons aiguillonnés et neuf rayons articulés à la nageoire de l'anus; le corps et la queue comprimés; trois aiguillons à chaque opercule; les deux mâchoires également avancées; la couleur générale rougeâtre; des taches brunes et nébuleuses.

37. L'HOLOCENTRE FORSKAEL.

Onze rayons aiguillonnés et dix-sept rayons articulés à la dorsale; trois rayons aiguillonnés et neuf rayons articulés à la nageoire de l'anus; deux sillons longitudinaux entre les yeux; chaque pectorale attachée à une petite prolongation charnue; les écailles petites; la couleur générale rouge; trois ou quatre bandes transversales et blanches.

38. L'HOLOCENTRE TRIACANTHE.

Dix rayons aiguillonnés et douze rayons articulés à la nageoire du dos; trois rayons aiguillonnés et sept rayons articulés à la nageoire de l'anus; les deux mâchoires également avancées; deux orifices à chaque narine; un aiguillon aplati à la dernière pièce de chaque opercule; les écailles petites et dentelées; la couleur générale blanchâtre; cinq ou six bandes transversales et brunes.

39. L'HOLOCENTRE ARGENTÉ.

Dix rayons aiguillonnés et quinze rayons articulés à la dorsale; trois rayons aiguillonnés et huit rayons articulés à l'anale; la mâchoire inférieure un peu plus avancée que la supérieure; trois aiguillons à l'avant-dernière pièce de chaque opercule; la couleur générale jaune; une raie longitudinale un peu large et argentée, de chaque côté du corps.

40. L'HOLOCENTRE TAUVIN.

Onze rayons aiguillonnés et quinze rayons articulés à la nageoire du dos; trois rayons aiguillonnés et neuf rayons articulés à l'anale; la mâchoire inférieure un peu plus avancée que la supérieure, et présentant, ainsi que cette dernière, deux dents plus grandes que les autres, fortes et coniques.

ESPÈCES.	CARACTÈRES.
41. L'Holocentre ongo.	Dix rayons aiguillonnés et quinze rayons articulés à la dorsale; trois rayons aiguillonnés et huit rayons articulés à la nageoire de l'anus; la caudale arrondie; deux aiguillons à chaque opercule, qui se termine en pointe; les écailles petites et non dentelées; la couleur générale d'un brun mêlé de verdâtre; des taches ou des bandes transversales jaunes aux nageoires du dos, de l'anus et de la queue.
42. L'Holocentre doré.	Neuf rayons aiguillonnés et quinze rayons articulés à la nageoire du dos; trois rayons aiguillonnés et neuf rayons articulés à celle de l'anus; la caudale arrondie; la mâchoire inférieure plus avancée que la supérieure; deux orifices à chaque narine; la langue lisse, longue et très-mobile; trois aiguillons aplatis à chaque opercule, qui se termine en pointe membraneuse; un filament à chaque rayon aiguillonné de la dorsale; la couleur générale dorée; une bordure noire à la partie antérieure de la dorsale; une grande quantité de petits points bruns ou rougeâtres.
43. L'Holocentre quatre-raies.	Douze rayons aiguillonnés et dix rayons articulés à la dorsale; trois rayons aiguillonnés et dix rayons articulés à l'anale; la caudale arrondie; l'ouverture de la bouche petite; les deux mâchoires également avancées; deux orifices à chaque narine; un aiguillon à chaque opercule, qui est arrondi du côté de la queue; les écailles très-tendres; la couleur générale d'un gris mêlé de rouge; une tache noire sur la partie antérieure de la nageoire du dos; quatre raies noires et longitudinales, et une tache de la même couleur, de chaque côté de l'animal.
44. L'Holocentre à bandes.	Dix rayons aiguillonnés et quinze rayons articulés à la nageoire du dos; trois rayons aiguillonnés et sept rayons articulés à la nageoire de l'anus; la caudale arrondie; l'ouverture de la bouche assez grande; la mâchoire inférieure plus avancée que la su-

| ESPÈCES. | CARACTÈRES. |

ESPÈCES.

CARACTÈRES.

44. L'HOLOCENTRE À BANDES.

périeure; la tête, le corps et la queue allongés; deux orifices à chaque narine; douze aiguillons à la dernière pièce de chaque opercule, qui se termine par une prolongation arrondie; les écailles dures et dentelées; la couleur générale d'un jaune verdâtre; des bandes brunes, transversales et fourchues.

45. L'HOLOCENTRE PIRA-PIXANGA.

Onze rayons aiguillonnés et douze rayons articulés à la dorsale; trois rayons aiguillonnés et six rayons articulés à l'anale; la caudale arrondie; les deux mâchoires également avancées; deux orifices à chaque narine; un aiguillon aplati à la dernière pièce de chaque opercule, qui se termine en pointe; la couleur générale jaune; un grand nombre de taches, petites et arrondies, les unes rouges et les autres noires.

46. L'HOLOCENTRE LANCÉOLÉ.

Onze rayons aiguillonnés et quinze rayons articulés à la nageoire du dos; trois rayons aiguillonnés er huit rayons articulés à la nageoire de l'anus; la caudale arrondie; les autres nageoires terminées en pointe; les deux mâchoires également avancées; deux orifices à chaque narine; les écailles petites, molles, et non dentelées; trois aiguillons à chaque opercule; la couleur générale argentée; des taches et des bandes transversales brunes.

47. L'HOLOCENTRE POINTS-BLEUS.

Onze rayons aiguillonnés et quinze rayons articulés à la dorsale; trois rayons aiguillonnés et huit rayons articulés à l'anale; la mâchoire inférieure plus avancée que la supérieure; un aiguillon à la seconde pièce de chaque opercule; la couleur générale bleue; des taches jaunes et grandes sur le corps et sur la queue; des taches bleues, très-petites et rondes, sur les nageoires.

48. L'HOLOCENTRE BLANC ET BRUN.

Onze rayons aiguillonnés et quinze rayons articulés à la nageoire du dos; trois rayons aiguillonnés et huit rayons articulés à la nageoire de l'anus; la caudale arrondie; le dos caréné; le ventre arrondi; les deux mâchoires également avancées; deux aiguillons

ESPÈCES.	CARACTÈRES.
48. L'HOLOCENTRE BLANC ET BRUN.	déliés à chaque opercule, qui se termine en pointe; les écailles très-petites; la couleur générale brune; des taches irrégulières et blanches.
49. L'HOLOCENTRE SURINAM.	Douze rayons aiguillonnés et seize rayons articulés à la dorsale; trois rayons aiguillonnés et douze rayons articulés à la nageoire de l'anus; la caudale arrondie; l'ouverture de la bouche étroite; la mâchoire inférieure plus avancée que la supérieure; un seul orifice à chaque narine; un aiguillon à la seconde pièce de chaque opercule; les écailles dentelées, et très-adhérentes à la peau; la tête couleur de sang; le corps marbré de brun, de violet et de jaune.
50. L'HOLOCENTRE ÉPERON.	Huit rayons aiguillonnés et dix rayons articulés à la nageoire du dos; trois rayons aiguillonnés et huit rayons articulés à l'anale; la caudale arrondie; deux orifices à chaque narine; quatre aiguillons très-longs, et dirigés un en arrière et trois vers le bas, à la première pièce de chaque opercule; un aiguillon très-long à la seconde pièce, laquelle s'élève et s'abaisse au-dessus d'une lame dentelée; les écailles argentées et bordées de jaune; le dos varié de brun et de violet.
51. L'HOLOCENTRE AFRICAIN.	Onze rayons aiguillonnés et dix-huit rayons articulés à la dorsale; trois rayons aiguillonnés et neuf rayons articulés à la nageoire de l'anus; la caudale arrondie; une membrane transparente sur chaque œil; la tête et les opercules couverts de petites écailles; le corps et la queue revêtus d'écailles dentelées, et plus petites que celles de la seconde pièce de chaque opercule; un aiguillon à cette seconde pièce, qui se termine en pointe; deux orifices à chaque narine; la couleur générale brune.
52. L'HOLOCENTRE BORDÉ.	Onze rayons aiguillonnés et quinze rayons articulés à la nageoire du dos; trois rayons aiguillonnés et huit rayons articulés à celle de l'anus; la caudale arrondie; une membrane transparente sur chaque œil; la tête et les opercules couverts, ainsi que le corps

GENRES.

CARACTÈRES.

52. L'HOLOCENTRE
BORDÉ.

et la queue, d'écailles dures et petites; trois aiguillons à la seconde pièce de chaque opercule, qui se termine en pointe; un seul orifice à chaque narine; la mâchoire inférieure plus avancée que la supérieure; les nageoires rouges; une bordure noire à la partie antérieure de la nageoire du dos.

53. L'HOLOCENTRE
BRUN.

Dix rayons aiguillonnés et quinze rayons articulés à la dorsale; trois rayons aiguillonnés et neuf rayons articulés à l'anale; la caudale arrondie; une membrane transparente sur chaque œil; la tête et les opercules couverts de petites écailles; la mâchoire inférieure plus avancée que la supérieure; une seule ouverture à chaque narine; trois aiguillons à la seconde pièce de chaque opercule; les écailles dentelées; la couleur générale jaunâtre; des taches et des bandes transversales brunes; les nageoires variées de jaune et de noirâtre.

54. L'HOLOCENTRE
MERRA.

Onze rayons aiguillonnés et seize rayons articulés à la nageoire du dos; trois rayons aiguillonnés et huit rayons articulés à l'anale; la caudale arrondie; la tête et les opercules garnis de petites écailles; la mâchoire inférieure plus avancée que la supérieure; un seul orifice à chaque narine; une membrane transparente au-dessus de chaque œil; trois aiguillons à la seconde pièce de chaque opercule; les écailles dures, dentelées, et très-petites; des taches rondes ou hexagones, brunes, très-rapprochées les unes des autres, et répandues sur toute la surface de ce poisson.

55. L'HOLOCENTRE
ROUGE.

Onze rayons aiguillonnés et seize rayons articulés à la dorsale; trois rayons aiguillonnés et neuf rayons articulés à l'anale; la caudale arrondie; une membrane transparente sur chaque œil; la tête, les opercules, le corps et la queue, converts d'écailles dures, petites et dentelées; la mâchoire inférieure plus longue que la supérieure; deux ouvertures à chaque narine; deux aiguillons à la dernière pièce de chaque opercule, qui finit en pointe; la couleur générale d'un rouge vif; la base des nageoires jaune.

ESPÈCES.	CARACTÈRES.

56. L'HOLOCENTRE
ROUGE-BRUN.

Neuf rayons aiguillonnés et quatorze rayons articulés à la nageoire du dos ; trois rayons aiguillonnés et neuf rayons articulés à la nageoire de l'anus ; sept rayons à chaque thoracine ; la caudale arrondie ; la mâchoire supérieure extensible ; trois aiguillons aplatis à la dernière pièce de chaque opercule, qui se termine en pointe ; le dos brun ; des taches rouges sur les côtés ; deux bandes rouges ou rougeâtres sur la caudale ; une tache noire au-delà de la nageoire du dos.

57. L'HOLOCENTRE
SOLDADO.

Onze rayons aiguillonnés et vingt-neuf rayons articulés à la dorsale ; deux rayons aiguillonnés et huit rayons articulés à l'anale ; le second rayon aiguillonné de la nageoire de l'anus, long, fort et aplati ; deux aiguillons à chaque opercule.

58. L'HOLOCENTRE
BOSSU.

Quatorze rayons aiguillonnés et seize rayons articulés à la nageoire du dos ; trois rayons aiguillonnés et sept rayons articulés à celle de l'anus ; un aiguillon à la seconde pièce de chaque opercule ; une lame dentelée au-dessus de cette seconde pièce ; la ligne qui s'étend depuis le bout du museau jusqu'à l'origine de la dorsale, formant un angle de plus de quarante-cinq degrés avec l'axe du corps et de la queue ; l'extrémité postérieure de l'anale, et celle de la dorsale, arrondies, ainsi que les thoracines.

59. L'HOLOCENTRE
SONNERAT.

Dix rayons aiguillonnés et dix-sept rayons articulés à la nageoire du dos ; deux rayons aiguillonnés et treize rayons articulés à celle de l'anus ; la première pièce de chaque opercule crénelée ; deux aiguillons très-inégaux en longueur au-dessous de chaque œil ; la dorsale très-longue, et s'arrondissant du côté de la caudale, ainsi que la nageoire de l'anus ; trois bandes transversales bordées d'une couleur foncée.

60. L'HOLOCENTRE
HEPTADACTYLE.

Huit rayons aiguillonnés et onze rayons articulés à la nageoire du dos ; trois rayons aiguillonnés et huit rayons articulés à l'anale ; sept rayons à chaque thoracine ; la

<table>
<tr><td>ESPÈCES.</td><td>CARACTÈRES.</td></tr>
<tr><td>

60. L'HOLOCENTRE HEPTADACTYLE.

</td><td>

mâchoire inférieure plus avancée que la supérieure; la lèvre d'en-haut double; trois aiguillons tournés vers le museau, et un aiguillon tourné vers la queue, à la première pièce de chaque opercule; un aiguillon à la seconde pièce; une lame profondément dentelée au-dessus de cette seconde pièce; une seconde lame au-dessus de chaque pectorale.

</td></tr>
<tr><td>

61. L'HOLOCENTRE PANTHÉRIN.

</td><td>

Dix rayons aiguillonnés à la dorsale; deux rayons aiguillonnés et douze rayons articulés à l'anale; la caudale arrondie; les dents séparées l'une de l'autre, presque égales, et placées sur un seul rang à chaque mâchoire; trois aiguillons à la seconde pièce de chaque opercule, qui se termine en pointe; la mâchoire inférieure plus avancée que celle d'en-haut; des taches petites, presque égales et rondes, sur la tête, le corps et la queue.

</td></tr>
<tr><td>

62. L'HOLOCENTRE ROSMARE.

</td><td>

Onze rayons aiguillonnés et douze rayons articulés à la dorsale; trois rayons aiguillonnés et huit rayons articulés à la nageoire de l'anus; la caudale arrondie; deux aiguillons à la dernière pièce de chaque opercule, qui finit en pointe; la mâchoire inférieure un peu plus avancée que la supérieure; une dent longue, forte et conique, paraissant seule de chaque côté de la mâchoire d'en-haut; les écailles petites.

</td></tr>
<tr><td>

63. L'HOLOCENTRE OCÉANTIQUE.

</td><td>

Onze rayons aiguillonnés et dix-sept rayons articulés à la nageoire du dos; trois rayons aiguillonnés et huit rayons articulés à la nageoire de l'anus; la caudale arrondie; la mâchoire inférieure plus avancée que celle d'en-haut; chaque mâchoire garnie d'un seul rang de dents égales; la lèvre supérieure épaisse et double; trois aiguillons à la dernière pièce de chaque opercule, qui se termine en pointe; cinq bandes transversales, courtes et noirâtres.

</td></tr>
</table>

ESPÈCES.	CARACTÈRES.
64. L'Holocentre salmoïde.	Onze rayons aiguillonnés à la dorsale; la caudale arrondie; le museau aplati et comprimé; la mâchoire d'en-haut plus avancée que celle d'en-bas; plusieurs rangées de dents; trois aiguillons à la dernière pièce de chaque opercule, qui se termine en pointe; un grand nombre de taches très-petites, rondes et presque égales sur la tête, le corps, la queue et les nageoires.
65. L'Holocentre norvégien.	Quinze rayons aiguillonnés et quatorze rayons articulés à la dorsale; trois rayons aiguillonnés et neuf rayons articulés à la nageoire de l'anus; la mâchoire inférieure plus avancée que la supérieure; un très-grand nombre de petites dents à chaque mâchoire; des piquants au-dessus et au-dessons des yeux; la nageoire du dos très-longue; la couleur rouge.

L'HOLOCENTRE SOGO.[1]

Holocentrum longipinne, Cuv.; *Sciæna rubra*, et *Bodianus pentacanthus*, Bl.; *Amphiprion Matejuelo*, Bl., Schn.; *Holocentrus Sogho*, Bl., Lac. (2).

L'HOLOCENTRE CHANI (3), *Serranus Cabrilla*, Cuv.; *Bodianus Hiatula, Lutjanus Serran, Holocentrus Chanus*, et *Holocentrus virescens*, Lac. (4). — HOLOCENTRE SCHRAITSER (5), *Acerina Schraitzer*, Cuv.; *Perca Schraitzer*, Linn., Gmel.; *Holocentrus Schraitzer*, Lac. (6).—HOLOCENTRE CRÉNELÉ (7), *Perca Radula*, Linn., Gmel.; *Holocentrus Radula*, Lac. (8). — HOLOCENTRE GHANAM (9), *Scolopsides Ghanam*, Cuv.; *Sciæna Ghanam*, Forsk.; *Holocentrus Ghanam*, Lac. (10). — HOLOCENTRE GATERIN (11), *Diagramma Gaterina*, Cuv.; *Sciæna Gaterina*, Forsk.; *Holocentrus Gaterinus*, Lac. (12). — HOLOCENTRE JARBUA (13), *Therapon Servus*, Cuv.; *Sciæna Jerbua*, Forsk.; *Holocentrus Jarbua*, Lac. (14).

QUELLE variété admirable dans la parure des poissons! toujours magnifique ou élégante, com-

---

(1) *Schouverdick*, par les Hollandais des grandes Indes.

Ican badoeri jang ongoe, par les naturels des Indes orientales.

The welshman, par les Anglais de la Jamaïque.

The squirrel, par les Anglais de la Caroline.

Marignan, dans quelques Antilles.

Bloch, pl. 232.

« Erythrinus polygrammos, vulgò *marignan* apud Caraïbas. » Plumier, peintures sur vélin déja citées.

posée ou simple, brillante ou gracieuse, elle est si diversifiée, cette parure remarquable, ou par

---

(2) Du genre HOLOCENTRE de M. Cuvier, dans la famille des Acanthoptérygiens percoïdes. DESM. 1830.

(3) *Labre chani.* Bonnaterre, planches de l'Encyclopédie méthodique. Forskael, Faun. Arab., p. 36, n. 32.

(4) Du genre MÉROU, *Serranus*, dans la famille des Acanthoptérygiens percoïdes de M. Cuvier.

M. de Lacépède a décrit ce poisson quatre fois dans son ouvrage, sous les noms de 1° *Lutjan serran*, 2° *Bodian hiatule*, 3° *Holocentre verdâtre*, et 4° *Holocentre Chani.* DESM. 1830.

(5) *Schratzel*, dans plusieurs contrées de l'Allemagne.

Scrafen, ibid.

Schrazen, ibid.

Schranz, ibid.

Persègue schrætser. Daubenton et Haüy, l'Encyclopédie méthodique.

Id. Bonnaterre, planches de l'Encyclopédie méthodique.

« Perca dorso monopterygio, lineis utrinque longitudinalibus, nigris.» Artedi, gen. 40, syn. 68.

Schraitser Ratisbonensibus. Willughby, p. 335.

Rai, p. 144.

Meiding. Ic. Pisc. Aust., t. 2.

« Perca dorso monopterygio, capite cavernoso alepidoto aculeato, « caudâ sublunatâ, corpore lineari. » Gronov. Zooph. 289.

Kram. Elench., p. 387, n. 5.

Schraitser. Schœff. Pisc. Ratisb. 48, tab. 2, fig. 2.

Bloch, pl. 332, fig. 1.

(6) Du genre GRÉMILLE, *Acerina*, Cuv., dans la famille des Acanthoptérygiens percoïdes. DESM. 1830.

(7) *Persègue crénelée.* Daubenton et Haüy, Encyclopédie méthodique.

Id. Bonnaterre, planches de l'Encyclopédie méthodique.

« Labrus immaculatus, pinnæ dorsalis radiis decem spinosis. » Amœnit. acad. 1, p. 133.

(8) Non mentionné par M. Cuvier. DESM. 1830.

(9) Forskael, Faun. Arab., p. 50, n. 56.

Sciène ghanam. Bonnaterre, planches de l'Encyclopédie méthodique.

les nuances qui la composent, ou par la distribution de ses teintes, que nous parcourons en
vain un nombre immense d'espèces différentes;
nous avons toujours sous les yeux un assortiment
nouveau de couleurs et de tons. Aucune espèce
ne ressemble à une autre par la disposition, par
les reflets, par l'éclat de ses nuances. Et que l'on
ne soit pas étonné que les sept couleurs du prisme
suffisent pour produire, entre les mains de la Nature, cette merveilleuse diversité. Lorsqu'on rappelle la quantité prodigieuse de dégradations que
chaque couleur peut présenter, toutes les combinaisons qui proviennent des mélanges de ces dégradations, employées deux à deux, trois à trois,
quatre à quatre, et fondues successivement les
unes dans les autres, jusqu'à ce qu'on ait épuisé
toutes les différences que ces rapprochements
peuvent faire naître; lorsque enfin on multiplie
tous ces produits par des quantités bien plus
grandes encore, par toutes les sortes de distribu-

---

(10) Du genre SCOLOPSIDE, dans la famille des Acanthoptérygiens
sciénoïdes, Cuv. DESM. 1830.

(11) Forskael, Faun. Arab., p. 50, n. 59.

Sciène gaterine. Bonnaterre, planches de l'Encyclopédie méthodique.

(12) Du genre DIAGRAMME, Cuv., dans la famille des Acanthoptérygiens sciénoïdes. DESM. 1830.

(13) *Holocentre esclave.* Bloch, pl. 238, fig. 1.

Sciène gabub. Bonnaterre, planches de l'Encyclopédie méthodique.

Forskael, Faun. Arab., p. 50, n. 57.

(14) Du genre THÉRAPON, Cuv., dans la famille des Acanthoptérygiens percoïdes. DESM. 1830.

tions de nuances qui peuvent être réalisées, on parvient à des nombres que l'esprit ne peut saisir dans leur ensemble, dont l'imagination la plus vive ne découvre qu'une portion de la série presque infinie, et dont on ne détermine toute l'étendue qu'en usant de toutes les ressources que l'on peut devoir à la science du calcul.

Le genre des Holocentres va nous fournir de nouveaux exemples de l'emploi qu'a fait la nature, de ces combinaisons de distributions uniformes ou différentes avec des nuances diverses ou semblables. Le sogo est un de ces exemples les plus frappants. Nous avons déja vu un bien grand nombre de poissons briller de l'éclat de l'or, des diamants et des rubis; nous allons encore voir sur le sogo les feux des rubis, des diamants ou de l'or. Mais quelle nouvelle disposition de nuances animées ou radoucies! le rouge le plus vif se fond dans le blanc pur du diamant, en descendant de chaque côté de l'animal, depuis le haut du dos jusqu'au-dessous du corps et de la queue, et en se dégradant par une succession insensible de teintes amies et de reflets assortis. Au milieu de ce fond nuancé s'étendent, sur chaque face latérale du poisson, six ou sept raies longitudinales et dorées; la couleur de l'or se mêle encore au rouge de la tête et des nageoires, particulièrement à celui qui colore la dorsale, l'anale et la caudale; et son œil très-saillant montre un iris argentin entouré d'un cercle d'or.

Ce beau sogo doit charmer d'autant plus les regards lorsqu'il nage dans une eau limpide, pendant que le soleil brille dans toute sa splendeur au milieu d'un ciel azuré, que ses nageoires sont longues, que leurs mouvements en sont plus rapides, et que, réfléchissant plus fréquemment, et par des surfaces plus étendues, les rayons de l'astre de la lumière, elles scintillent plus vivement, et effacent avec plus d'avantage l'éclat des métaux polis et des pierres orientales les plus précieuses.

On devrait le multiplier dans ces lacs charmants qu'un art enchanteur contourne maintenant avec tant de goût au milieu d'une prairie émaillée, et à côté d'arbres et touffus et fleuris, dans ces jardins avoués par la nature et parés de toutes ses graces, d'où le sentiment n'est jamais exilé par une froide monotonie, et qui cultivés, il y a trois mille ans, dans la Grèce héroïque, conservés jusqu'à nos jours dans l'industrieuse Chine, et adoptés par l'Europe civilisée, ont mérité d'être chantés par Homère et Delille. Se livrant à ses mouvements agréables au milieu des eaux de ces lacs paisibles, il y ondulerait, pour ainsi dire, comme l'image d'une belle fleur agitée par un doux zéphyr; il compléterait le tableau riant d'un Éden où les eaux, la verdure et le ciel marieraient et leurs brillants ornements et leurs nuances touchantes. Il s'accoutumerait d'autant plus facilement à sa nouvelle demeure, que la nature l'a placé non seulement aux Indes orientales, en Afrique, aux Antilles, à la Jamaïque, mais encore dans les eaux de l'Europe.

Et d'ailleurs il réunit à la magnificence de ses vêtements une chair très-blanche et d'un goût exquis.

Au reste, sa langue est lisse; le sommet de la tête sillonné et dénué de petites écailles. On ne compte qu'un orifice à chaque narine; les écailles du corps et de la queue sont dentelées; et les deux mâchoires garnies, ainsi que le palais, de dents petites, pointues et semblables à celles d'une lime.

Bloch a vu une variété du sogo, qui diffère des autres individus de cette espèce par les traits suivants. Le museau est obtus, au lieu d'être pointu; la tête n'est armée que d'un aiguillon de chaque côté; les proportions des rayons de la dorsale et de la nageoire de l'anus ne sont pas tout-à-fait semblables à celles que montre le sogo proprement dit; on compte à l'anale deux rayons articulés de plus qu'à celle de ce dernier poisson: les raies longitudinales et jaunes sont si faibles, qu'on a de la peine à les apercevoir; quelquefois même elles disparaissent en entier.

Il ne faut pas confondre l'holocentre *Chani*, que Forskael a découvert, qui habite dans la Propontide, et qui vit particulièrement auprès de Constantinople, avec le lutjan serran, que les Grecs ont nommé et nomment encore *Channo* (1), et sur lequel on trouve des observations précieuses dans un nouvel ouvrage très-important du savant naturaliste et célèbre voyageur M. de Sonnini (2).

L'holocentre chani a trois petites raies bleuâtres et ondulées de chaque côté de la tête; une tache bleue et carrée au-dessous de l'œil; les pectorales, les thoraciues et l'anale jaunes; la dorsale et la caudale tachetées de rouge.

C'est dans le Danube et dans les rivières qui mêlent leurs eaux à celles de ce grand fleuve, qu'on pêche l'holocentre schraitser. Ce poisson parvient à la longueur de trois ou quatre décimètres. Sa chair est blanche, ferme, saine, et d'un goût agréable. Il se nourrit de vers, d'insectes, et de très-petits poissons; il fraie dans le printemps, cherche les eaux limpides, et perd difficilement la vie. Les inondations du fleuve ou des rivières qu'il habite, le transportent quelquefois au-dessus des bords de ces rivières, jusque dans des lacs assez éloignés, dont le séjour ne paraît pas lui nuire.

Sa tête ni ses opercules ne présentent pas de petites écailles; la langue est lisse; le palais rude; chaque mâchoire garnie de petites dents semblables à celles d'une lime; l'estomac allongé et membraneux; le pylore entouré de trois appendices;

----

(1) Voyez l'Histoire des poissons du professeur Schneider, p. 80.
(2) Voyage en Grèce et en Turquie, tome I, page 181.

le canal intestinal recourbé deux fois; le foie grand et divisé en trois lobes; la vésicule du fiel pleine d'un fluide jaune et très-amer; l'ovaire simple; la vessie natatoire longue et attachée aux côtes, qui, de chaque côté, sont au nombre de neuf; et l'épine dorsale composée de trente-neuf vertèbres.

Le péritoine est argenté; les œufs sont jaunes et de la grosseur d'un grain de millet; les nageoires bleuâtres; la partie antérieure de la dorsale est tachetée de noir; et de très-petits points noirs sont répandus sur la tête.

Nous devons faire remarquer comme une preuve de ce que nous avons dit dans le Discours sur la nature des poissons, au sujet des couleurs de ces animaux, que, lorsqu'on a enlevé les écailles du schraitser, sa peau offre encore les trois ou quatre raies longitudinales et noires qui règnent sur chacun de ses côtés, et que nous avons indiquées dans le tableau générique des holocentres.

Le crénelé vit dans l'Inde; et le ghanam, dans la mer d'Arabie. Comme nous n'avons pas vu d'individu de cette dernière espèce, nous ne pouvons pas assurer que la nageoire de la queue de ce thoracin soit fourchue ou en croissant; mais plusieurs raisons nous le font présumer.

L'holocentre gaterin a la mer d'Arabie pour patrie, comme le ghanam; ses nageoires sont ordinairement jaunes; il est souvent tacheté de noir; et sa longueur est alors de quatre ou cinq décimètres : mais on compte dans cette espèce trois variétés assez remarquables pour qu'elles aient reçu chacune un nom particulier. La première, que l'on nomme *Abu-mgaterin,* n'a qu'un décimètre de longueur; et chacun de ses côtés présente quatre raies longitudinales brunes et mouchetées de noir : les pêcheurs de la mer d'Arabie disent, et leur opinion me paraît très-vraisemblable, que l'abu-mgaterin n'est qu'un gaterin très-jeune, qui perd en grandissant ses raies mouchetées et brunes. La seconde variété est appelée *Sofat;* sa longueur est de douze décimètres; ses nageoires sont noires au lieu d'être rouges; et son goût est très-agréable. La troisième variété, à laquelle on a donné le nom de *Fœtela,* est aussi d'une saveur très-recherchée : mais elle parvient à des dimensions bien plus grandes que la seconde; elle est quelquefois longue de trois ou quatre mètres. Sa grandeur, son poids, et la bonté de sa chair, doivent la rendre l'objet d'une pêche assidue; et comme elle a de plus que les autres variétés, et même que le gaterin proprement dit, des ramifications très-sensibles aux rayons aiguillonnés de la dorsale, et qu'elle offre ainsi un trait d'un développement plus étendu et d'une conformation plus complète, ne pourrait-on pas croire que la *Fœtela* n'est que la sofat parvenue à un âge plus avancé et à un plus grand accroissement; que la sofat n'est qu'un gaterin plus âgé; et que par conséquent, à mesure que l'holocentre dont nous parlons grandit en acquérant des années, il s'appelle d'abord *Abu-mgaterin*, ensuite *Gaterin*, ensuite *Sofat*, et enfin *Fœtela?* Au reste, le gaterin se plaît au milieu des coraux et près des rivages.

Ces mêmes rivages arabiques servent d'asyle au jarbua, que l'on trouve aussi dans le grand Océan, aux environs des tropiques, où Commerson en a fait faire un dessin que nous avons fait graver. On pêche également cet holocentre dans les eaux du Japon : mais comme il y est très-abondant et qu'il a la chair maigre, il y est dédaigné par les gens riches, qui l'abandonnent pour la nourriture de leurs esclaves; et c'est ce qui a fait donner à ce poisson, par les Hollandais des grandes Indes, le nom d'*Esclave*, que Bloch lui a conservé (1).

____

(1)   8 rayons à la membrane branchiale de l'holocentre sogo.
  17 rayons à chaque pectorale.
  29 rayons à la caudale.
  15 rayons à chaque pectorale de l'holocentre chani.
   1 rayon aiguillonné et 5 rayons articulés à chaque thoracine.
  17 rayons à la nageoire de la queue.
   6 rayons à la membrane branchiale de l'holocentre schraitser.
  14 rayons à chaque pectorale.
   1 rayon aiguillonné et 5 rayons articulés à chaque thoracine.
  15 rayons à la caudale.
   7 rayons à la membrane branchiale de l'holocentre crénelé.
  12 rayons à chaque pectorale.
   1 rayon aiguillonné et 5 rayons articulés à chaque thoracine.
  17 rayons à la nageoire de la queue.

Ce jarbua a la tête courte et comprimée; des dents petites et séparées l'une de l'autre, à chaque mâchoire; la langue lisse; le palais rude; chaque opercule garni de très-petites écailles; la couleur générale argentée; les pectorales et les thoracines jaunâtres; une raie longitudinale et noire, et deux raies noires et obliques sur la caudale, dont les deux pointes sont de la même nuance que ces raies; et plusieurs taches noires et irrégulières sur la nageoire du dos.

---

7 rayons à la membrane branchiale de l'holocentre gaterin.

17 rayons à chaque pectorale.

1 rayon aiguillonné et 5 rayons articulés à chaque thoracine.

17 rayons à la caudale.

6 rayons à la membrane branchiale de l'holocentre jarbua.

13 rayons à chaque pectorale.

1 rayon aiguillonné et 5 rayons articulés à chaque thoracine.

17 rayons à la nageoire de la queue.

L'HOLOCENTRE VERDATRE.[1]

Serranus Cabrilla, var., Cuv.; *Bodianus Hiatula*, *Lutjanus Serran*, *Holocentrus Chanus*, et *Holocentrus virescens*, Lacep.[2].

L'HOLOCENTRE TIGRÉ (3), *Serranus tigrinus*, Cuv.; *Holocentrus tigrinus*, Bl., Lac. (4). — HOLOCENTRE CINQ-RAIES (5), *Diacope octolineata*, Cuv.; *Grammistes 5-lineatus*, Bl., Schn.; *Holocentrus 5-lineatus*, Bl., Lac.; *Labrus octolineatus*, et *Labrus Kamira*, Lac.; *Holocentrus bengalensis*, Bl., Lacep. (6). — HOLOCENTRE BENGALI (7), *Diacope octolineata*, Cuv. (voy. la synonymie du précédent, dont il ne diffère pas spécifiquement) (8). — HOLOCENTRE ÉPINEPHÈLE (9), *Serranus gymnopareius*, Cuv.; *Epinephelus striatus*, Bl.; *Holocentrus Epinephelus*, Lac. (10). — HOLOCENTRE POST (11), *Acerina vulgaris*, Cuv.; *Perca Cernua*, Linn., Gmel., Bl.; *Gymnocephalus Cernua*, Bl., Schn.; *Holocentrus Post*, Lacep. (12). — HOLOCENTRE NOIR (13), *Coryphœna Pompilus*, Linn.; *Centrolophus niger*, et *Holocentrus niger*, Lac. (14). — HOLOCENTRE ACÉRINE (15), *Acerina rossica*, Cuv.; *Perca Acerina*, Guldenst., Linn., Gmel.; *Holocentrus Acerina*, Lac. (16).

<hr>

IL paraît que le verdâtre se trouve dans les Indes occidentales. Ses deux mâchoires sont garnies de

---

(1) Bloch, pl. 233.

(2) Ce poisson est une variété sans bandes, du SERRAN proprement dit, ou MÉROU SERRAN de M. Cuvier.

A cette même espèce se rapportent encore trois autres poissons décrits

dents pointues, dont les deux antérieures sont les plus grandes ; la ligne latérale est hérissée d'é-

---

par M. de Lacépède, sous les noms de *Lutjan Serran*, *Holocentre Chani*, et *Bodian Hiatule*. DESM. 1830.

(3) *Ikan makekae*, aux Indes orientales.

Marquille, par les Hollandais des Indes orientales.

Bloch, pl. 237.

(4) Du genre MÉROU, *Serranus*, dans la famille des Acanthoptérygiens percoïdes. DESM. 1830.

(5) Bloch, pl. 239.

(6) Ce poisson est regardé par M. Cuvier comme une variété de son DIACOPE A HUIT RAIES, *Diacope octolineata*, dans la famille des Acanthoptérygiens percoïdes.

Il est d'ailleurs décrit trois autres fois par M. de Lacépède, sous les noms de *Labre à huit raies*, *Labre Kasmira*, et *Holocentre bengali*. DESM. 1830.

(7) Bloch, pl. 246, fig. 2.

(8) Ce poisson n'est qu'une simple variété de l'espèce précédente. Voyez la note 6. DESM. 1830.

(9) *Taye striée.* Bloch, pl. 330.

(10) M. Cuvier regarde ce poisson comme si voisin de son SERRAN ou MÉROU A JOUES NUES, qu'il est probable qu'il est de la même espèce (famille des Acanthoptérygiens percoïdes). DESM. 1830.

(11) *Perche goujonnière*, par les pêcheurs de la Seine inférieure.

Gremillet, id.

Gremille, sur les bords de la Moselle et des rivières qui se jettent dans cette dernière. (Lettre écrite à M. de Lacépède, en 1788, par dom Fleurand, bénédictin de Lay, dans la ci-devant Lorraine. Cet estimable savant croyait que ce nom *Gremille* a une origine celtique.)

Petite perche, dans plusieurs contrées de France.

Cerna, à Malte.

Kaul baarsch, en Allemagne.

Pfaffenlaus, en Autriche.

Rotzwolf, ibid.

Schroll, en Bavière.

Stuer, à Hambourg.

Stuer bass, ibid.

cailles petites et aiguës; des raies jaunâtres règnent
sur les opercules; le dos présente des taches ou

Kaulbarsch, en Livonie.

Rissis, chez les Lettes.

Ullis, ibid.

Kiis, en Estonie.

Jerscha, en Russie.

Giers, en Suède.

Schnorgers, ibid.

Horcke, en Danemarck.

Tarrike, ibid.

Stibling, ibid.

Kulebars, en Norvége.

Aboruden-flos, ibid.

Post, en Hollande.

Posch ou *poschje*, ibid.

Pope, en Angleterre.

Kuffe ou *Ruffe*, ibid.

Bloch, pl. 53, fig. 2.

Persègue post. Daubenton et Haüy, Encyclopédie méthodique.

Id. Bonnaterre, planches de l'Encyclopédie méthodique.

Faun. Suecic. 385.

Mull. Prodrom. Zoolog. Danic., p. 46, n. 392.

Meiding. Icon. Pisc. Austr., t. 3.

« Perca dorso monopterygio, capite cavernoso. » Artedi, gen. 40,
syn. 68, spec. 77.

Cernua fluviatilis. Belon, Aquat., p. 291.

Id. et *percæ fluviatilis genus minus.* Gesner, p. 191, 701; et (germ.)
fol. 160 *a.*

Id. Willughby, p. 334, tab. X, 14, fig. 2.

Id. Rai, p. 144, n. 10.

« Cernua fluviatilis, *aliis* perca minor. » Charlet., p. 158 et 161.

« Perca minor, porcus, porculus, porcellus, cernua nonnullorum. »
Schonev., p. 56.

« Perca fluviatilis minor. » Aldrovand., lib. 5, cap. 34, p. 626 et 627.

Id. Jonston, lib. 3, tit. 3, cap. 2, tab. 28.

bandes transversales et irrégulières d'un vert foncé; on voit des teintes jaunes à la base des nageoires, particulièrement à celle des pectorales et des thoracines.

Valentyn, Renard, Klein, Séba et Bloch, ont donné chacun une figure de l'holocentre tigré. Ce poisson des Indes orientales a la chair délicate. Sa tête est longue et comprimée; les dents sont pointues et inégales; la langue est lisse, et le palais rude; la couleur générale est bleuâtre; on

---

« Perca dorso monopterygio, capite subcavernoso, alepidoto, acu- « leato, etc. » Gronov. Mus. 1, p. 41, n. 94; Zooph., p. 85, n. 288.

Kram. Elench. 386.

Cernua. Schœffer. Pisc. Ratisb. 39, tab. 2, fig. 1.

« Percis, pinnis sex, etc. » Klein, Miss. pisc. 4, p. 40, n. 1, tab. 8, fig. 1 et 2.

Perca minor. Ruysch, Theatr. anim., p. 108.

Wulff, Ichthyolog., p. 28, n. 35.

Ruffe. Brit. Zoolog. 3, p. 215, n. 3.

Pfaffenlaus. Marsigli, Danub. 4, p. 67, tab. 23, fig. 2.

(12) C'est la grémille commune ou perche goujonnière de nos pays, type du genre GRÉMILLE, *Acerina,* Cuv., dans la famille des Acanthoptérygiens percoïdes. DESM. 1830.

(13) *Blaufish.* Brit. Zoolog. 3, p. 216, n. 4.

Id. Borlase, Cornwall., p. 271, tab. 25, fig. 8.

(14) M. Cuvier, qui remarque que le *perca nigra* de Gmelin ou *Holocentre noir,* Lac., n'est autre que le *Coryphœna pompilus,* Linn., ou ce qui est la même chose, que le *Centrolope nègre,* propose la supression de cette espèce. DESM. 1830.

(15) *Persègue acerine.* Bonnaterre, planches de l'Encyclopédie méthodique.

Guldenstaedt, Nov. Comm. Petropolit. 19, p. 457.

(16) Du genre GRÉMILLE, *Acerina,* Cuv., dans la famille des Acanthoptérygiens percoïdes. DESM. 1830.

voit une raie brune passer au-dessus de chaque œil, et s'avancer vers le museau. Indépendamment des bandes transversales qu'indique le tableau générique, la tête, le corps, la queue et les nageoires sont parsemés de taches brunes, presque toutes arrondies.

Le Japon est la patrie de l'holocentre cinq-raies. Il a la tête courte et comprimée; un rang de dents séparées l'une de l'autre, à chaque mâchoire; un grand nombre d'autres dents serrées et placées sans ordre, à la mâchoire supérieure, ainsi qu'au palais; la première pièce de chaque opercule, échancrée de manière à recevoir une sorte d'aiguillon tourné vers le museau, et attaché à la seconde pièce, laquelle d'ailleurs se termine en pointe membraneuse. La nuance générale du poisson est jaunâtre; et un rouge foncé colore les nageoires.

Le nom du bengali annonce le pays dans lequel on l'a pêché. Sa langue est lisse; mais son palais est hérissé de dents courtes et menues. On trouve des dents semblables à la mâchoire supérieure, à la suite d'une rangée d'autres dents plus longues et recourbées que l'on voit également à la mâchoire d'en bas. La première pièce de chaque opercule reçoit dans une échancrure, et comme celle de l'holocentre cinq-raies, une sorte de crochet ou d'aiguillon qui tient à la seconde pièce. Par le moyen de ce mécanisme, l'animal, en ouvrant la bouche, presse cette seconde pièce contre son corps, de manière à clore très-exactement l'ouverture branchiale. Une plaque dentelée est d'ailleurs placée au-dessus de l'échancrure de cette pièce postérieure. Les écailles sont petites et dentelées. Le jaune et le bleu règnent sur les nageoires.

L'épinéphèle habite dans les eaux de la Jamaïque. Ses yeux et ceux de quelques autres holocentres sont voilés par une membrane transparente comme ceux des murènes et de plusieurs autres poissons. Cette conformation dans l'organe de la vue de ces holocentres, avait engagé Bloch à les comprendre dans un genre particulier. Nos principes de distribution ne nous ont pas permis d'admettre ce genre; mais nous avons été bien aises de le rappeler, en donnant le nom générique de cette petite famille à la première espèce de ce groupe qui se présente à nous dans l'examen que nous faisons des divers holocentres. L'épinéphèle a le palais hérissé de petites dents; la langue lisse; les deux mâchoires garnies de dents assez courtes; le ventre arrondi; l'anus plus voisin de la tête que de la caudale. Deux raies longitudinales et brunes s'étendent sur chaque côté de l'animal, dont la couleur générale est blanchâtre. On voit des teintes jaunes sur la tête et sur les nageoires.

Le post se trouve dans la plupart des contrées septentrionales de l'Europe. Il y vit dans les rivières et dans les lacs dont le fond est de sable ou de glaise, et dont les eaux sont claires et pures. Il est surtout très-multiplié dans la Prusse. Il ne parvient ordinairement qu'à la longueur de deux ou trois décimètres; mais cependant il y a, auprès de Prenzlow, des lacs, où on a pris des individus de cette espèce, d'une grandeur bien supérieure.

Les ennemis dont il est le plus souvent obligé d'éviter la poursuite, surtout lorsqu'il ne présente que de petites dimensions, sont le brochet, la perche, la lote, l'anguille, et les grands oiseaux d'eau. Il se nourrit de vers, d'insectes aquatiques, et de poissons très-jeunes, et par conséquent très-petits. C'est au printemps qu'il quitte les lacs pour remonter dans les rivières, au séjour desquelles il préfère de nouveau celui des lacs, lorsque l'hiver approche. C'est aussi dans le printemps qu'il fraie. Il dépose ses œufs sur des bancs de sable, ou sur les corps durs qu'il trouve dans les eaux qu'il habite, et il les place à une profondeur telle, qu'ils ne soient communément ni au-dessus d'un ou deux mètres de profondeur, ni au-dessous de trois ou quatre. Ces œufs sont petits et d'un blanc mêlé de jaune. Bloch en a compté soixante-quinze mille six cents dans un ovaire qui ne pesait pas tout-à-fait quatre grammes. On a écrit que le post ne croissait que lentement; et comme d'ailleurs les individus de cette espèce sont très-recherchés, on pourrait croire que c'est à cause de la lenteur de leur

développement, qu'on n'en trouve que très-rare-
ment de parvenus à des dimensions et à un poids
considérables.

On prend le post à l'hameçon et au filet, particulièrement au trémail (1). Mais c'est principalement pendant l'hiver, et par conséquent lorsqu'il est descendu dans les lacs, qu'on le recherche
avec le plus d'avantage. On le pêche avec beaucoup de succès sous la croûte glacée de ces lacs
d'eau douce. On le poursuit avec d'autant plus de
constance et de soin, que sa chair est tendre, de
bon goût, et facile à digérer : elle devient même
exquise dans certaines eaux ; et l'on cite en
Allemagne, comme excellents à manger, les posts
des lacs Golis et Wandelitz.

M. Noël de Rouen nous écrit que, dans la
Seine, dont les pêcheurs nomment le post
Perche goujonnière, parce que sa longueur excède
rarement celle du plus grand goujon, on ne prend
guère cet holocentre qu'auprès de l'embouchure
de l'Eure, où on le trouve au milieu de petits
barbeaux et de jeunes cyprins brèmes.

La bonté de l'aliment que donne le post, la
salubrité de sa chair, et sa petitesse, ainsi que sa
faiblesse ordinaire, le font préférer à beaucoup
d'autres poissons par ceux qui cherchent à peupler un étang de la manière la plus convenable.

---

(1) Voyez une courte description du trémail à l'article du *Gade
colin*.

En l'y renfermant, on n'y introduit pas un ennemi dévastateur. C'est pendant le printemps ou l'automne qu'on le transporte communément des lacs ou des rivières dans les étangs où l'on veut le voir multiplier. On le prend pour cet objet dans les lacs peu profonds, plutôt que dans ceux dont le fond est très-éloigné de la surface de l'eau, parce que les filets dont on est le plus souvent obligé de se servir pour le pêcher dans ces derniers, le fatiguent au point de lui ôter la faculté de vivre, même pendant quelques heures, hors de son fluide natal. Le post cependant, lorsqu'il n'a pas été tourmenté par la manière dont on l'a pêché, perd difficilement la vie. On peut, pendant l'hiver, le faire parvenir vivant à d'assez grandes distances : un froid très-rigoureux ne suffit pas pour le faire périr ; et on l'a vu souvent, privé de tout mouvement et entièrement gelé en apparence, retrouver promptement la vie et son agilité, après avoir été plongé pendant quelques moments dans de l'eau froide, mais liquide (1).

---

(1)   6 rayons à la membrane branchiale de l'holocentre verdâtre.

14 rayons à chaque pectorale.

1 rayon aiguillonné et 5 rayons articulés à chaque thoracine.

18 rayons à la nageoire de la queue.

6 rayons à la membrane branchiale de l'holocentre tigré.

13 rayons à chaque pectorale.

1 rayon aiguillonné et 5 rayons articulés à chaque thoracine.

15 rayons à la caudale.

Le corps et la queue du post sont allongés et visqueux. J'ai voulu, pendant quelque temps, placer ce thoracin parmi les lutjans, parce qu'on pourrait à la rigueur ne vouloir reconnaître dans ses opercules qu'une simple dentelure; je l'ai inscrit cependant parmi les véritables holocentres, non seulement parce qu'un grand nombre de traits de sa conformation le rapprochent, aussi bien que plusieurs de ses habitudes, de ces holocentres, ainsi que des vraies persèques, mais encore parce que, dans la plupart des individus de cette espèce, plusieurs des pointes de la den-

---

6 rayons à la membrane branchiale de l'holocentre cinq-raies.

16 rayons à chaque pectorale.

1 rayon aiguillonné et 5 rayons articulés à chaque thoracine.

20 rayons à la nageoire de la queue.

6 rayons à la membrane branchiale de l'holocentre bengali.

14 rayons à chaque pectorale.

1 rayon aiguillonné et 5 rayons articulés à chaque thoracine.

18 rayons à la caudale.

5 rayons à la membrane branchiale de l'holocentre épinéphèle.

14 rayons à chaque pectorale.

1 rayon aiguillonné et 5 rayons articulés à chaque thoracine.

15 rayons à la nageoire de la queue.

7 rayons à la membrane branchiale de l'holocentre post.

14 rayons à chaque pectorale.

1 rayon aiguillonné et 5 rayons articulés à chaque thoracine.

17 rayons à la caudale.

7 rayons à la membrane branchiale de l'holocentre acerine.

25 rayons à chaque pectorale.

1 rayon aiguillonné et 5 rayons articulés à chaque thoracine.

17 rayons à la nageoire de la queue.

telure sont assez grandes pour être regardées comme de véritables aiguillons. Au reste, la tête de ce poisson est un peu déprimée. Le palais et le gosier sont garnis, comme les mâchoires, de dents petites et très-pointues. Le dos est noirâtre. Le pylore n'est entouré que de trois cœcums. On compte quinze côtes de chaque côté de l'épine dorsale, qui comprend trente vertèbres.

Le noir est ordinairement long de quatre ou cinq décimètres, et par conséquent plus grand que les individus de l'espèce du post, que l'on rencontre le plus souvent.

On trouve l'acerine dans la mer Noire, et pendant l'été, dans les grands fleuves qui y ont leur embouchure. Sa tête est plus allongée que celle du post; mais elle a de grands rapports avec cette espèce, qu'elle devrait suivre, ainsi que le noir, dans le genre des lutjans, si on aimait mieux comprendre le post dans cette famille que dans celle des holocentres.

L'HOLOCENTRE BOUTTON. [1]

Diacope bottoniensis, Cuv.; *Holocentrus Boutton*, Lac. (2).

L'HOLOCENTRE JAUNE ET BLEU (3), *Serranus flavo-cæruleus*, Cuv.; *Bodianus macrocephalus*, *Holocentrus gymnosus*, et *Holocentrus flavo-cæruleus*, Lac. (4). — HOLOCENTRE QUEUE RAYÉE (5), *Dules cauda-vittatus*, Cuv.; *Holocentrus caudá-vittatus*, Lac. (6). — HOLOCENTRE NÉGRILLON (7), *Pomacentrus nigricans*, Cuv.; *Holocentrus nigricans*, Lac. (8). — HOLOCENTRE LÉOPARD, *Plectropoma Leopardinus*, Cuv.; *Holocentrus Leopardus*, Lac. (9). — HOLOCENTRE CILIÉ, *Scolopsides lycogenis*, Cuv.; *Lycogenis argyrosoma*, Kuhl; *Holocentrus ciliatus*, Lacep. (10). — HOLOCENTRE THUNBERG (11), *Myripristis* . . . ., Cuv.; *Sciæna loricata*, Thunb.; *Holocentrus Thunberg*, Lac. (12).

C'EST dans les manuscrits de Commerson que nous avons trouvé la description des quatre pre-

----

(1) « Asper antrorsum subteriùsque rubens, sursum et lateraliter fla- « vescens, operculis branchiarum in angulo anteriore spinâ ad caput re- « flexâ notatis.—Perche du détroit de Boutton. » Commerson, manuscrits déja cités.

(2) Du genre DIACOPE, dans la famille des Acanthoptérygiens percoïdes. DESM. 1830.

(3) « Asper cærulescens, pinnis omnibus et caudâ, etiamnum basi, « luteis. » Commerson, manuscrits déja cités.

(4) Du genre MÉROU, *Serranus*, Cuv., dans la famille des Acanthoptérygiens percoïdes.

Ce poisson a été décrit trois fois par M. de Lacépède, sous les noms

miers de ces holocentres : aucun auteur n'en a encore parlé. Le *Boutton*, dont le nom spécifique indique le pays natal, a deux ou trois décimètres de longueur. Sa caudale est jaunâtre. Ses thoracines et son anale présentent la même couleur que la nageoire de la queue ; mais leurs premiers rayons sont rougeâtres. Cette nuance rouge paraît sur la base des pectorales, que distingue de plus une petite tache d'un pourpre foncé ; le reste de la surface de ces organes est jaune, de même que le bord supérieur de la dorsale, qui d'ailleurs est transparente. Les dents antérieures sont un

---

1° de *Bodian grosse-tête*, 2° d'*Holocentre gymnose*, et 3° d'*Holocentre jaune et bleu*. Desm. 1830.

(5) « Aspro dorso cærulescente, lateribus argenteis, caudâ lituris « albis et nigris alternis. » Commerson, manuscrits déja cités.

(6) Du genre Doules, *Dules*, dans la famille des Acanthoptérygiens percoïdes. Desm. 1830.

(7) « Aspro totus atratus, oculorum iridibus cæruleis. » Commerson, manuscrits déja cités.

(8) Du genre Pomacentre, dans la famille des Acanthoptérygiens sciènoïdes, Cuv. Desm. 1830.

(9) Du genre Plectropome, *Plectropoma*, Cuv., dans la famille des Acanthoptérygiens percoïdes. Desm. 1830.

(10) Du genre Scolopside, dans la famille des Acanthoptérygiens sciènoïdes, Cuv. Desm. 1830.

(11) « Sciæna loricata, argentea, immaculata, etc. » Thunberg, Voyage au Japon, etc.

(12) Ce poisson est bien certainement du genre Myripristis de M. Cuvier, dans la famille des Acanthoptérygiens percoïdes ; mais ce naturaliste ne le rapporte précisément à aucune espèce, tout en remarquant qu'il se rapproche surtout du *Myripristis hexagonus*. Desm. 1830.

peu longues; les autres très-petites, et serrées les unes contre les autres, comme celles d'une lime. On voit aussi de très-petites dents au fond du palais et du gosier : mais la langue est lisse; elle est en outre courte, un peu large et très-blanche. La première pièce de chaque opercule montre une échancrure propre à recevoir l'aiguillon de la seconde pièce, laquelle se termine en pointe. Les Indiens des Moluques apportèrent plusieurs individus de cette espèce au vaisseau sur lequel Commerson parcourait le grand Océan, avec notre Bougainville, en 1768; et ce voyageur dit dans ses manuscrits, que ces individus étaient mêlés avec plusieurs autres poissons séchés, très-bien préparés, et étendus entre deux bâtons qui les fixaient.

Le jaune et bleu habite dans les eaux qui baignent l'Isle de France. Il est ordinairement plus grand que le boutton. Quelquefois l'extrémité de ses pectorales est noire; le bord de la mâchoire supérieure jaunâtre; l'entre-deux des yeux peint de la même couleur, et une tache ovale de la même teinte placée sur le derrière de l'occiput : mais il n'offre d'ailleurs que les deux nuances indiquées par le nom spécifique que je lui ai donné.

Les deux mâchoires sont hérissées de dents très-menues, très-courtes, très-serrées, au-devant desquelles la mâchoire d'en-haut en présente quatre plus épaisses et un peu plus longues. Des éminences osseuses situées sur le palais, et la circonférence du gosier, sont également garnies de dents très-petites et très-fines; mais on n'en voit pas sur la langue, qui est courte, large à son extrémité, un peu cartilagineuse, assez libre dans ses mouvements, et blanchâtre. Les premiers rayons de la dorsale sont garnis chacun d'un filament. Le péritoine est blanc; le canal intestinal trois fois recourbé; la vessie natatoire adhérente au dos. L'animal vit de petits crabes et de jeunes poissons qu'il avale tout entiers. Sa chair est agréable et saine.

L'holocentre queue-rayée est communément moins grand que le boutton. Les raies longitudinales blanches et noires qu'il a sur la queue, varient pour le nombre depuis trois jusqu'à dix. La mâchoire supérieure est extensible et un peu plus courte que celle d'en-bas : l'une et l'autre présentent, ainsi que le devant du palais, un grand nombre de petites dents semblables à celles d'une scie. La langue est lisse. L'Isle de France est sa patrie.

Le négrillon a la tête petite; le dos très-élevé; les dents menues, blanchâtres, rapprochées et arrangées comme celles d'un peigne; la langue et le palais sans aspérités; et la ligne latérale si courte, qu'elle se termine à l'extrémité de la nageoire du dos (1).

____

(1) 7 rayons à la membrane branchiale de l'holocentre boutton.

Aucun naturaliste n'a encore rien publié au sujet du léopard et du cilié. Le premier de ces deux holocentres a la lèvre supérieure double ; la mâchoire d'en-haut, qui est un peu moins avancée que celle d'en-bas, montre, ainsi que cette dernière, six dents fortes, grandes et crochues, et plusieurs rangs de dents plus petites.

Le corps et la queue du cilié sont allongés.

Le thunberg, auquel nous avons donné le nom

---

16 rayons à chaque pectorale.

1 rayon aiguillonné et 5 rayons articulés à chaque thoracine.

17 rayons à la nageoire de la queue.

7 rayons à la membrane branchiale de l'holocentre jaune et bleu.

18 rayons à chaque pectorale.

1 rayon aiguillonné et 5 rayons articulés à chaque thoracine.

15 rayons à la caudale

6 rayons à la membrane branchiale de l'holocentre queue-rayée.

16 rayons à chaque pectorale.

15 rayons à la nageoire de la queue.

5 ou 6 rayons à la membrane branchiale de l'holocentre négrillon.

20 rayons à chaque pectorale.

1 rayon aiguillonné et 5 rayons articulés à chaque thoracine.

15 rayons à la caudale.

14 rayons à chaque pectorale de l'holocentre léopard.

18 rayons à la nageoire de la queue.

17 rayons à chaque pectorale de l'holocentre cilié.

1 rayon aiguillonné et 5 rayons articulés à chaque thoracine.

19 rayons à la caudale.

7 rayons à la membrane branchiale de l'holocentre thunberg.

13 rayons à chaque pectorale.

18 rayons à la nageoire de la queue.

du savant voyageur qui l'a fait connaître, n'a qu'une nageoire dorsale, quoiqu'il paraisse en avoir deux. Sa lèvre supérieure est double; on voit au moins trois dents mousses de chaque côté de la mâchoire d'en-bas; le dos est élevé.

Cet holocentre vit dans la mer du Japon.

L'HOLOCENTRE BLANC-ROUGE.

Holocentrum orientale, Cuv.; *Holocentrus albo-ruber*, Lac. (1)

L'HOLOCENTRE BANDE-BLANCHE, *Sebastes albofasciatus*, Cuv.; *Holocentrus albofasciatus*, Lac. (2). — HOLOCENTRE DIACANTHE, *Pomacentrus Pavo*, Lac., Cuv.; *Chœtodon Pavo*, Bl.; *Holocentrus diacanthus*, Lac. (3). — HOLOCENTRE TRIPÉTALE, *Holocentrus tripetalus*, Lac. (4). — HOLOCENTRE TÉTRACANTHE, *Holocentrum* ......, Cuv.; *Holocentrus tetracanthus*, Lac. (5). — HOLOCENTRE ACANTHOPS, *Holocentrus Acanthops*, Lac. (6). — HOLOCENTRE RADJABAN, *Diagramma punctatum*, Ehrenb., Cuv.; *Holocentrus Radjaban*, Lac. (7). — HOLOCENTRE DIADÊME, *Holocentre Diadema*, Cuv.; *Sciæna vittata*, Parkins.; *Perca pulchella*, Bennet; *Holocentrus Diadema*, Lac. (8). — HOLOCENTRE GYMNOSE, *Serranus flavo-cæruleus*, Cuv.; *Holocentrus flavo-cæruleus*, *Holocentrus gymnosus*, et *Bodianus macrocephalus*, Lac. (9).

Ces neuf espèces sont encore inconnues des naturalistes. Nous avons trouvé une figure de la

---

(1) M. Cuvier rapporte cette espèce à son HOLOCENTRE DES INDES ORIENTALES (famille des Acanthoptérygiens percoïdes), auquel il rattache encore la *Persèque Praslin* de M. de Lacépède. DESM. 1830.

(2) Du genre SEBASTE, *Sebastes*, Cuv., dans la famille des Acanthoptérygiens joues-cuirassées. DESM. 1830.

(3) Du genre POMACENTRE de M. de Lacépède, adopté par M. Cuvier, et placé par lui dans la famille des Acanthoptérygiens sciènoïdes.

M. de Lacépède le décrit deux fois, 1° sous le nom de *Pomacentre paon*, et 2° d'*Holocentre diacanthe*. DESM. 1830.

première à la page 25 d'un cahier de manuscrits chinois, déposé dans la bibliothèque du Muséum d'histoire naturelle, et que nous avons déja cité à l'article du *Spare chinois* et à celui du *Spare cardinal*. La page 112 de ce même manuscrit présente l'image de la seconde de ces neuf espèces. Nous avons vu des individus des cinq espèces suivantes dans la collection d'objets d'histoire naturelle donnée à la France par la Hollande; et les manuscrits de Commerson renfermaient deux dessins qui représentaient les deux dernières.

Le blanc-rouge et l'holocentre bande-blanche vivent donc dans les eaux de la Chine.

L'holocentre diacanthe, que nous avons ainsi nommé à cause des deux rayons aiguillonnés de sa nageoire de l'anus, a deux pièces à chacun de ses opercules.

Le tripétale, dont le nom spécifique désigne

---

(4) Non mentionné par M. Cuvier. Desm. 1830.

(5) M. Cuvier reconnaît dans ce poisson les caractères de son genre Holocentre, *Holocentrum* (famille des Acanthoptérygiens percoïdes); mais il ne le rapporte à aucune des espèces qu'il admet. Desm. 1830.

(6) Non mentionné par M. Cuvier. Desm. 1830.

(7) Le *Radjaban*, qui porte ce nom aux Indes orientales, est placé par M. Cuvier, dans son genre Diagramme, de la famille des Acanthoptérygiens sciènoïdes. Desm. 1830.

(8) Du genre Holocentre, *Holocentrum*, Cuv. (famille des Acanthoptérygiens percoïdes). Desm. 1830.

(9) Ce poisson, du genre Mérou, *Serranus*, Cuv. (famille des Acanthoptérygiens percoïdes), a été décrit trois fois par M. de Lacépède, sous les noms 1° de *Bodian grosse-téte*, 2° d'*Holocentre gymnose*, et 3° d'*Holocentre jaune et bleu*. Desm. 1830.

les trois pièces de son opercule, montre plusieurs rangs de petites dents, et de plus une dent assez grosse auprès de chacune des deux extrémités de la mâchoire inférieure, opposées au museau.

Le tétracanthe, dont le nom indique les quatre rayons aiguillonnés de sa nageoire de l'anus, a la mâchoire d'en-bas plus avancée que celle d'en-haut; ses dents sont petites; des lames écailleuses et dont la surface offre des stries disposées en rayons, couvrent le dessus des yeux; une grande partie de la portion de la dorsale, que soutiennent des rayons aiguillonnés, est très-distincte du reste de cette nageoire.

L'œil de l'acanthops est gros; et sa ligne latérale très-marquée (1).

Les deux mâchoires du radjaban sont garnies de plusieurs rangs de dents serrées et presque égales les unes aux autres; la grosseur des yeux est remarquable; on voit une lame écailleuse et dentelée au-dessus de la dernière pièce de chaque opercule; et la ligne latérale est presque droite.

Six ou sept raies étroites et longitudinales parent chaque côté de l'holocentre diadême. Les bandes noires et blanches qui décorent la partie antérieure de sa nageoire dorsale, représentent le bandeau auquel les anciens donnaient le nom

---

(1) La dénomination d'*Acanthops* désigne les aiguillons que l'on voit auprès des yeux de l'holocentre auquel elle appartient. Ἄκανθα, en grec, signifie *aiguillon*; et ὤψ signifie *œil*.

de *diadéme;* et les rayons aiguillonnés qui s'élèvent dans cette même partie au-dessus de la membrane, rappellent les pointes dont ce bandeau était quelquefois orné (1).

Les dents du gymnose sont petites et aiguës; l'extrémité antérieure de la mâchoire d'en-haut en présente de plus grandes que les autres.

---

(1) 5 rayons à la membrane branchiale de l'holocentre diacanthe.

16 rayons à chaque pectorale.

6 rayons à chaque thoracine.

16 rayons à la nageoire de la queue.

16 rayons à chaque pectorale de l'holocentre tripétale.

1 rayon aiguillonné et 5 rayons articulés à chaque thoracine.

18 rayons à la caudale.

12 rayons à chaque pectorale de l'holocentre tétracanthe.

17 rayons à la nageoire de la queue.

14 rayons à chaque pectorale de l'holocentre acanthops.

1 rayon aiguillonné et 5 rayons articulés à chaque thoracine.

19 rayons à la caudale.

16 rayons à chaque pectorale de l'holocentre radjaban.

1 rayon aiguillonné et 5 rayons articulés à chaque thoracine.

16 rayons à la nageoire de la queue.

15 rayons à chaque pectorale de l'holocentre gymnose.

6 rayons à chaque thoracine.

18 rayons à la caudale.

L'HOLOCENTRE RABAJI.[1]

Chrysophrys bifasciata, Cuv.; *Chœtodon bifasciatus*, Forsk.; *Labrus Catenula*, *Sparus Mylio*, et *Holocentrus Rabaji*, Lac. (2).

LA couleur générale de cet holocentre est brillante et argentée. La dorsale et l'anale sont jaunes; les thoracines noires; les pectorales jaunes sur une partie de leur surface, et blanches sur l'autre. On aperçoit des rugosités sur le sommet de la tête. Chaque mâchoire est garnie de dents molaires hémisphériques, fortes et serrées, et de cinq incisives dures et coniques (3).

---

(1) Forskael, Faun. Arab., p. 64, n. 91.

Chétodon rabaji. Bonnaterre, planches de l'Encyclopédie méthodique.

(2) Du genre DAURADE, *Chrysophrys*, Cuv., dans la famille des Acanthoptérygiens sparoïdes.

Il a été décrit trois fois par M. de Lacépède, sous les dénominations 1° de *Labre chapelet*, 2° de *Spare mylio*, et 3° d'*Holocentre rabaji*. DESM. 1830.

(3) 5 rayons à la membrane branchiale de l'holocentre rabaji.

16 rayons à chaque pectorale.

1 rayon aiguillonné et 5 rayons articulés à chaque thoracine.

17 rayons à la nageoire de la queue.

L'HOLOCENTRE MARIN.[1]

Serranus Scriba, Cuv.; *Perca Scriba*, Linn.; *Perca marina*, Brunn.; *Holocentrus marinus*, Lac., Laroche; *Holocentrus Argus*, Spin.; *Holocentrus fasciatus*, et *Hol. maroccanus*, Bl.; *Lutjanus Scriptura*, Lac. (2).

L'HOLOCENTRE TÉTARD (3), *Perca Cottoides*, Linn., Gmel.; *Holocentrus Gyrinus*, Lacep. (4). — HOLOCENTRE PHILADEL-PHIEN (5), *Perca philadelphica*, Linn., Gmel.; *Holocentrus philadelphicus*, Lac. (6). — HOLOCENTRE MÉROU (7), *Serranus Gigas*, Cuv.; *Perca Gigas*, Brunn., Linn., Gmel.; *Holocentrus Mérou*, Lac. (8). — HOLOCENTRE FORSKAEL (9), *Serranus oceanicus*, Cuv.; *Perca fasciata*, Forsk., Linn., Gmel.; *Holocentrus oceanicus*, et *Holocentrus Forskael*, Lac. (10). — HOLOCENTRE TRIACANTHE (11), *Serranus hepatus*, Cuv.; *Labrus hepatus*, Linn., Gmel., Lac.; *Lutjanus adriaticus*, et *Holocentrus triacanthus*, Lac. (12). — HOLOCENTRE ARGENTÉ (13), *Serranus argentinus*, Cuv.; *Holocentrus argentinus*, Bl., Lac. (14).

ON pêche l'holocentre marin dans la Méditerranée, et peut-être dans la partie de l'Océan qui

---

(1) *Percia*, dans les environs de Rome.

Persègue perche de mer. Daubenton et Haüy, Encyclopédie méthodique.

Id. Bonnaterre, planches de l'Encyclopédie méthodique.

« Perca lineis utrinque septem transversis nigris, ductibus miniaceis « cæruleisque in capite et antica ventris. » Artedi, gen. 50, syn. 68.

baigne la Norvége, ainsi que dans plusieurs autres portions de cet océan Atlantique. Son museau

---

Mus. Ad. Frid. 8, p. 83 *.

Faun. Suecic. 233.

Πέρχη. Aristot., lib. 2, cap. 13, 17 ; et lib. 8, cap. 15.

Id. Athen., lib. 7, fol. 159, 29 (ed. Valderi).

Id. Oppian., lib. 1, p. 6.

Perca. Plin., lib. 9, cap. 16.

Perca pelagia. Jov., c. 24, p. 92.

Perche. Rondelet, première partie, liv. 6, chap. 8.

Salvian., fol. 224, *b.* ad iconem.

Perca marina. Gesner, p. 696, 819; et (germ.) fol. 16.

Aldrovand., lib. 1, cap. 9, p. 47, 48, 49 et 50.

Jonston, lib. 1, tit. 2, cap. 1, *a.* 7; t. 14, fig. 8.

Charleton, p. 134.

Willughby, p. 327.

Rai, p. 140.

(2) Du genre MÉROU, *Serranus,* Cuv., dans la famille des Acanthoptérygiens percoïdes.

M. de Lacépède a décrit trois fois ce poisson sous les noms, 1° d'*Holocentre marin,* 2° d'*Holocentre à bandes,* et 3° de *Lutjan écriture.* DESM. 1830.

(3) Mus. Ad. Frid. 2, p. 84.

Persègue têtard. Daubenton et Haüy, Encyclopédie méthodique.

Id. Bonnaterre, planches de l'Encyclopédie méthodique.

(4) Non mentionné par M. Cuvier. DESM. 1830.

(5) *Chub,* dans quelques contrées de l'Amérique septentrionale.

Persègue meunier de mer. Daubenton et Haüy, Encyclopédie méthodique.

Id. Bonnaterre, planches de l'Encyclopédie méthodique.

(6) Non mentionné par M. Cuvier. DESM. 1830.

(7) Brünn, Pisc. Massil., p. 65, n. 81.

Persègue merou. Bonnaterre, planches de l'Encyclopédie méthodique.

(8) Ce poisson est le MÉROU proprement dit, ou GRAND SERRAN BRUN de M. Cuvier, dans la famille des Acanthoptérygiens percoïdes. DESM. 1830.

est allongé et pointu; sa dorsale, son anale et sa caudale sont souvent jaunes et mouchetées d'un jaune plus foncé; l'on voit quelquefois des raies rouges sur ses pectorales. Sa longueur ordinaire est de trois ou quatre décimètres.

Le tétard habite dans l'Inde; sa tête, son corps et sa queue sont parsemés de taches brunes et presque rondes.

Le philadelphien vit dans l'Amérique septentrionale.

On a pêché le mérou dans la Méditerranée. Cet holocentre est long d'un mètre : aussi lui a-t-on donné le nom de *Géant.* Le dessous de sa tête est rouge; l'ouverture de sa bouche, grande; sa langue lisse; son palais hérissé de petites dents, ainsi que son gosier; chacune de ses mâchoires, garnie de plusieurs rangées de dents aiguës; le

---

(9) Forskael, Faun. Arab., p. 40, n. 39.

Persègue rubannée. Bonnaterre, planches de l'Encyclopédie méthodique.

(10) Du genre MÉROU, *Serranus,* Cuv., dans la famille des Acanthoptérygiens percoïdes.

Ce poisson est décrit deux fois dans cet ouvrage, sous les noms 1° d'*Holocentre Forskael*, et 2° d'*Holocentre océanique.*   DESM. 1830.

(11) *Holocentre rayé.* Bloch, pl. 235, fig. 2.

(12) Du genre MÉROU, *Serranus,* Cuv., dans la famille des Acanthoptérygiens percoïdes.

Ce poisson est décrit deux fois par M. de Lacépède, sous les noms 1° de *Lutjan adriatique,* et 2° d'*Holocentre triacanthe.*   DESM. 1830.

(13) *Holocentre argenté.* Bloch, pl. 235, fig. 2.

(14) Du genre MÉROU, *Serranus,* Cuv. (famille des Acanthoptérygiens percoïdes).   DESM. 1830.

devant de sa mâchoire supérieure, armé de quatre dents coniques et plus longues que les autres; sa dorsale bordée de filaments.

Le forskael est encore plus grand que le mérou : sa longueur surpasse douze décimètres. Les deux mâchoires sont également avancées, et présentent chacune deux dents coniques; on voit de plus à la mâchoire supérieure plusieurs rangs de dents flexibles et très-fines; la mâchoire d'en-bas montre un rang de ces dents très-déliées. Ce poisson a été observé dans la mer d'Arabie.

Le triacanthe a la langue lisse; le palais et les mâchoires hérissés de dents petites et communément très-serrées; les thoracines d'une couleur foncée; les autres nageoires d'une nuance plus claire.

L'or et l'argent brillent sur les écailles de l'argenté; d'ailleurs le dessus de sa tête est violet; la dorsale, l'anale et la caudale sont d'un bleu clair; les pectorales, ainsi que les thoracines, jaunes (1);

---

(1) 7 rayons à la membrane branchiale de l'holocentre marin.

   19 rayons à chaque pectorale.

    1 rayon aiguillonné et 5 rayons articulés à chaque thoracine.

   14 rayons à la nageoire de la queue.

    8 rayons à la membrane branchiale de l'holocentre têtard.

   14 rayons à chaque pectorale.

    1 rayon aiguillonné et 4 ou 5 rayons articulés à chaque thoracine.

   12 rayons à la caudale.

    7 rayons à la membrane branchiale de l'holocentre philadelphien.

   16 rayons à chaque pectorale.

    1 rayon aiguillonné et 5 rayons articulés à chaque thoracine.

des dents petites et aiguës distribuées le long de chaque mâchoire; la langue est lisse, et le palais rude.

---

11 rayons à la nageoire de la queue.

7 rayons à la membrane branchiale de l'holocentre mérou.
16 rayons à chaque pectorale.
1 rayon aiguillonné et 5 rayons articulés à chaque thoracine.
15 rayons à la caudale.

7 rayons à la membrane branchiale de l'holocentre forskael.
17 rayons à chaque pectorale.
1 rayon aiguillonné et 5 rayons articulés à chaque thoracine.
17 rayons à la nageoire de la queue.

4 rayons à la membrane branchiale de l'holocentre triacanthe.
15 rayons à chaque pectorale.
1 rayon aiguillonné et 5 rayons articulés à chaque thoracine.
15 rayons à la caudale.

5 rayons à la membrane branchiale de l'holocentre argenté.
14 rayons à chaque pectorale.
1 rayon aiguillonné et 5 rayons articulés à chaque thoracine.
15 rayons à la nageoire de la queue.

L'HOLOCENTRE TAUVIN.[1]

Serranus Merra, Cuv.; *Epinephelus Merra*, Bl.; *Perca Tau-vina*, Forsk., *Holocentrus Merra*, et *Holocentrus Tauvinus*, Lacep. (2).

L'HOLOCENTRE ONGO (3), *Serranus dichropterus*, Cuv.; *Holo-centrus Ongus*, Lac. (4). — HOLOCENTRE DORÉ (5), *Serranus auratus*, Cuv.; *Holocentrus auratus*, Bl., Lac. (6). — HOLO-CENTRE QUATRE-RAIES (7), *Therapon quadrilineatus*, Cuv.; *Holocentrus quadrilineatus*, Bl., Lac. (8). — HOLOCENTRE A BANDES (9), *Serranus Scriba*, Cuv.; *Holocentrus marinus*, Art., Lac.; *Holocentrus fasciatus*, Bl., Lac.; *Lutjanus Scrip-tura*, Lac. (10). — HOLOCENTRE PIRA-PIXANGA (11), *Serra-nus Pixanga*, Cuv.; *Holocentrus punctatus*, Bl.; *Holocen-centrus Pira-pixanga*, Lac. (12). — HOLOCENTRE LANCÉOLÉ (13), *Serranus lanceolatus*, Cuv.; *Holocentrus lanceolatus*, Lacep. (14).

LES rivages couverts de coraux et de madré-pores, de la mer d'Arabie, nourrissent le tauvin,

---

(1) *Perca tauvina*. Linnée, édition de Gmelin.

Forskael, Faun. Arab., p. 39, n. 38.

Persègue tauvine. Bonnaterre, planches de l'Encyclopédie méthodique.

(2) Du genre MÉROU, *Serranus*, Cuv., dans la famille des Acantho-ptérygiens percoïdes.

M. de Lacépède a décrit ce poisson sous deux noms différents, 1° d'*Holocentre Tauvin*, et 2° d'*Holocentre Merra*. DESM. 1830.

(3) *Ikan ongo*, au Japon.

Holocentre ongo. Bloch, pl. 234.

dont la chair est peu agréable au goût, et dont toutes les écailles sont petites et dentelées. La base de la langue et le gosier sont garnis de dents menues et flexibles. La lèvre supérieure est extensible. On voit trois aiguillons sur la partie postérieure de chaque opercule. La couleur brune de l'animal est relevée par des taches arrondies et noirâtres; et ces taches sont bordées de blanc, dans une partie de leur circonférence, au-dessus de presque toutes les nageoires.

---

(4) Du genre Mérou, *Serranus*, Cuv. (famille des Acanthoptérygiens percoïdes). Desm. 1830.

(5) *Holocentre doré*. Bloch, pl. 236.

(6) Du genre Mérou, Cuv. (famille des Acanthoptérygiens percoïdes).

M. Cuvier remarque les rapports qui existent entre la figure de ce poisson dans Bloch (pl. 236) et son *Plectropome Léopard*. Desm. 1830.

(7) *Holocentrus quadrilineatus*. Bloch, pl. 238, fig. 2.

(8) Du genre Therapon, dans la famille des Acanthoptérygiens percoïdes de M. Cuvier. Desm. 1830.

(9) *Holocentrus fasciatus*. Bloch, pl. 240.

(10) Du genre Mérou, *Serranus*, (famille des Acanthoptérygiens percoïdes) Cuv.

M. de Lacépède donne trois fois la description de ce poisson, sous les noms 1° d'*Holocentre marin*, 2° d'*Holocentre à bandes*, et 3° de *Lutjan écriture*. Desm. 1830.

(11) *Gatt-visch*, par les Hollandais.

Pesche gatto, par les Portugais.

Holocentre pointé. Bloch, pl. 241.

(12) Du genre Mérou, *Serranus*, Cuv., dans la famille des Acanthoptérygiens percoïdes. Desm. 1830.

(13) *Holocentre lancette*. Bloch, pl. 242, fig. 1.

(14) Du genre Mérou, *Serranus*, Cuv., dans la famille des Acanthoptérygiens percoïdes. Desm. 1830.

Les six autres espèces d'holocentres dont nous parlons dans cet article, ont été décrites pour la première fois par Bloch.

L'Ongo vit dans les eaux du Japon. Chacune de ses mâchoires présente un rang de dents courtes et pointues; le palais est lisse; chaque narine a deux orifices; l'iris, les pectorales et les thoracines brillent de la couleur de l'or (1).

---

(1) 7 rayons à la membrane branchiale de l'holocentre tauvin.
18 rayons à chaque pectorale.
1 rayon aiguillonné et 5 rayons articulés à chaque thoracine.
17 rayons à la nageoire de la queue.

5 rayons à la membrane branchiale de l'holocentre ongo.
12 rayons à chaque pectorale.
1 rayon aiguillonné et 5 rayons articulés à chaque thoracine.
18 rayons à la caudale.

6 rayons à la membrane branchiale de l'holocentre doré.
16 rayons à chaque pectorale.
1 rayon aiguillonné et 5 rayons articulés à chaque thoracine.
20 rayons à la nageoire de la queue.

6 rayons à la membrane branchiale de l'holocentre quatre-raies.
13 rayons à chaque pectorale.
1 rayon aiguillonné et 5 rayons articulés à chaque thoracine.
16 rayons à la caudale.

6 rayons à la membrane branchiale de l'holocentre à bandes.
13 rayons à chaque pectorale.
1 rayon aiguillonné et 5 rayons articulés à chaque thoracine.
16 rayons à la nageoire de la queue.

12 rayons à chaque pectorale de l'holocentre pira-pixanga.
1 rayon aiguillonné et 5 rayons articulés à chaque thoracine.
17 rayons à la caudale.

Le doré des Indes orientales a les écailles très-petites, mais plus éclatantes encore que les thoracines et les pectorales de l'ongo. Les dents des deux mâchoires sont petites, pointues, et presque toutes d'une longueur égale; le palais est garni de dents, comme les mâchoires; une belle couleur d'écarlate borde les nageoires du dos, de l'anus et de la queue; les pectorales sont d'un violet pâle, et les thoracines d'un rouge foncé.

Le quatre-raies habite dans les Indes orientales, comme le doré; mais sa parure n'est pas aussi magnifique. Sa dorsale peut être couchée dans une sorte de sillon longitudinal; et sa ligne latérale est tortueuse.

L'holocentre à bandes a le museau avancé, le palais garni de petites dents, et la langue lisse.

Le pira-pixanga est un poisson du Brésil : il vit dans la mer et au milieu des écueils; et voilà pourquoi les Hollandais et les Portugais l'ont nommé *Poisson de roche*. Il ne parvient pas à de très-grandes dimensions; mais sa chair est blanche, ferme, de bon goût, et très-saine : aussi le pêche-t-on dans toutes les saisons; on le prend avec des filets. Pison dit que cet animal perd difficilement la vie; qu'il a trouvé un pira-pixanga

6 rayons à la membrane branchiale de l'holocentre lancéolé.

16 rayons à chaque pectorale.

1 rayon aiguillonné et 5 rayons articulés à chaque thoracine.

13 rayons à la nageoire de la queue.

qui n'avait pas cessé de vivre trois heures après avoir été tiré de l'eau ; qu'il l'a ouvert au bout de deux heures, et que le cœur de ce poisson palpitait encore. Marcgrave en a donné une figure qui a été copiée par Pison, Willughby, Jonston et Ruysch. Klein et Gronou en ont parlé ; et le prince Maurice de Nassau en a laissé, dans ses manuscrits, un dessin qui a été publié par Bloch. Ses écailles sont dures et dentelées; son dos est élevé et arrondi; la tête, le corps et la queue sont allongés.

Les Indes orientales sont la patrie du lancéolé. Plusieurs rangées de dents petites et pointues garnissent les mâchoires; le palais est rude; la langue est lisse et un peu libre dans ses mouvements.

L'HOLOCENTRE POINTS-BLEUS.[1]

Serranus cœruleo-punctatus, Cuv. ; *Holocentrus cœruleo-punctatus*, Bl., Lac. (2).

L'Holocentre blanc et brun (3), *Holocentrus albo-fuscus*, Lac. (4).— Holocentre Surinam (5), *Lobotes surinamensis*, Cuv.; *Holocentrus surinamensis*, Bl.; *Holocentrus Surinam*, Lac. (6).—Holocentre Éperon (7), *Lates calcarifer*, Cuv.; *Holocentrus calcarifer*, Bl., Lac. (8). — Holocentre africain (9), *Serranus alexandrinus*, Cuv.? *Epinephelus Afer*, Bl.; *Holocentrus Afer*, Lac. (10).—Holocentre bordé (11), *Serranus marginalis*, Cuv.; *Holocentrus marginatus*, et *Holocentrus Rosmarus*, Lac. (12).—Holocentre brun (13), *Epinephelus fuscus*, Bl.; *Holocentrus fuscus*, Lac. (14). — Holocentre Merra (15), *Serranus Merra*, Cuv.; *Epinephelus Merra*, Bl.; *Perca Tauvina*, Forsk.; *Holocentrus Tauvinus*, et *Holocentrus Merra*, Lac. (16).— Holocentre rouge (17), *Serranus . . . . .*, Cuv.; *Epinephelus ruber*, Bl.; *Holocentrus ruber*, Lac. (18).

<hr>

Bloch a fait connaître les neuf holocentres dont cet article renferme la notice. Celui de ces

---

(1) Bloch, pl. 242, fig. 2.

(2) Du genre Mérou, *Serranus*, Cuv.; dans la famille des Acanthoptérygiens percoïdes. Desm. 1830.

(3) *Holocentre tacheté.* Bloch, pl. 242, fig. 3.

(4) Non mentionné par M. Cuvier. Desm. 1830.

(5) Bloch, pl. 243.

poissons auquel il a donné le nom de *Points-bleus*, a des dents très-fines aux mâchoires, la langue lisse, le palais rude, les écailles extrêmement petites, et les nageoires très-brunes.

Le blanc et brun se trouve dans les Indes orientales. Les dents qui garnissent les mâchoires sont égales et pointues ; la langue est lisse ; le pa-

---

(6) Du genre Lobotes, dans la famille des Acanthoptérygiens sciènoïdes. Desm. 1830.

(7) Bloch, pl. 244.

(8) Du genre Variole, *Lates*, dans la famille des Acanthoptérygiens percoïdes. Desm. 1830.

(9) *Épinéphèle africain.* Bloch, pl. 327.

(10) M. Cuvier croit pouvoir, sans trop de doute, rapporter l'*Holocentre africain*, Lac., à l'espèce de poisson qu'il nomme Mérou d'Alexandrie, *Serranus alexandrinus* (dans la famille des Acanthoptérygiens percoïdes). Desm. 1830.

(11) *Épinéphèle bordé.* Bloch, pl. 328, fig. 1.

(12) Du genre Mérou, *Serranus*, Cuv., dans la famille des Acanthoptérygiens percoïdes.

M. de Lacépède a décrit deux fois ce poisson, sous les noms 1° d'*Holocentre bordé*, et 2° d'*Holocentre Rosmare*. Desm. 1830.

(13) *Épinéphèle brun.* Bloch, pl. 328, fig. 2.

(14) Non mentionné par M. Cuvier. Desm. 1830.

(15) *Épinéphèle merra.* Bloch, pl. 329.

(16) Du genre Mérou, *Serranus*, Cuv., famille des Acanthoptérygiens percoïdes.

M. de Lacépède a fait un double emploi en décrivant deux fois ce poisson sous les noms 1° d'*Holocentre Tauvin*, et 2° d'*Holocentre Merra*. Desm. 1830.

(17) *Épinéphèle rouge.* Bloch, pl. 331.

(18) Du genre Mérou, *Serranus*, dans la famille des Acanthoptérygiens percoïdes. M. Cuvier dit qu'il ne diffère de son *Serranus aurantius* que parce que Bloch lui compte deux rayons épineux de plus à la dorsale, et un rayon mou de moins. Desm. 1830.

lais paraît rude au toucher ; les couleurs sont remarquables par leur distribution, et par les contrastes que forment leurs nuances.

Le surinam parvient à la grandeur de la perche d'Europe ; sa chair est grasse et très-agréable au goût : son nom annonce le pays qu'il habite. Les deux mâchoires sont garnies de dents courtes, grosses et recourbées ; et de plus la mâchoire supérieure est hérissée de dents très-fines, placées derrière les premières ; le palais et la langue sont lisses. On voit de petites écailles sur la base des nageoires du dos, de l'anus et de la queue ; ces nageoires sont, ainsi que les autres, variées de jaune, de brun et de violet ; une bande brune transversale et figurée en portion de cercle, est placée sur la caudale.

Le Japon est la patrie de l'éperon. Indépendamment des aiguillons dont la position et la forme lui ont fait donner le nom qu'il porte, et sont exposées dans le tableau générique, il présente une tête un peu aplatie et comprimée ; des dents très-fines, même à peine visibles, et très-nombreuses, distribuées sur le palais et le long des deux mâchoires ; une strie longitudinale sur chaque écaille ; un mélange de violet et de jaune sur les nageoires ; deux raies longitudinales ou deux bandes transversales brunes sur ces mêmes nageoires, excepté la caudale, sur laquelle règnent trois de ces bandes transversales.

L'holocentre africain parvient à une grandeur

considérable. Bloch l'a compris avec le bordé, le brun, le merra et le rouge, dans le genre particulier qu'il a proposé de nommer *Épinéphèle*, ou *Taie*, mais que nous n'avons pas cru devoir adopter. L'africain vit près des rivages occidentaux d'Afrique voisins de la zone torride ; il se plaît dans les bas-fonds ; on l'a pêché particulièrement à Acara, sur la côte de Guinée. Il se nourrit de mollusques et d'écrevisses ; et sa chair est blanche, délicate et saine. On doit observer, indépendamment des traits indiqués dans le tableau générique, les dents de chaque mâchoire, qui sont très-petites ; celles qui forment un arc sur le palais ; la langue, qui est lisse ; la partie antérieure de la queue, qui est très-haute ; les petites écailles placées sur les nageoires du dos, de la poitrine, de l'anus et de la queue ; la couleur des thoracines, qui est orangée ; et celle des pectorales, qui est d'un jaune de soufre.

Le bordé a quatre grandes dents à la partie antérieure de chaque mâchoire.

Les eaux de la Norvége nourrissent le brun. Cet holocentre montre des dents petites et égales, et cinq ou six raies bleues disposées sur chaque opercule, de manière à tendre vers l'œil, comme vers un centre (1).

---

(1) 12 rayons à chaque pectorale de l'holocentre points-bleus.

   1 rayon aiguillonné et 5 rayons articulés à chaque thoracine.

   13 rayons à la caudale.

La langue du merra est lisse; son palais hérissé de petites dents; et chacune de ses mâchoires,

---

6 rayons à la membrane branchiale de l'holocentre blanc et brun.
13 rayons à chaque pectorale.
 1 rayon aiguillonné et 5 rayons articulés à chaque thoracine.
15 rayons à la nageoire de la queue.

6 rayons à la membrane branchiale de l'holocentre surinam.
14 rayons à chaque pectorale.
 1 rayon aiguillonné et 6 rayons articulés à chaque thoracine.
17 rayons à la caudale.

6 rayons à la membrane branchiale de l'holocentre éperon.
15 rayons à chaque pectorale.
 1 rayon aiguillonné et 5 rayons articulés à chaque thoracine.
17 rayons à la nageoire de la queue.

5 rayons à la membrane branchiale de l'holocentre africain.
19 rayons à chaque pectorale.
 1 rayon aiguillonné et 5 rayons articulés à chaque thoracine.
29 rayons à la caudale.

5 rayons à la membrane branchiale de l'holocentre bordé.
17 rayons à chaque pectorale.
 1 rayon aiguillonné et 5 rayons articulés à chaque thoracine.
18 rayons à la nageoire de la queue.

5 rayons à la membrane branchiale de l'holocentre brun.
14 rayons à chaque pectorale.
 1 rayon aiguillonné et 5 rayons articulés à chaque thoracine.
18 rayons à la caudale.

5 rayons à la membrane branchiale de l'holocentre merra.
15 rayons à chaque pectorale.
 1 rayon aiguillonné et 5 rayons articulés à chaque thoracine.
16 rayons à la nageoire de la queue.

5 rayons à la membrane branchiale de l'holocentre rouge.
12 rayons à chaque pectorale.
 1 rayon aiguillonné et 5 rayons articulés à chaque thoracine.
20 rayons à la caudale.

garnie de dents courtes et pointues. Seba et Klein ont donné chacun une figure de cet holocentre, que l'on a vu dans les eaux du Japon.

C'est dans ces mêmes eaux que se trouve le rouge. Ce poisson n'a que de petites dents à chaque mâchoire; la base de sa dorsale, de sa caudale, et de sa nageoire de l'anus, est couverte de petites écailles; et l'iris est jaune du côté de la prunelle, et bleu dans sa circonférence.

L'HOLOCENTRE ROUGE-BRUN.[1]

Holocentrus rubro-fuscus, Lac. (2).

L'HOLOCENTRE SOLDADO (3), *Corvina Miles*, Cuv.; *Holocentrus Soldado*, Lac. (4). — HOLOCENTRE BOSSU, *Pristipoma surinamense*, Cuv.; *Lutjanus surinamensis*, Bl.; *Holocentrus gibbosus*, Lac.(5). — HOLOCENTRE SONNERAT (6), *Premnas trifasciatus*, Cuv.; *Lutjanus trifasciatus*, Bl., Schn.; *Chœtodon biaculeatus*, Bl.; *Holacanthus biaculeatus*, et *Holocentrus Sonnerat*, Lac. (7).— HOLOCENTRE HEPTADACTYLE, *Lates nobilis*, Cuv.; *Perca maxima*, Sonn.; *Holocentrus heptadactylus*, Lac. (8). — HOLOCENTRE PANTHERIN, *Serranus pantherinus*, Cuv.; *Holocentrus pantherinus*, Lac.(9). — HOLOCENTRE ROSMARE, *Serranus marginalis*, Cuv.; *Holocentrus marginatus*, et *Holocentrus Rosmarus*, Lac. (10). — HOLOCENTRE OCÉANIQUE, *Serranus oceanicus*, Cuv.; *Perca fasciata*, Forsk.; *Holocentrus Forskal*, et *Holocentrus oceanicus*, Lac. (11). — HOLOCENTRE SALMOÏDE, *Serranus salmoides*, Cuv.; *Holocentrus salmoides*, Lac. (12).—HOLOCENTRE NORVÉGIEN (13), *Sebastes norvegicus*, Cuv.; *Perca marina*, Linn.; *Perca norvegica*, Mull.; *Holocentrus sanguineus*, Faber; *Holocentrus norvegicus*, Lac. (14).

La description des neuf premiers holocentres dont nous allons parler, n'a encore été publiée

---

(1) « Aspro subrubens, maculâ ponè pinnam dorsalem nigrâ, tæniis « duabus in cauda, marginalibus, atro-rubentibus. » Commerson, manuscrits déja cités.

par aucun auteur. J'ai décrit le rouge-brun d'après les manuscrits du célèbre Commerson, qui l'a observé, en octobre 1769, dans les mers voisines de l'Ile-de-France. Ce poisson y est quelquefois assez

---

(2) Non mentionné par M. Cuvier. Dᴇsᴍ. 1830.

(3) *Soldadoe.*

(4) Du genre Cᴏʀʙ, *Corvina*, Cuv., dans la famille des Acanthoptérygiens sciènoïdes. Dᴇsᴍ. 1830.

(5) Du genre Pʀɪsᴛɪᴘᴏᴍᴇ, *Pristipoma*, dans la famille des Acanthoptérygiens sciènoïdes. Dᴇsᴍ. 1830.

(6) *Tanda-tanda.*

Kakatoea itam.

(7) Du genre Pʀᴇᴍɴᴀᴅᴇ, *Premnas*, dans la famille des Acanthoptérygiens sciènoïdes.

M. de Lacépède a décrit deux fois ce poisson, sous les noms 1° d'*Holocentre Sonnerat*, et 2° d'*Holacanthe deux-piquants*. Dᴇsᴍ. 1830.

(8) Du genre Vᴀʀɪᴏʟᴇ, *Lates*, Cuv., dans la famille des Acanthoptérygiens percoïdes. Dᴇsᴍ. 1830.

(9) Du genre Mᴇʀᴏᴜ, *Serranus*, Cuv., dans la famille des Acanthoptérygiens percoïdes. Dᴇsᴍ. 1830.

(10) Du genre Mᴇʀᴏᴜ, *Serranus*, Cuv. (famille des Acanthoptérygiens percoïdes).

M. de Lacépède a décrit deux fois ce poisson, sous les noms 1° d'*Holocentre bordé*, et 2° d'*Holocentre Rosmare*. Dᴇsᴍ. 1830.

(11) Du genre Mᴇʀᴏᴜ, *Serranus*, dans la famille des Acanthoptérygiens percoïdes, selon M. Cuvier.

M. de Lacépède fait un double emploi de cette espèce, sous les noms 1° d'*Holocentre Forskael*, et 2° d'*Holocentre océanique*. Dᴇsᴍ. 1830.

(12) Du genre Mᴇʀᴏᴜ, *Serranus*, Cuv. (famille des Acanthoptérygiens percoïdes). Dᴇsᴍ. 1830.

(13) *Persègue norvégienne.* Bonnaterre, planches de l'Encyclopédie méthodique.

Otho Fabric. Faun. Groënland., p. 167.

Ascan., tab. 12.

(14) Du genre Sᴇʙᴀsᴛᴇ, *Sebastes*, Cuv., dans la famille des Acanthoptérygiens joues-cuirassées. Dᴇsᴍ. 1830.

rare. Sa chair est de bon goût et facile à digérer. Sa plus grande longueur n'excède guère deux décimètres. On voit, auprès de chaque œil de cet animal, une tache noirâtre et un peu vague. Sa dorsale et son anale sont rayées, tachées et bordées de rouge ; ses thoracines présentent une couleur de minium; et ses pectorales sont jaunâtres, avec de petites taches rouges à leur base. Des dents déliées, recourbées et très-serrées, garnissent ses mâchoires. D'autres dents plus petites hérissent une sorte de tubérosité placée au milieu du palais, et les environs du gosier. La langue est blanchâtre et lisse, ou à-peu-près. La ligne latérale paraît composée de petites lignes qui ne se touchent pas ; et les écailles sont petites et rudes.

Des deux soldados que nous avons examinés, un avait fait partie des poissons secs de la collection donnée par la Hollande à la France, et l'autre nous avait été envoyé de Cayenne par M. Leblond. La mâchoire inférieure de ces holocentres était plus avancée que la supérieure : on comptait sur ces mâchoires un grand nombre de dents inégales, fortes, pointues, assez grandes surtout vers le bout du museau, et distribuées en plusieurs rangs à la mâchoire d'en-haut, où les intérieures étaient très-pressées ; des écailles très-argentées rendaient très-brillants les opercules, la mâchoire d'en-bas, la ligne latérale, et la partie de la membrane branchiale que l'opercule ne recouvrait pas.

Le bossu a les dents petites, serrées et égales. Nous avons vu des individus de cette espèce et des deux suivantes, parmi les poissons de la belle collection hollandaise.

Le sonnerat, auquel nous avons donné le nom d'un voyageur dont les observations, les ouvrages et les envois ont enrichi la science et le Muséum d'histoire naturelle, a le corps long et comprimé, la couleur générale jaunâtre, et ses bandes transversales d'un blanc ou d'un argenté très-éclatant. Il nous a été envoyé de l'Ile de France.

L'heptadactyle (1), dont le nom indique que les rayons de ses thoracines, ces rayons analogues aux doigts des pieds, sont au nombre de sept, a au palais, ainsi qu'aux deux mâchoires, plusieurs rangs de dents petites et égales. Sa dorsale est divisée en deux parties presque assez distinctes pour représenter deux nageoires contiguës. Et comme nous avons été à même d'examiner plusieurs de ces heptadactyles, nous avons pu nous assurer d'un fait curieux, et qui pourrait être de quelque utilité pour l'auteur d'une méthode ichthyologique : c'est que dans les deux lames dentelées que l'on voit auprès de chaque opercule, le nombre des dents ou pointes augmente avec l'âge. Nous n'en avons, par exemple, compté que six dans la lame la plus voisine de la pectorale, sur un jeune heptadactyle dont la longueur

----

(1) *Hepta* signifie *sept*, et *dactylos* signifie *doigt*.

n'égalait pas encore deux décimètres, et nous n'en avons trouvé que trois dans la seconde lame, pendant que sur un individu plus âgé et long de plus de quatre décimètres, la lame située auprès de la pectorale nous en a présenté dix, et l'autre lame nous en a offert cinq.

Commerson nous a laissé une figure du panthérin, d'après laquelle on doit croire que les écailles de ce poisson sont très-difficiles à voir. La disposition des taches de cet osseux nous a suggéré le nom que nous lui avons donné, de même que nous avons cru devoir employer celui de *Rosmare* pour l'espèce suivante, afin d'indiquer le rapport que donnent à ce dernier holocentre la figure et la disposition de ses deux dents supérieures, avec le *Morse rosmarus* ou *Vache marine*, dont les laniaires supérieures sont longues, tournées vers le bas, et au nombre de deux (1).

---

(1)   7 rayons à la membrane branchiale de l'holocentre rouge-brun.

16 rayons à chaque nageoire pectorale.

18 rayons à la caudale.

5 rayons à la membrane branchiale de l'holocentre soldado.

16 rayons à chaque pectorale.

1 rayon aiguillonné et 5 rayons articulés à chaque thoracine.

17 rayons à la nageoire de la queue.

16 rayons à chaque pectorale de l'holocentre bossu.

1 rayon aiguillonné et 5 rayons articulés à chaque thoracine.

17 rayons à la caudale.

6 rayons à la membrane branchiale de l'holocentre sonnerat.

17 rayons à chaque pectorale.

La première partie de la dorsale de cet holocentre rosmare est plus basse que la seconde, et vraisemblablement bordée de brun ou de noir.

C'est encore Commerson qui nous a transmis un dessin de ce rosmare, de l'océanique, et du salmoïde.

L'océanique a, comme le rosmare, la première partie de la nageoire du dos moins haute que la seconde, et bordée d'une couleur foncée. Il vit dans le grand Océan, auprès de la ligne ou des tropiques; et c'est aussi dans ce grand Océan, que l'on a rencontré le salmoïde, dont nous avons tiré le nom spécifique de la ressemblance de sa tête avec celle du saumon.

Une mer bien plus rapprochée du pole est la patrie du norvégien : il habite dans celle qui sépare le Groenland de la Norvége. Son opercule se termine par une longue épine. Les ouvertures de ses narines sont doubles; et on a même écrit

---

1 rayon aiguillonné et 5 rayons articulés à chaque thoracine.

20 rayons à la nageoire de la queue.

14 rayons à chaque pectorale de l'holocentre heptadactyle.

17 rayons à la caudale.

14 rayons à chaque pectorale de l'holocentre panthérin.

10 rayons à chaque pectorale de l'holocentre rosmare.

14 rayons à chaque pectorale de l'holocentre océanique.

16 rayons à la nageoire de la queue.

7 rayons à la membrane branchiale de l'holocentre norvégien.

19 rayons à chaque pectorale.

1 rayon aiguillonné et 5 rayons articulés à chaque thoracine.

16 rayons à la caudale.

qu'elles étaient triples, ce qui nous paraîtrait extraordinaire. L'erreur de ceux qui auront cru voir trois orifices pour chaque narine, sera venue de l'altération de l'individu qu'ils auront examiné. Les écailles sont arrondies, grandes, et fortement attachées; les pectorales allongées; et la dorsale s'étend depuis le sommet de la tête jusqu'à la queue.

CENT VINGT-TROISIÈME GENRE.

LES PERSÈQUES (1).

Un ou plusieurs aiguillons et une dentelure aux opercules; un barbillon, ou point de barbillons aux mâchoires; deux nageoires dorsales.

PREMIER SOUS-GENRE.

La nageoire de la queue fourchue, ou échancrée en croissant.

ESPÈCES.	CARACTÈRES.
1. LA PERSÈQUE PERCHE.	Quinze rayons à la première nageoire du dos; quatorze rayons à la seconde; deux rayons aiguillonnés et neuf rayons articulés à la nageoire de l'anus; les deux mâchoires également avancées; les thoracines rouges.
2. LA PERSÈQUE AMÉRICAINE.	Neuf rayons à la première dorsale; treize à la seconde; trois rayons aiguillonnés et neuf rayons articulés à la nageoire de l'anus; le corps allongé; point de bandes transversales, ni de raies longitudinales.
3. LA PERSÈQUE BRUNNICH.	Neuf rayons à la première dorsale; vingt-trois à la seconde; trois rayons aiguillonnés et vingt-un rayons articulés à la nageoire de l'anus; la mâchoire inférieure un peu plus avancée que la supérieure; le rayon aiguillonné de chaque thoracine, dentelé sur son bord antérieur.

(1) Le genre PERCHE, *Perca*, Linn., est conservé par M. Cuvier, et ce naturaliste en fait le type de sa famille des Acanthoptérygiens percoïdes.

Les espèces que M. de Lacépède y comprenait appartiennent aux genres PERSÈQUE, BAR, MYRIPRISTIS, HOLOCENTRE, CENTROPOME, etc., de M. Cuvier. DESM. 1830.

ESPÈCES.	CARACTÈRES.
4. La Persèque umbre.	Dix rayons à la première nageoire du dos; vingt-six à la seconde; deux rayons aiguillonnés et sept rayons articulés à celle de l'anus; un barbillon au bout de la mâchoire inférieure.
5. La Persèque diacanthe.	Neuf rayons à la première dorsale; treize à la seconde; trois rayons aiguillonnés et onze rayons articulés à l'anale; deux orifices à chaque narine; deux aiguillons à chaque opercule; un grand nombre de raies longitudinales, étroites et dorées.
6. La Persèque pointillée.	Neuf rayons à la première nageoire du dos; douze à la seconde; trois rayons aiguillonnés et neuf rayons articulés à la nageoire de l'anus; un seul orifice à chaque narine; deux ou trois aiguillons à chaque opercule; un grand nombre de points noirs sur la partie supérieure de l'animal.
7. La Persèque murdjan.	Dix rayons à la première dorsale; quinze à la seconde; quatre rayons aiguillonnés et huit rayons articulés à l'anale; le sommet de la tête déprimé, et marqué par quatre raies saillantes et longitudinales; la lèvre supérieure extensible, et moins avancée que l'inférieure; un aiguillon à chaque opercule; les nageoires rouges.
8. La Persèque porte-épine.	Dix rayons à la première nageoire du dos; quinze à la seconde; quatre rayons aiguillonnés et huit rayons articulés à la nageoire de l'anus; une fossette allongée et profonde, et deux petits faisceaux de stries saillantes sur le sommet de la tête; un aiguillon blanc, fort et très-long à la première pièce de chaque opercule; la nuque relevée en bosse.
9. La Persèque korkor.	Onze rayons à la première dorsale; quinze à la seconde; trois rayons aiguillonnés et huit rayons articulés à l'anale; la couleur générale d'un bleu argenté; trois ou quatre ou cinq raies longitudinales et brunes de chaque côté du corps et de la queue.

ESPÈCES.	CARACTÈRES.
10. LA PERSÈQUE LOU-BINE.	Huit rayons à la première nageoire du dos; onze à la seconde; trois rayons aiguillonnés et six rayons articulés à la nageoire de l'anus; les deux mâchoires arrondies par devant, et échancrées; l'inférieure beaucoup plus avancée que la supérieure; deux aiguillons à la première pièce de chaque opercule; les écailles rhomboïdales et ciliées; la ligne latérale s'étendant sur la caudale, jusqu'à l'angle rentrant de cette nageoire.
11. LA PERSÈQUE PRASLIN.	Dix rayons à la première dorsale; treize à la seconde; trois rayons aiguillonnés et neuf rayons articulés à l'anale; un rayon aiguillonné et sept rayons articulés à chaque thoracine; deux aiguillons à la seconde pièce de chaque opercule; quatorze raies longitudinales, alternativement brunes et blanchâtres, de chaque côté de l'animal.

SECOND SOUS-GENRE.

La nageoire de la queue rectiligne, ou arrondie, et non échancrée.

ESPÈCES.	CARACTÈRES.
12. LA PERSÈQUE TRIA-CANTHE.	Six rayons à la première nageoire du dos; quatorze à la seconde; neuf rayons à la nageoire de l'anus; trois aiguillons à chaque pièce de chaque opercule; la mâchoire inférieure plus avancée que la supérieure; les écailles petites et relevées par une arête; la caudale arrondie; huit raies longitudinales et blanches.
13. LA PERSÈQUE PENTA-CANTHE.	Cinq rayons à la première dorsale; quatorze à la seconde; dix rayons à l'anale; deux ou trois aiguillons à la dernière pièce de chaque opercule; la mâchoire inférieure beaucoup plus avancée que la supérieure; les écailles très-petites; la caudale arrondie; la

ESPÈCES.	CARACTÈRES.
13. LA PERSÈQUE PENTA-CANTHE.	ligne latérale courbée vers le bas, ensuite vers le haut, et de nouveau vers le bas; quatre raies longitudinales et blanches de chaque côté de l'animal.
14. LA PERSÈQUE FOUR-CROI.	Dix rayons à la première nageoire du dos; vingt-huit à la seconde; deux rayons aiguillonnés et six rayons articulés à la nageoire de l'anus; un aiguillon à la seconde pièce de chaque opercule; les écailles arrondies et dentelées; la caudale en forme de fer de lance; de petites écailles sur la base de cette nageoire, ainsi que sur celle des pectorales, et de la nageoire du dos.

LA PERSÈQUE PERCHE.[1]

Perca fluviatilis, Linn., Gmel., Cuv., Bl., Lac. (2).

LA Nature nous a environnés de merveilles.
Est-il autour de nous un de ses ouvrages dont

---

(1) *Persega*, en Italie.

Pesce parsico, dans quelques îles de la Méditerranée.

Heverling, à l'âge d'un an, en Suisse.

Egle, ou *eglen*, à l'âge de deux ans, ibid.

Stichling, à l'âge de trois ans, ibid.

Keeling, ou *bersich*, à l'âge de quatre ans, ibid.

Ringel-persing, en Allemagne.

Bunt baarsch, ibid.

Bürstel, en Bavière.

Berstling, en Autriche.

Perschling, ibid.

Warschieger, ibid.

Wretensa, en Hongrie.

Barsch, en Prusse.

Perscke, ibid.

Bars, en Poméranie.

Baarsch, ibid.

Stockbaarsch, ibid.

Assure, ou *assaris*, chez les Lettes.

Ahwen, en Estonie.

Ovium, en Pologne.

Okum, en Russie.

(2) Du genre PERCHE, *Perca*, type de la famille des Acanthoptérygiens percoïdes, selon M. Cuvier. DESM. 183o.

l'observation attentive ne puisse nous dévoiler
un phénomène curieux et nous donner un plaisir

Abborre, en Suède.

Tryde, en Norvége.

Skybbo, ibid.

Fersk-vands aborre, en Danemarck.

Aborn, ibid.

Baars, en Hollande.

Perch, en Angleterre.

Persègue perche. Daubenton et Haüy, Encyclopédie méthodique.

Id. Bonnaterre, planches de l'Encyclopédie méthodique.

Faun. Suecic. 332.

Müll. Prodrom. Zoolog. Danic., p. 46, n. 388.

Perche de rivière. Valmont de Bomare, Dictionnaire d'histoire naturelle.

Meiding, Icon. pisc. Austr. t. 5.

« Perca lineis sex transversis nigris, pinnis ventralibus rubris. » Artedi, gen. 39, syn. 66, spec. 74.

Ἡ πέρκη. Aristot., lib. 6, cap. 14.

Plin., lib. 9, cap. 16; et lib. 32, cap. 9 et 10.

Perca. Auson. eleg. Mosell. v. 115.

Cub. lib. 3, cap. 66, f. 86, *a*.

Perche fluviatile. Rondelet, seconde partie. chap. 19.

Perca fluviatilis. Wotton, lib. 8, f. 157.

Id. Salvian, f. 224, *b*. et 226.

Id. Gesner, p. 698, icon. animal. p. 3o2; et (germ.) f. 168, *b*.

Id. Willughby, p. 291.

Rai, p. 97.

Perca fluviatilis major. Aldrovand., lib. 5, cap. 33, p. 622.

Perca major. Schonev., p. 55.

Id. Jonston, lib. 3, tit. 3, cap. 1, p. 146, tab. 28, fig. in infima parte, et tab. 29, fig. 8.

Charleton, p. 161.

Perca. Petri Artedi Synonymia piscium, etc., auctore J. G. Schneider, p. 103.

« Perca dorso dipterygio, lineis utrinque sex, etc. » Gronov. Mus. 1, p. 42, n. 96; Zooph., p. 91, n. 3o1.

et bien vif et bien doux? et cependant combien peu d'objets nous connaissons encore, parmi ces productions si intéressantes qui se présentent sans cesse à nos regards! quel grand nombre de preuves ne pourrions-nous pas offrir de cette vérité, qui, n'accusant que notre indifférence, la changera par cela seul en zèle courageux, et nous promet pour l'avenir des jouissances si variées et des connaissances si utiles!

Contentons-nous de faire remarquer celle que nous fournit le sujet de cet article.

La perche habite parmi nous; elle peuple nos lacs et nos rivières; elle est servie sur toutes nos tables : qu'il est néanmoins bien peu d'hommes, même parmi les naturalistes instruits, qui en aient étudié l'intéressante histoire!

Tâchons d'en présenter les faits les plus dignes de l'attention des physiciens; mais jetons auparavant les yeux sur quelques uns des organes principaux de cet animal remarquable.

La perche attire les regards par la nature et par la disposition de ses couleurs, surtout lorsqu'elle vit au milieu d'une onde pure. Elle brille

---

Bloch, pl. 52.

« Perca pinnis duabus, etc. » Klein, Miss. Pisc. 5, p. 36, n. 1, tab. 7, fig. 2.

Perca. Belon, Aquat., p. 295.

Perca fluviatilis. Wulff. Ichthyolog. Boruss., p. 27, n. 33.

Brit. Zoolog. 3, p. 211.

Borstling, et *barschling*. Marsig. Danub. 4, p. 65, tab. 28, fig. 2.

d'une couleur d'or mêlée de jaune et de vert, que rendent plus agréable à voir, et le rouge répandu sur toutes les nageoires, excepté sur celle du dos, et des bandes transversales larges et noirâtres. Ces bandes sont inégales en longueur, ordinairement au nombre de six ; et ressemblant le plus souvent à des reflets qui ne paraissent que sous certains aspects, plutôt qu'à des couleurs fortement prononcées, elles se fondent d'une manière très-douce dans le vert doré du dos et des côtés de l'animal. L'iris est bleu à l'extérieur et jaune à l'intérieur. Les deux dorsales sont violettes ; et la première de ces deux nageoires montre une tache noire à son extrémité postérieure.

Les dents qui garnissent les deux mâchoires, sont petites, mais pointues ; d'autres dents sont répandues sur le palais et autour du gosier ; la langue seule est lisse. On compte deux orifices à chaque narine ; l'on voit, de chaque côté, auprès de ces orifices, entre l'œil et le bout du museau, trois ou quatre pores assez grands, destinés à filtrer une humeur visqueuse. La première pièce de chaque opercule est dentelée, et de plus garnie, vers le bas, de six ou sept aiguillons ; la seconde ou troisième pièce se termine en une sorte de pointe ou d'apophyse aiguë ; et tout l'opercule est couvert de petites écailles. La partie osseuse de chaque branchie présente, dans sa concavité, un double rang de tubercules presque égaux et semblables les uns aux autres, excepté ceux de

la première, dont les extérieurs sont aigus et trois
ou quatre fois plus longs que les autres. Des
écailles dures, dentelées, et fortement attachées
à la peau, recouvrent le corps et la queue.

L'estomac est assez grand; le canal intestinal
qui le suit, est deux fois recourbé; trois appendices ou cœcums sont placés un peu au-delà du
pylore; la vessie est cylindrique et composée d'une
membrane très-mince; le foie se partage en deux
lobes, dont le gauche est le plus grand, et entre
lesquels on distingue une vésicule du fiel, transparente et jaunâtre. La laite des mâles est double;
mais l'ovaire des femelles n'est composé que d'un
sac membraneux. L'épine dorsale comprend quarante ou quarante-une vertèbres, et soutient dix-
neuf côtes de chaque côté.

La perche ne parvient guère dans les contrées
tempérées, et particulièrement dans celles que
nous habitons, qu'à la longueur de six ou sept
décimètres, et elle pèse alors deux kilogrammes,
ou à-peu-près : mais, dans les pays plus rapprochés du nord, elle présente des dimensions bien
plus considérables. On en a pêché en Angleterre,
du poids de quatre ou cinq kilogrammes. On en
trouve en Sibérie et dans la Laponie, d'une grandeur telle, que plusieurs écrivains les ont nom-
mées monstrueuses. Suivant Bloch, on conserve,
dans une église de Laponie, une tête de perche de
plus de trois décimètres de longueur; et l'on peut
d'autant plus, d'après ces faits, croire que les

eaux des climats les plus froids sont celles qui, tout égal d'ailleurs, conviennent le mieux à l'espèce dont nous parlons, qu'on ne peut pas dire que la grandeur des perches du nord de l'Europe dépende des soins que les Lapons ou les habitants de la Sibérie se sont donnés pour améliorer les poissons de leur patrie.

Les perches se plaisent beaucoup dans les lacs. Elles les quittent néanmoins pour remonter dans les rivières et dans les ruisseaux, lorsqu'elles doivent frayer. On ne les voit guère que dans les eaux douces. Cependant nous lisons dans l'édition de Linnée donnée par le professeur Gmelin, qu'on les rencontre aussi dans la mer Caspienne. Peut-être les individus qu'on y a pêchés, n'étaient-ils que par accident dans cette mer, où ils avaient pu être entraînés, par exemple, lors de quelque grande inondation, par le courant rapide des fleuves qui s'y jettent.

Au reste, la perche habite dans presque toute l'Europe; et si elle est assez rare vers l'embouchure des rivières, et notamment vers celle de la Seine (1), ou d'autres fleuves de France, elle est commune auprès de leurs sources, dans les lacs dont elles tirent leur origine, particulièrement dans celui de Zurich (2).

Il n'est donc pas surprenant qu'elle ait été

---

(1) Note communiquée par M. Noël.
(2) Topographie de la Suisse, par Herliberger.

bien connue des anciens Grecs et des anciens Romains.

Elle nage avec beaucoup de rapidité, et se tient habituellement assez près de la surface. La vessie natatoire qui l'aide dans ses mouvements et dans sa suspension au milieu des eaux, est grande, mais conformée d'une manière particulière ; elle est composée d'une membrane qui, dans toute la longueur de l'abdomen, est placée contre le dos, et attachée par ses deux bords.

La perche ne fraie qu'à l'âge de trois ans. C'est au printemps qu'elle cherche à déposer ou à féconder ses œufs ; mais ce temps est toujours retardé lorsqu'elle vit dans des eaux profondes qui ne reçoivent que lentement l'influence de la chaleur de l'atmosphère. La manière dont la femelle se débarrasse des œufs dont le poids l'incommode, doit être rapportée. Elle se frotte contre des roseaux, ou d'autres corps aigus ; on dit même qu'elle fait pénétrer la pointe de ces corps jusqu'au sac qui forme son ovaire, et que c'est en accrochant à cette pointe cette enveloppe membraneuse, en s'écartant un peu ensuite, et en se contournant en différents sens, que, dans plusieurs circonstances, elle se délivre de son faix. Mais quoi qu'il en soit à cet égard, cette peau très-souple qui renferme les œufs, a quelquefois une longueur de deux ou trois mètres ; et dès le temps d'Aristote, on savait que les œufs de la perche, retenus les uns contre les autres, soit par une membrane commune, soit par une grande viscosité, formaient dans l'eau une sorte de chaîne semblable à celle des œufs des grenouilles, et pouvaient être facilement rapprochés, réunis, et retirés de l'eau par le moyen d'un bâton, ou d'une branche d'arbre.

Ces œufs sont souvent de la grosseur des graines de pavot; mais lorsqu'ils sont encore renfermés dans le corps de la femelle, ils n'ont que le très-petit volume de la poudre fine à tirer. Le nombre de ces œufs varie suivant les individus, et même selon quelques circonstances particulières et passagères. Harmer, Bloch et Gmelin ont écrit que l'on devait à peine supposer trois cent mille œufs dans une perche de vingt-cinq décagrammes (ou une demi-livre) de poids. Mais voici une observation d'après laquelle nous devons croire qu'en général les perches femelles pondent un plus grand nombre d'œufs qu'on ne l'a pensé. Monsieur Picot de Genève, le digne ami de feu l'illustre Saussure, m'écrivait en floréal de l'an 6, qu'il venait d'ouvrir une perche du lac sur les bords duquel il habite; que ce poisson pesait six cent cinquante grammes ou environ; qu'il avait trouvé dans l'intérieur de cette persèque une bourse qui contenait tous les œufs; que ces œufs pesaient le quart du poids total de l'animal, et que leur nombre était de neuf cent quatre-vingt douze mille.

Communément les œufs de perche éclosent

quoique la chaleur du printemps soit encore très-faible; et n'est-ce pas une nouvelle preuve de la convenance de l'espèce avec les climats très-froids?

Le poisson que nous décrivons, vit de proie. Il ne peut attaquer avec avantage que de petits animaux; mais il se jette avec avidité non seulement sur des poissons très-jeunes ou très-faibles, mais encore sur des campagnols aquatiques, des salamandres, des grenouilles, des couleuvres encore peu développées. Il se nourrit aussi quelquefois d'insectes; et lorsqu'il fait très-chaud, on le voit s'élever à la surface des lacs ou des rivières, et s'élancer avec agilité pour saisir les cousins qui se pressent par milliers au-dessus de ces rivières ou de ces lacs.

La perche est même si vorace, qu'elle se précipite fréquemment et sans précaution sur des ennemis dangereux pour elle par leurs armes, s'ils ne le sont pas par leur force. Elle veut souvent dévorer des épinoches; mais ces derniers poissons s'agitant avec vîtesse, font pénétrer leurs piquants dans le palais de la perche, qui dès lors ne pouvant ni les avaler, ni les rejeter, ni fermer sa bouche, est contrainte de mourir de faim.

Lorsqu'elle peut se procurer facilement la nourriture qui lui est nécessaire, et qu'elle vit dans les eaux qui lui sont le plus favorables, elle est d'un goût exquis. Sa chair est d'ailleurs blanche, ferme, et très-salubre. Les Romains la recherchaient dans le temps où le luxe de leur table était porté au plus haut degré ; et le consul Ausone, dans son poëme sur *la Moselle*, la compare au mulle rouget, et la nomme *Délices des festins*.

Les perches du Rhin sont particulièrement très-estimées (1). Un ancien proverbe très-répandu en Suisse prouve la bonne idée qu'on a toujours eue de leurs qualités agréables et salutaires, et on a fait pendant long-temps à Genève un mets très-délicat de très-petites perches du lac Léman, que l'on appelait *Mille-cantons* lorsqu'on les avait ainsi préparées.

Les Lapons, dont le pays nourrit un très-grand nombre de grandes perches, ainsi que nous venons de le dire, se servent de la peau de ces animaux pour faire une colle qui leur est très-utile. Ils commencent par faire sécher cette peau ; ils la ramollissent ensuite dans de l'eau froide, jusqu'au point nécessaire pour en détacher les écailles ; ils la renferment dans une vessie de renne, ou l'enveloppent dans un morceau d'écorce de bouleau ; ils la placent dans un vase rempli-d'eau bouillante, au fond de laquelle ils la maintiennent par le moyen d'une pierre ou d'un autre corps pesant ; et lorsqu'une ébullition d'une heure l'a pénétrée et ramollie de nouveau, elle est devenue assez visqueuse pour être employée à la place de la colle ordinaire d'acipensère huso. C'est par le moyen de cette substance que les Lapons don-

---

(1) Cysat, Description de la Suisse.

nent particulièrement beaucoup de durée à leurs arcs, qu'ils font de bouleau ou d'épine. Bloch, qui rapporte les manipulations dont nous venons de parler, ajoute, avec raison, qu'on devrait, à l'imitation des habitants de la Laponie, faire une colle utile de la peau des perches, dans toutes les circonstances où, à cause de la chaleur, d'autres accidents de l'atmosphère, ou de la distance du lieu de la pêche à des endroits peuplés, on ne peut pas vendre d'une manière avantageuse ceux de ces animaux que l'on a pris. Il croit aussi, avec toute raison, qu'en variant les procédés, on ferait avec cette peau une colle aussi bonne que celle que donne la vessie natatoire des acipensères; et voilà une nouvelle preuve de ce que nous avons dit au commencement de cet ouvrage (1), sur la facilité avec laquelle on peut convertir en excellente colle non seulement la vessie natatoire, mais toutes les membranes de tous les poissons tant de mer que d'eau douce.

On prend les perches de plusieurs manières. On les pêche pendant l'hiver, au *coleret* (2); et pendant l'été, avec un autre filet qui ressemble

---

(1) Article de l'*Acipensère huso*. D'après l'indication qu'il avait bien voulu me demander, mon confrère M. Rochon, de l'Institut, a employé avec succès la colle faite avec des membranes de plusieurs espèces de poissons, pour garnir les toiles de cuivre qu'il a substituées au verre dans les fanaux des vaisseaux.

(2) Voyez la description du *Coleret*, dans l'article du *Centropome sandat*.

beaucoup au *tramail* (1), et que l'on nomme *Filet à perches*. On a remarqué dans beaucoup de pays que, lorsque ces poissons entrent dans le filet, ils nagent quelquefois si rapidement, qu'ils se donnent des coups violents contre les mailles, s'étourdissent, se renversent sur le dos, et flottent comme morts. Mais l'hameçon est l'instrument le plus favorable à la pêche de ces animaux : on le garnit ordinairement d'un très-petit poisson, ou d'un lombric, ou d'une pate d'écrevisse.

Les pêcheurs cependant ne sont pas les seuls ennemis que la perche doive redouter ; elle est la proie, non seulement des grands poissons, et particulièrement des grosses anguilles, mais encore des canards, et d'autres oiseaux d'eau. De petits animaux, et notamment des cloportes, s'attachent quelquefois à ses branchies, et, déchirant, malgré tous ses efforts, son organe respiratoire, lui donnent bientôt la mort.

Parmi les différentes maladies auxquelles elle est aussi exposée, de même que presque toutes les autres espèces de poissons, il en est une qui produit un effet singulier. Elle gagne cette maladie lorsqu'elle séjourne pendant long-temps dans une eau dont la surface est gelée, et dont, par conséquent, les miasmes retenus par la glace ne

---

(1) On trouvera une description du *Tramail* ou *Trémail*, dans l'article du *Gade colin*.

peuvent pas se dissiper dans l'atmosphère (1). Elle devient alors enflée à un tel degré, que la peau de l'intérieur de sa bouche se gonfle, et sort en forme de sac. Un gonflement semblable a aussi lieu quelquefois à l'extrémité de son rectum; et c'est l'espèce de poche que produit à l'extérieur la tension et la sortie de la membrane intestinale, qui a été prise par des pêcheurs pour la vessie natatoire de l'animal, que la maladie aurait détachée et poussée en dehors.

De plus, quelques accidents particuliers peuvent agir sur les parties osseuses, ou plutôt sur les muscles de la perche, de manière à fléchir et courber son épine du dos. Elle est alors non pas *bossue*, ainsi qu'on l'a écrit, mais *contrefaite*.

Elle peut néanmoins résister avec plus de facilité que plusieurs autres poissons, à beaucoup de maladies et d'ennemis. Elle a la vie dure; et lorsque, dans un temps frais, on l'a mise dans de l'herbe, on peut la transporter vivante à plusieurs kilomètres.

On a eu tort de regarder comme différentes les unes des autres, les perches des lacs et celles des rivières, puisque les mêmes individus habitent, suivant les saisons, dans les rivières et dans les lacs; mais on peut distinguer plusieurs variétés de

---

(1) Voyez ce que nous avons écrit sur les maladies des poissons, dans le Discours intitulé : *Des effets de l'art de l'homme sur la nature des poissons.*

perches plus ou moins passagères, d'après la couleur, le nombre ou l'absence des bandes transversales. On a vu ces bandes, au lieu de montrer la couleur noirâtre qu'elles présentent le plus souvent, offrir une nuance blanche, ou d'un vert foncé, ou d'un bleu mêlé de noir. De plus, Blasius et Jonston ont trouvé des perches avec douze bandes transversales; Aldrovande, Willughby, Klein et Gronou, avec neuf; Schæffer, avec huit; j'en ai compté sept sur un individu de l'espèce que nous décrivons; Pennant a vu des perches qui n'en avaient que quatre; et Richter, Marsigli et Bloch en ont observé qui n'offraient aucune bande (1).

---

(1) 7 rayons à la membrane branchiale de la persèque perche.

14 rayons à chaque pectorale.

5 ou 6 rayons à chaque thoracine.

25 rayons à la nageoire de la queue.

LA PERSÈQUE AMÉRICAINE,[1]

Labrax . . . ., Cuv.; *Perca americana*, Schœpf, Linn., Gmel., Lac. (2).

ET

LA PERSÈQUE BRUNNICH.[3]

Capros Aper, Linn., Lac.; *Perca Brunnich*, Lac. (4).

Le nom de l'américaine indique sa patrie. Elle vit dans les eaux à demi salées du nouveau continent, c'est-à-dire dans la partie des fleuves la plus voisine de leur embouchure et où parviennent les hautes marées, ou dans les lacs qui reçoivent des rivières, et qui cependant communiquent avec la mer. Elle a beaucoup de rapports avec la per-

------

(1) « Perca rubra, pinnarum dorsalium secundâ, radiis 13. » Schœpf. Naturf. XX, p. 17.

(2) M. Cuvier, après avoir décrit le petit BAR D'AMÉRIQUE, *Labrax mucronata* (famille des Acanthoptérygiens percoïdes), ajoute que ce poisson ressemblerait assez à la description que Schœpf donne de son *Perca americana*, si ce n'est que, dans ce dernier, les écailles sont représentées comme ciliées, tandis que, dans le petit Bar d'Amérique, il y a précisément moins d'apparence de dentelures, que dans les autres espèces du même genre. DESM. 1830.

(3) Mart. Brunnich. Ichthyolog. Massiliens., p. 62, n. 79.

Petite persèque. Bonnaterre, planches de l'Encyclopédie méthodique.

(4) La *Persèque Brunnich*, selon M. Cuvier, ne diffère pas du *Capros sanglier* de M. de Lacépède. Ainsi son espèce a été décrite deux fois par ce naturaliste, sous deux noms différents. DESM. 1830.

che : mais indépendamment de plusieurs de ses proportions qui sont différentes, et particulièrement du peu d'élévation de son dos, indépendamment encore de l'absence de toute bande transversale, elle ne montre aucune tache à l'extrémité de la première nageoire du dos, et elle a la lèvre inférieure, le dessous de la gorge, la membrane branchiale et l'opercule, d'une belle couleur rouge. On ne compte qu'un rayon aiguillonné à la seconde dorsale (1).

La persèque brunnich, qui a été décrite pour la première fois par le naturaliste dont je lui ai donné le nom, habite dans la Méditerranée. Elle brille de l'éclat de l'argent et de celui du rubis, toute sa surface réfléchissant diverses nuances variées de rouge et de blanc argentin. Son corps et sa queue sont très-comprimés ; le dos est élevé ; les écailles sont très-petites, mais très-pointues, et par conséquent très-rudes au toucher ; le museau est pointu ; l'iris blanc ; et la longueur totale de l'animal n'excède pas communément cinq centimètres.

---

(1) 13 rayons à chaque pectorale de la persèque américaine.

    1 rayon aiguillonné et 5 rayons articulés à chaque thoracine.

    18 rayons à la caudale.

    6 rayons à la membrane branchiale de la persèque brunnich.

    14 rayons à chaque pectorale.

    1 rayon aiguillonné et 5 rayons articulés à chaque thoracine.

    14 rayons à la nageoire de la queue.

Nota. Tous les rayons de la première dorsale sont aiguillonnés, et tous ceux de la seconde articulés.

LA PERSÈQUE UMBRE.[1]

Umbrina vulgaris, Cuv.; *Sciæna cirrhosa*, Linn., Gmel.;
Johnius cirrhosus, Bl., Schn.; *Perca umbra*, Lac. (2).

Nous avons déja dit, à l'article de la *Sciène um-*
bre, combien cette sciène et la persèque dont

---

(1) *Ombre*, dans plusieurs contrées de France.

Daine, dans plusieurs départements méridionaux de France.

Umbrino, sur plusieurs côtes septentrionales de la Méditerranée.

Corvo, à Rome.

Corvetto, ibid. (*Nota*. Ces noms de *Corvo* et de *Corvetto* ont été
aussi donnés à notre sciène umbre).

Millocono , en Grèce.

Schifsch, par les Arabes.

Bartumber , en Allemagne.

Meerasche, ibid.

Bearded umber, en Angleterre.

Crow fish , ibid.

« Sciæna maxillâ superiore longiore, cirrosa in inferiore. » Artedi,
gen. 38, syn. 65.

Ἡ σκίαινα. Aristot., lib. 8, cap. 19.

Σκίαινα. Athen., lib. 7, p. 322.

Chromis. Belon.

Umbra marina. Id.

Glaucus. Id.

Sciæna et *umbra* auctorum.

(2) Du genre OMBRINE, *umbrina* , dans la famille des Acanthoptérygiens sciènoïdes, Cuvier. C'est l'*Ombrine commune* de ce naturaliste.
DESM. 1830.

nous allons parler, ont été fréquemment confon-
dues, et quel soin nous avons cru devoir nous
donner, non seulement pour reconnaître et indiquer leurs véritables caractères distinctifs, mais
encore pour rapporter à chacune de ces deux espèces les passages dans lesquels les naturalistes
tant anciens que modernes les ont eues en vue.
La ressemblance des noms donnés à cette persèque et à cette sciène a introduit la confusion

---

Umbra. Varron.

Id. Columell.

Id. Ennius poeta.

Id. Wotton, lib. 8, cap. 173, f. 156.

Umbre. Rondelet, première partie, liv. 5, chap. 9.

Umbra. Gesner, (germ.) fol. 28 *a*, 29 *a* — 1029 et 1030. (Seconde
édit. de Francfort, 1604).

Id. Willughby, p. 299 et 300.

Id. Rai, p. 95 et 96.

Umbra, vel *umbra marina*, vel *coracinus Salviani*, vel *glaucus
Belonii.* Aldrovand. (Bolon. 1638), lib. 1, cap. 15, p. 72; et cap. 18,
p. 84.

Umbra, vel *coracinus*, vel *coracinus niger*. Salvian., fol. 115 *a*,
116 *b*, 117 *a*, 117 *b*, 118 *a*, et 118 *b*.

Umbra, seu *sciæna*, seu *glaucus.* Jonston, lib. 1, tit. 2, cap. 1, *a*.
13, tab. 15, fig. 10. (Amsterd. 1657).

Sciæna. Plin., lib. 9, cap. 16.

Umbra. Petri Artedi Synon. pisc., etc., auctore J. G. Schneider,
p. 101.

Sciène barbue. Bloch, pl. 300.

Sciène corp. Daubenton et Haüy, Encyclopédie méthodique.

Id. Bonnaterre, planches de l'Encyclopédie méthodique. (*Nota.* Nous
avons déja vu que ce nom de *Corp* avait été donné dans plusieurs départements méridionaux, et appliqué par Rondelet à notre sciène umbre).

Sciæna umbra. Hasselquist, It. 352, n. 80.

que nous avons voulu dissiper. Il résulte de nos recherches, ainsi qu'on a déja pu le voir, que notre sciène umbre est le *Corbeau marin*, ou le *Poisson corbeau* de la plupart des auteurs, et que la persèque décrite dans cet article est la véritable *Umbre* de ces mêmes auteurs, et même leur vraie *Sciène*, au moins si on ne prend ce dernier mot que pour une dénomination spécifique. Mais cette *Sciène* ou *Umbre* des auteurs ne peut pas être inscrite dans un genre différent de celui des vraies *Persèques*, auxquelles elle ressemble par tous les traits génériques que tout bon méthodiste admettrait comme tels. Nous n'avons donc pas pu la comprendre dans le groupe de thoracins auquel nous avons réservé le nom générique de *Sciène;* et c'est à la suite de la perche, de la persèque américaine, et de la persèque brunnich, que nous avons dû placer sa notice.

Notre persèque umbre, l'umbre des auteurs, vit dans la Méditerranée, où elle a été observée dès le temps d'Aristote : mais on la trouve aussi dans la mer des Antilles, où Plumier en a fait un dessin que Bloch a copié. Elle parvient quelquefois, suivant Hasselquist, qui l'a vue en Égypte, jusqu'à la longueur de six ou sept décimètres.

Sa tête est comprimée et toute couverte de petites écailles. Les deux mâchoires, dont l'inférieure est la plus courte, sont garnies de dents très-petites et semblables à celles d'une lime. Chaque narine a deux orifices. Le barbillon qui pend au-dessous du museau est gros, mais très-court. Un aiguillon arme la dernière pièce de chaque opercule. Le dos et le ventre sont arrondis. La haùteur de l'animal est assez grande. Le corps et la queue sont comprimés; les écailles larges, rhomboïdales et un peu dentelées; les rayons de la première nageoire du dos aiguillonnés; ceux de la seconde articulés, excepté le premier. La couleur générale de l'animal est jaune. Des raies bleues vers le haut, et argentées vers le bas, s'étendent obliquement sur chaque côté du poisson. Une tache noire paraît à l'extrémité de chaque opercule. Les pectorales, les thoracines et la caudale sont noirâtres; l'anale est rougeâtre; les dorsales sont brunes; et deux raies longitudinales et blanches règnent sur la seconde nageoire du dos.

L'umbre a d'ailleurs le péritoine fort et argenté; l'estomac allongé; six appendices auprès du pylore; le canal intestinal proprement dit, recourbé trois fois; le foie divisé en deux lobes, au plus long desquels la vésicule du fiel est attachée; l'ovaire ou la laite double; et la vessie natatoire large, simple, et formée par une membrane épaisse.

Cette persèque se plaît dans les endroits pierreux, et se retire pendant l'hiver dans les profondeurs voisines des rivages. Il arrive souvent qu'elle ne fraie qu'en automne. Elle aime à déposer ses œufs sur les éponges qui croissent près des côtes. Elle se nourrit d'algues et de vers.

Vraisemblablement elle mange aussi de petits poissons. Sa chair est ferme, mais facile à digérer; et il paraît que sa tête était très-recherchée par les anciens Romains (1).

---

(1) 5 rayons à la membrane branchiale de la persèque umbre.

17 rayons à chaque pectorale.

1 rayon aiguillonné et 5 rayons articulés à chaque thoracine.

19 rayons à la caudale.

LA PERSÈQUE DIACANTHE.[1]

Labrax Lupus, Cuv.; *Sciæna diacantha*, Bl., Lac.; *Centropoma Lupus*, Lacep. (2).

La Persèque pointillée (3), *Labrax Lupus*, Cuv.; *Sciæna punctulata*, et *Sciæna diacantha*, Bl., Lac.; *Centropoma Lupus*, Lac. (4). — Persèque Murdjan (5), *Myripristis . . .*, Cuv.; *Sciæna Murdjan*, Forsk., Lin., Gm.; *Perca Murdjan*, Lac. (6). — Persèque porte-épine (7), *Holocentrum spiniferum*, Cuv.; *Sciæna spinifera*, Forsk., Linn., Gmel.; *Perca spinifera*, Lac. (8). — Persèque Korkor (9), *Sciæna Korkor*, Forsk.; *Perca Korkor*, Lac. (10). — Persèque Loubine, *Centropomus undecimalis*, Cuv., Lac.; *Sciæna undecimalis*, Bl.; *Sphyrena auro-viridis*, et *Perca Loubina*, Lac. (11). — Persèque Praslin (12), *Holocentrum orientale*, Cuv.; *Perca Praslin*, *Holocentrus albo-ruber*, Lac. (13).

La diacanthe a les deux mâchoires aussi avancées l'une que l'autre; les dents qui les garnissent

----

(1) *Sciène diacanthe.* Bloch, pl. 302.

(2-4) Ces deux poissons, désignés comme des espèces différentes de sciènes par Bloch et Lacépède, doivent être réunis et tous deux considérés comme se rapportant au Bar commun d'Europe, *Labrax lupus* de M. Cuvier (famille des Acanthoptérygiens percoïdes).

Conséquemment l'histoire de cette espèce se trouve traitée trois fois dans l'ouvrage de M. de Lacépède, aux articles 1° du *Centropome loup*, 2° de la *Persèque diacanthe*, et 3° de la *Persèque pointillée*. Desm. 1830.

(3) *Sciène pointée.* Bloch, pl. 305.

sont petites ; les écailles dures, dentelées, et étendues jusque sur la base de la caudale, et sur celle de la seconde nageoire du dos; le corps et la queue comprimés et allongés. On ne voit que des rayons aiguillonnés à la première dorsale ; on n'en compte qu'un à la seconde. Ces nageoires sont bleuâtres : les pectorales, les thoracines, l'anale et la caudale offrent la même teinte; mais leur

---

(5) Forskael, Faun. Arab., p. 48, n. 52.

Sciène murdjan. Bonnaterre, planches de l'Encyclopédie méthodique.

(6) Ce poisson est pour M. Cuvier une espèce indéterminée de son genre MYRIPRISTIS, dans la famille des Acanthoptérygiens percoïdes. DESM. 1830.

(7) Forskael, Faun. Arab., p. 49, n. 54.

Sciène porte-épine. Bonnaterre, planches de l'Encyclopédie méthodique.

(8) Du genre HOLOCENTRE, *Holocentrum* de M. Cuvier, dans la famille des Acanthoptérygiens percoïdes. DESM. 1830.

(9) *Sciæna stridens.*

Forskael, Faun. Arab., p. 50.

Sciène korkor. Bonnaterre, planches de l'Encyclopédie méthodique.

(10) Non mentionné par M. Cuvier. DESM. 1830.

(11) Du genre CENTROPOME, Lac., Cuv., dans la famille des Acanthoptérygiens percoïdes.

Ce poisson a été décrit trois fois par M. de Lacépède, sous les noms 1° de *Centropome undécimal,* 2° de *Persèque loubine,* et 3° de *Sphyrène orvert.* DESM. 1830.

(12) Perche d'Utopie et de la Nouvelle-Bretagne.

« Aspro rubens, lineis septem fuscis, totidemque subalbidis, alter-« nantibus, longitudinaliter per latus utrumque ductis. » Commerson, manuscrits déja cités.

(13) Du genre HOLOCENTRE, *Holocentrum,* Cuv., dans la famille des Acanthoptérygiens percoïdes, Cuv.

M. de Lacépède paraît avoir décrit une seconde fois sa *Persèque praslin,* sous le nom d'*Holocentre tétracanthe.* DESM. 1830.

base est rougeâtre. La couleur générale de l'animal est d'un argentin plus ou moins mêlé de bleu.

La diacanthe habite la Méditerranée, comme la pointillée. Cette dernière montre du bleuâtre sur le dos, de l'argenté sur les côtés, du rougeâtre sur les pectorales et sur les thoracines, ainsi que sur l'anale et la caudale, dont l'extrémité est bleuâtre, et un mélange de jaune et de bleu sur les deux dorsales. Tous les rayons de la première de ces deux nageoires du dos, et le premier de la seconde, sont aiguillonnés; les dents petites et nombreuses; et les deux mâchoires égales en longueur.

Les trois persèques suivantes ont été observées par Forskael dans la mer d'Arabie, dont elles fréquentent les rivages, au moins pendant une grande partie de l'année.

La murdjan est revêtue d'écailles larges, brillantes et dentelées; ses thoracines sont bordées de blanc; les raies saillantes et longitudinales du sommet de sa tête se ramifient par derrière; on voit autour de chaque œil une sorte d'anneau osseux, festonné et même dentelé par le bas; les dents sont petites, nombreuses et serrées; la langue est rouge et très-rude; le corps est élevé et comprimé; il n'y a que des rayons aiguillonnés à la première dorsale, et la seconde n'en renferme qu'un.

On peut remarquer la même nature de rayons dans les dorsales de la persèque porte-épine. Ce thoracin présente une couleur générale d'un rouge plus ou moins vif; des écailles grandes et dentelées; un cercle osseux et garni de petits piquants autour de chaque œil; une queue très-allongée.

La korkor a beaucoup de rapports avec la persèque porte-épine, ainsi qu'avec la murdjan; de même que ces deux poissons, elle ne montre que des rayons aiguillonnés dans sa première dorsale, et n'en a qu'un dans la seconde. Elle se nourrit de plantes marines; et lorsqu'on la tire de l'eau, elle fait entendre un petit bruissement semblable à celui dont nous avons déja parlé plusieurs fois, en traitant, par exemple, des balistes, des trigles, et d'autres poissons osseux ou cartilagineux. Nous n'avons pas vu d'individu de l'espèce de la korkor; et nous n'avons pas besoin de dire que si, contre notre opinion, cette persèque n'avait pas la caudale échancrée, il faudrait la placer dans le second sous-genre, tout comme il faudrait la retrancher du genre des persèques, et la transporter dans celui des cheilodiptères, ou des centropomes, ou des sciènes, si ses opercules ne présentaient pas la dentelure et les aiguillons que nous avons dû supposer dans les lames qui les composent (1).

---

(1) 5 rayons à la membrane branchiale de la persèque diacanthe.

16 rayons à chaque pectorale.

1 rayon aiguillonné et 5 rayons articulés à chaque thoracine.

20 rayons à la nageoire de la queue.

M. Leblond nous a envoyé de Cayenne des individus mâles de l'espèce que l'on y nomme *Loubine*, et dont la description n'a encore été publiée par aucun naturaliste. La première dorsale ne comprend que des rayons aiguillonnés ; la seconde n'en contient qu'un. La troisième pièce de chaque opercule est terminée par un appendice membraneux et allongé. Les mâchoires ne sont point armées de dents, dans l'endroit où elles sont échancrées ; mais sur leurs autres parties

---

5 rayons à la membrane branchiale de la persèque pointillée.

12 rayons à chaque pectorale.

1 rayon aiguillonné et 5 rayons articulés à chaque thoracine.

18 rayons à la caudale.

7 rayons à la membrane branchiale de la persèque murdjan.

15 rayons à chaque pectorale.

1 rayon aiguillonné et 7 rayons articulés à chaque thoracine.

19 rayons à la nageoire de la queue.

8 rayons à la membrane branchiale de la persèque porte-épine.

14 rayons à chaque pectorale.

1 rayon aiguillonné et 7 rayons articulés à chaque thoracine.

20 rayons à la caudale.

6 rayons à la membrane branchiale de la persèque korkor.

16 rayons à chaque pectorale.

1 rayon aiguillonné et 5 rayons articulés à chaque thoracine.

16 rayons à la nageoire de la queue.

6 rayons à la membrane branchiale de la persèque loubine.

16 rayons à chaque pectorale.

1 rayon aiguillonné et 5 rayons articulés à chaque thoracine.

21 rayons à la caudale.

7 rayons à la membrane branchiale de la persèque praslin.

14 rayons à chaque pectorale.

20 rayons à la nageoire de la queue.

elles sont hérissées de dents égales, très-petites, très-nombreuses, et semblables à d'autres dents qui garnissent une éminence de la partie antérieure du palais. La tête, le corps et la queue sont allongés et comprimés.

La persèque que nous nommons *Praslin*, a été observée pour la première fois, et dans le port de ce nom, par Commerson, en juillet 1768, lors de la célèbre expédition de notre Bougainville. Nous en avons trouvé la description dans les manuscrits du voyageur naturaliste qui accompagnait notre collègue.

Ce thoracin parvient à la longueur de trois décimètres; il se plaît au milieu des coraux et des madrépores qui bordent les rivages de la Nouvelle-Bretagne. Le goût de sa chair est très-agréable. Toutes ses nageoires sont d'un jaune mêlé de rouge. Des sillons et des stries relevées font paraître sa tête comme ciselée. La lèvre supérieure est extensible. Des dents petites, serrées et semblables à celles d'une lime, garnissent les deux mâchoires. Une lame osseuse, dentelée et demi-circulaire, est placée au-dessous de chaque œil. Tous les rayons de la première dorsale, et le premier de la seconde, sont aiguillonnés. La première de ces deux nageoires du dos est bordée vers le haut de pourpre, et vers le bas, de rouge. La couleur générale de l'animal est rougeâtre; une tache pourpre distingue la nageoire de l'anus.

LA PERSÈQUE TRIACANTHE.

Grammistes orientalis, Cuv.; *Sciæna vittata*, *Centropomus sex-lineatus*, *Bodianus sex-lineatus*, *Perca triacantha*, et *Perca pentacantha*, Lac. (1).

La PERSÈQUE PENTACANTHE, *Grammistes orientalis*, Cuv.; *Perca triacantha*, *Perca pentacantha*, etc., Lac. (2).—PERSÈQUE FOURCROY, *Corvina Fourcroy*, Cuv.; *Perca Furcræa*, Lac. (3).

AUCUNE de ces trois persèques n'est encore connue des naturalistes : nous en avons trouvé des individus très-bien conservés dans la collection cédée à la France par la Hollande; et nous avons dédié la plus belle de ces trois espèces à notre célèbre confrère Fourcroi, qui ne s'est pas contenté de faire faire de très-grands progrès à la chimie, et d'élever un beau monument en l'honneur de cette science, mais qui a rendu de nom-

---

(1-2) Ces deux poissons appartiennent à une même espèce, le *Grammiste oriental* de M. Cuvier, dans la famille des Acanthoptérygiens percoïdes.

On trouve cette espèce décrite cinq fois par M. de Lacépède, sous les noms 1° de *Sciène rayée*, 2° de *Centropome six-raies*, 3° de *Bodian six-raies*, 4° de *Persèque triacanthe*, et 5° de *Persèque pentacanthe*. DESM. 1830.

(3) Du genre CORB, *Corvina*, Cuv., dans la famille des Acanthoptérygiens sciènoïdes. DESM. 1830.

breux services à l'histoire naturelle, et auquel nous sommes bien aises de donner un témoignage public de notre haute estime et de notre ancienne amitié.

La persèque triacanthe a la lèvre supérieure double; les dents petites, aiguës, et distribuées en plusieurs rangs, le long des mâchoires, sur la langue, au palais, auprès du gosier; et la couleur générale plus ou moins foncée.

La pentacanthe présente une lèvre supérieure extensible, des dents très-petites, et une raie longitudinale et blanche sur le dos.

La persèque fourcroi a le museau avancé; la lèvre supérieure double et extensible ; un sillon longitudinal sur la tête; les yeux gros; les dents très-menues; les écailles dentelées (1).

---

(1) 6 rayons à la membrane branchiale de la persèque triacanthe.

16 rayons à chaque pectorale.

1 rayon aiguillonné et 5 rayons articulés à chaque thoracine.

19 rayons à la caudale.

7 rayons à la membrane branchiale de la persèque pentacanthe.

14 rayons à chaque pectorale.

15 rayons à la nageoire de la queue.

6 rayons à la membrane branchiale de la persèque fourcroi.

17 rayons à chaque pectorale.

1 rayon aiguillonné et 5 rayons articulés à chaque thoracine.

17 rayons à la caudale.

CENT VINGT-QUATRIÈME GENRE.

LES HARPÉS (1).

Plusieurs dents très-longues, fortes et recourbées, au sommet et auprès de l'articulation de chaque mâchoire; des dents petites, comprimées et triangulaires de chaque côté de la mâchoire supérieure, entre les grandes dents voisines de l'articulation et celles du sommet; un barbillon comprimé et triangulaire de chaque côté et auprès de la commissure des lèvres; les thoracines, la dorsale et l'anale, très-grandes, et en forme de faux; la caudale convexe dans son milieu, et étendue en forme de faux très-allongée dans le haut et dans le bas; l'anale attachée autour d'une prolongation charnue, écailleuse, très-grande, comprimée et triangulaire.

ESPÈCE.	CARACTÈRES.
Le Harpé bleu-doré.	Huit rayons à la membrane des branchies; la partie supérieure du corps d'un beau bleu; l'inférieure dorée.

---

(1) M. Cuvier ne conserve pas ce genre; il réunit sa seule espèce au sous-genre Cheïline dans le grand genre Labre, famille des Acanthoptérygiens labroïdes.   Desm. 1830.

LE HARPÉ BLEU-DORÉ.[1]

Cheilinus . . . . . ., Cuv.; *Harpe cœruleo-aureus*, Lac. (2).

Nous cessons de nous occuper des dix-sept genres sur la composition et la nomenclature desquels nous avons fait quelques réflexions particulières dans l'article qui précède le tableau méthodique du genre des labres.

Ces dix-sept genres comprennent quatre cent soixante-onze espèces, parmi lesquelles il en est cent quarante-trois dont nous aurons les premiers publié la description.

Le harpé bleu-doré devra aussi être compté parmi les espèces de poissons que nous aurons fait connaître aux naturalistes.

Ce superbe thoracin est très-bien représenté dans les peintures sur vélin qui sont déposées au Muséum d'histoire naturelle, et qui ont été exécutées avec beaucoup de soin d'après les dessins du célèbre Plumier.

Ce magnifique harpé ne montre que deux couleurs; mais ces couleurs sont celles de l'or et du

---

(1) « Turdus totus cæruleus et aureus. » Plumier, peintures sur vélin du Muséum d'histoire naturelle.

(2) Voyez la note de la page précédente. Desm. 1830.

saphir le plus pur. Elles sont d'ailleurs d'autant plus éclatantes, que les écailles qui les réfléchissent offrent une surface large et polie. La première de ces deux belles nuances resplendit sur les lèvres, sur l'iris, sur les côtés, sur la partie inférieure du corps et de la queue, sur le haut de la dorsale, et à l'extrémité de la prolongation en forme de faux qui termine cette même dorsale, les thoracines, l'anale et les deux bouts de la nageoire de la queue. Le reste de la surface de l'animal est peint d'un azur que des reflets dorés animent et varient (1).

Il n'y a qu'un orifice pour chaque narine. La tête et les deux premières pièces de chaque opercule sont dénuées de petites écailles; mais on en voit plusieurs rangs sur la base de la nageoire du dos. Le diamètre vertical de la queue va en augmentant depuis le second tiers de la longueur de cette partie, jusqu'à la base de la caudale.

---

(1) 10 rayons aiguillonnés et 8 rayons articulés à la dorsale du harpé bleu-doré.

    10 rayons à chaque pectorale.

    6 rayons à chaque thoracine.

    2 ou 3 rayons aiguillonnés et 13 rayons articulés à l'anale.

    15 rayons à la nageoire de la queue.

CENT VINGT-CINQUIÈME GENRE.

LES PIMÉLEPTÈRES (1).

La totalité ou une grande partie de la dorsale, de l'anale et de la nageoire de la queue, adipeuse, ou presque adipeuse ; les nageoires inférieures situées plus loin de la gorge que les pectorales.

ESPÈCE.	CARACTÈRES.
Le Piméleptère bosquien.	Onze rayons aiguillonnés et treize rayons articulés à la nageoire du dos ; trois rayons aiguillonnés et douze rayons articulés à la nageoire de l'anus ; la caudale fourchue ; un très-grand nombre de raies longitudinales brunes.

(1) M. Cuvier remarque que ce genre de M. de Lacépède, fait d'après Bosc, est le même que celui des Xistères, Lac., fait d'après Commerson ; et que tout fait croire que le genre Dorsuaire, aussi de Lacépède, qui est identique avec le Kiphose, pourrait bien être aussi le même que le Xistère.   Desm. 1830.

LE PIMÉLEPTÈRE[1] BOSQUIEN.[2]

Pimelepterus Boscii, Lac., Cuv.(3).

LA position des nageoires inférieures de cet osseux est remarquable. Elles sont en effet plus éloignées de la gorge que dans les autres thoracins. Mon savant confrère, M. Bosc, auquel nous devrons la connaissance de ce poisson, lui a donné le nom générique de *Gastérostée;* mais il a remarqué, avec son habileté ordinaire, et indiqué dans son manuscrit les caractères qui éloignent cet osseux des véritables gastérostées, et marquent la place de cette espèce dans un genre particulier.

Il l'a vu et dessiné dans l'Amérique septentrionale. Il nous a appris que les habitudes de ce piméleptère avaient beaucoup d'analogie avec celles du *Centronote pilote*, que les naturalistes nom-

---

(1) Le nom générique que nous donnons à ce poisson, vient de *pimèle*, qui, en grec, signifie *graisse*, et de *pteron*, qui signifie *nageoire*.

(2) « Gasterosteus atherinus, pinnis dorsalibus indivisis.... caudâ fur-« catâ, corpore argenteo, vittis numerosis fuscis. » Bosc, notes manuscrites qu'il a bien voulu me communiquer.

(3) Voyez la note de la page précédente.

Le genre PIMÉLEPTÈRE appartient à la famille des Acanthoptérygiens squamipennes. DESM. 1830.

maient, avant moi, *Gastérostée conducteur*. Le piméleptère bosquien suit en effet les vaisseaux qui
traversent l'océan Atlantique boréal. Il se tient
particulièrement auprès du gouvernail, où il saisit
avec avidité les fragments de substances nutritives
que l'on jette dans la mer. Il est difficile de le
prendre à l'hameçon, parce qu'il a l'adresse d'em-
porter l'appât, sans être retenu par le crochet.
Les Anglais, suivant mon confrère, n'aiment pas
à s'en nourrir; mais les Français le recherchent.

La tête du bosquien est petite; il peut allonger
ses lèvres; ses dents sont petites et obtuses; sa
langue est ovale; l'iris présente une couleur brune
mêlée de blanc; on voit une petite raie argentée
au-dessous; les écailles qui recouvrent le corps
et la queue, sont arrondies, larges, argentines,
brunes sur leurs côtés; et ce sont les séries de
ces places brunes qui forment les raies longitudinales indiquées sur le tableau générique. La
partie postérieure de la nageoire du dos, presque
toute l'anale, et la caudale, sont adipeuses. La
longueur ordinaire de l'animal est de près de
vingt centimètres, sa hauteur de six ou sept; et
sa largeur de deux ou trois (1).

---

(1) 4 rayons à la membrane branchiale du piméleptère bosquien.

   15 rayons à chaque pectorale.

   5 rayons à chaque thoracine.

   16 rayons à la nageoire de la queue.

CENT VINGT-SIXIÈME GENRE.

LES CHEILIONS (1).

Le corps et la queue très-allongés ; le bout du museau aplati ; la tête et les opercules dénués de petites écailles ; les opercules sans dentelure et sans aiguillons, mais ciselés ; les lèvres, et surtout celle de la mâchoire inférieure, très-pendantes ; les dents très-petites ; la dorsale basse et très-longue ; les rayons aiguillonnés ou non articulés de chaque nageoire, aussi mous ou presque aussi mous que les articulés ; une seule dorsale ; les thoracines très-petites.

ESPÈCES.	CARACTÈRES.
1. LE CHEILION DORÉ.	Toute la surface de l'animal d'un jaune doré ; quelques points noirs répandus sur la ligne latérale.
2. LE CHEILION BRUN.	La couleur générale d'un brun livide ; les thoracines blanches ; des taches blanches sur la dorsale et sur la nageoire de l'anus.

(1) Le genre CHEILION n'est pas conservé par M. Cuvier. Il range dans le genre des LABRES la seule espèce qu'il mentionne.   DESM. 1830.

LE CHEILION DORÉ, [1]

*Labrus . . . . . , Cuv.; Labrus inermis, Forsk.; Labrus, Hassel;
et Cheilio auratus, Lac. (2).*

ET

LE CHEILION BRUN. [3]

Cheilio fuscus, Lac. (4).

———

C'EST dans les manuscrits de Commerson que nous avons trouvé la description de ces deux espèces de thoracins, dont les naturalistes ignorent encore l'existence, et pour lesquelles nous avons dû établir un genre particulier.

Commerson en a vu des individus dans le marché au poisson ou dans les barques des pêcheurs de l'île Maurice.

———

(1) *Le jaunet.*
Chelinus chelio.— *Totus flavus*, vel *chrysinus*, vel *holochrysus.* Commerson, manuscrits déja cités.

(2) M. Cuvier pense que le *Cheilion doré* de Lacépède n'est qu'un labre très-grêle, dont les épines dorsales sont flexibles.

M. de Lacépède a décrit deux fois ce poisson, sous les noms 1° de *Labre hassek*, 2° de *Cheilion doré.* DESM. 1830.

(3) *Chelio fuscus.* — « Chelio fusco-plumbeus immaculatus. » Commerson, manuscrits déja cités.

(4) Non mentionné par M. Cuvier. DESM. 1830.

La chair du cheilion (1) doré est blanche et agréable au goût, mais peu recherchée, parce que ce poisson est très-commun. La longueur ordinaire de l'animal est de quatre décimètres, ou environ. La mâchoire supérieure est plus avancée que l'inférieure; et la lèvre d'en-haut extensible. On ne voit qu'une rangée de dents à chaque mâchoire; il n'y en a pas au palais. La langue est à demi cartilagineuse, et un peu libre dans ses mouvements; mais la pointe en est cachée au-dessous d'une petite membrane tendue à l'angle formé vers le bout du museau par les deux côtés de la mâchoire d'en-bas. Les yeux sont rapprochés l'un de l'autre; les écailles qui recouvrent le corps et la queue, lisses, et arrondies dans leur contour; les opercules composés de deux pièces et terminés par un appendice membraneux; les rayons de la dorsale dénués de filaments. La caudale est arrondie; et la membrane, qui forme la vessie natatoire, est attachée au-dessous de l'épine dorsale.

Le cheilion brun est moins grand que le doré: sa longueur ordinaire n'est que de trois décimètres. La partie de son museau qui est aplatie, est assez courte. Ses pectorales sont transparentes; et son iris brille d'un rouge de feu. Il a d'ail-

---

(1) Le nom générique *cheilion*, ou *cheilio*, désigne les lèvres pendantes des poissons décrits dans cet article. *Cheilos*, en grec, signifie *lèvre*.

leurs les plus grands rapports avec le doré (1).

---

(1) 6 rayons à la membrane branchiale du cheilion doré et du cheilion brun.

23 rayons à la nageoire du dos.

11 rayons à chaque pectorale.

6 rayons à chaque thoracine.

15 rayons à l'anale.

12 rayons à la nageoire de la queue.

CENT VINGT-SEPTIÈME GENRE.

LES POMATOMES (1).

L'opercule entaillé dans le haut de son bord postérieur, et couvert d'écailles semblables à celles du dos; le corps et la queue allongés; deux nageoires dorsales; la nageoire de l'anus très-adipeuse.

ESPÈCE.	CARACTÈRES.
LE POMATOME SKIB.	Sept rayons aiguillonnés à la première dorsale; trois entailles à chaque opercule; la mâchoire inférieure plus avancée que la supérieure; la caudale très-fourchue.

---

(1) Le genre POMATOME de M. de Lacépède n'est pas conservé par M. Cuvier. Il le rapporte à son genre TEMNODON de la famille des Acanthoptérygiens scombéroïdes.   DESM. 1830.

LE POMATOME SKIB.[1]

Temnodon saltator, Cuv.; *Perca saltatrix*, Linn.; *Cheilodipterus heptacanthus*, *Sparus saltator*, et *Pomatomus Skib*,
Lac. (2).

Nous devons la connaissance de ce poisson à
notre savant confrère M. Bosc, qui a bien voulu
nous communiquer un dessin et une description
de cette espèce, dont il a observé les formes et
les habitudes, avec son habileté ordinaire, pendant le séjour qu'il a fait dans les États-Unis.

Ce pomatome (3) habite dans les baies et vers
les embouchures des rivières de la Caroline. On
ne l'y trouve cependant qu'assez rarement. Il saute
et s'élance fréquemment à une distance plus ou
moins grande; et cette faculté ne doit pas sur-
prendre dans un poisson dont la queue est conformée de manière à pouvoir être agitée avec ra-

---

(1) *Skib jack*, dans la Caroline.

« Perca skibea, pinnis dorsalibus distinctis, secundâ viginti-quatuor
« radiis, corpore argenteo, caudâ bifurcâ. »

(2) Du genre Temnodon, Cuv. (Voyez la note de la page précédente).

Ce poisson a été décrit trois fois par M. de Lacépède, sous les noms
1° de *Cheilodiptère heptacanthe*, 2° de *Spare sauteur*, et 3° de *Pomatome skib*. Desm. 1830.

(3) Ce nom générique désigne la forme de l'opercule : *poma*, en grec,
signifie opercule, et *tome*, incision.

pidité. La chair du skib est très-agréable au goût.

Les mâchoires sont garnies chacune d'une rangée de dents aplaties, presque égales, et un peu séparées les unes des autres. La seconde dorsale est plus longue que la première, et d'une étendue à-peu-près égale à celle de la nageoire de l'anus. Celle-ci est si adipeuse, qu'on peut à peine distinguer les rayons qui la composent.

L'animal est verdâtre dans sa partie supérieure, et argenté dans sa partie inférieure. L'iris est jaune; et l'on voit une tache noire sur la base des pectorales, qui sont jaunâtres (1).

------

(1) 7 rayons à la membrane branchiale du pomatome skib.

24 rayons à la seconde dorsale.

15 rayons à chaque pectorale.

6 rayons à chaque thoracine.

26 rayons à la nageoire de l'anus.

18 rayons à celle de la queue.

CENT VINGT-HUITIÈME GENRE.

LES LEIOSTOMES (1).

Les mâchoires dénuées de dents, et entièrement cachées sous les lèvres; ces mêmes lèvres extensibles; la bouche placée au-dessous du museau; point de dentelure ni de piquants aux opercules; deux nageoires dorsales.

ESPÈCE.	CARACTÈRES.
Le Leiostome queue-jaune.	Dix rayons à la première nageoire du dos, qui est triangulaire; trente-deux à la seconde : quatorze à celle de l'anus; la caudale échancrée en croissant; les écailles arrondies.

---

(1) Le genre Leiostome de M. de Lacépède a été adopté par M. Cuvier, et placé par lui dans la famille des Acanthoptérygiens sciènoïdes.

DESM. 1830.

LE LEIOSTOME QUEUE-JAUNE.[1]

Leiostomus xanthurus, Lac., Cuv. (2).

C'EST encore à mon confrère M. Bosc que nous devons la connaissance de ce thoracin. Cet habile naturaliste lui a donné, dans ses notes manuscrites, le nom de *Perche* ou *Persèque* ; mais il y a témoigné le désir de le voir placé dans un genre particulier, à cause des traits remarquables qui séparent ce poisson des persèques ou perches, et que personne ne pouvait mieux saisir que ce savant. Le défaut de dents aux mâchoires et de dentelure aux opercules, est celui de ces traits distinctifs qu'il a principalement indiqué, comme devant séparer le poisson décrit dans cet article, des véritables perches ou persèques ; et c'est aussi à cause de ce défaut de dents que nous avons donné à cet osseux le nom générique de *Leiostome* (3). Nous lui avons conservé le nom spéci-

-----

(1) *Yellow tail*, dans la Caroline.

Perca edentula. — « Perca pinnarum dorsalium secundâ, radiis tri- « ginta duobus, naso obtuso, dentibus nullis. » Bosc, manuscrits déja cités.

(2) Voyez la note de la page précédente. DESM. 1830.

(3) Le nom générique de *leiostome* désigne le défaut de dents : *leios*, en grec, signifie *lisse, sans aspérités, sans dents ;* et *stoma* signifie *bouche.*

fique de *Queue-jaune* qu'il porte à la Caroline, où M. Bosc l'a observé. Il a en effet la nageoire de la queue, ainsi que les autres nageoires, jaunes ou jaunâtres; elles sont d'ailleurs pointillées de noir. Une couleur brune argentine règne sur la partie supérieure de l'animal, et un blanc argenté sur l'inférieure. L'iris est jaune. Les yeux sont gros. Chaque narine a un orifice double. Le bout du museau est mousse. La tête, le corps et la queue sont comprimés.

Le leiostome queue-jaune n'a souvent qu'un décimètre, ou environ, de longueur; et alors sa plus grande hauteur est cependant de près de quatre centimètres. Ce poisson, dont la chair est agréable au goût, vit dans les eaux douces de la Caroline (1).

---

(1) 7 rayons à la membrane branchiale du leiostome queue-jaune.

18 rayons à chaque pectorale.

6 rayons à chaque thoracine.

16 rayons à la nageoire de la queue.

CENT VINGT-NEUVIÈME GENRE.

LES CENTROLOPHES (1).

Une crête longitudinale, et un rang longitudinal de piquants très-séparés les uns des autres et cachés en partie sous la peau au-dessus de la nuque; une seule nageoire du dos; cette dorsale très-basse et très-longue; les mâchoires garnies de dents très-petites, très-fines, égales, et un peu écartées les unes des autres; moins de cinq rayons à la membrane branchiale.

ESPÈCE.	CARACTÈRES.
Le Centrolophe nègre.	Trente-neuf rayons à la dorsale; la caudale fourchue; la couleur noire.

(1) M. Cuvier (*Règne animal*) conserve comme sous-genre les Centrolophes de M. de Lacépède, dans le genre Coryphène de la famille des Acanthoptérygiens scombéroïdes.   Desm. 1830.

LE CENTROLOPHE NÈGRE.

Centrolophus Pompilus, Cuv.; *Coryphæna Pómpilus*, et *Perca nigra*, Linn., Gmel., Borlase; *Centrolophus niger*, et *Holocentrus niger*, Lacep. (1).

M. Noël de Rouen m'a envoyé un individu très-bien conservé de cette espèce que les naturalistes ne connaissent pas encore, et que sa conformation singulière m'a fait inscrire dans un genre particulier. Ce poisson venait d'être pêché à Fécamp, où personne ne s'est souvenu d'en avoir vu de semblable. Les pêcheurs l'ont nommé *le Nègre*, à cause de sa couleur noire; et nous avons cru devoir adopter cette dénomination spécifique.

Ce centrolophe (2) parvient au moins à la longueur de trois décimètres. Son museau est arrondi; sa mâchoire inférieure plus avancée que

---

(1) Du sous-genre CENTROLOPHE, dans le genre CORYPHÈNE, Cuv. (Voyez la note de la page précédente).

M. de Lacépède a décrit trois fois ce poisson, 1° comme *Coryphène pompile*, 2° comme *Holocentre noir*, et 3° comme *Centrolophe nègre*. DESM. 1830.

(2) Le mot *centrolophe* désigne les piquants et la crête de la nuque; *centron*, en grec, signifie aiguillon, et *lophos*, crête.

la supérieure; l'orifice de chaque narine double; le palais lisse, ainsi que la langue, qui est libre dans ses mouvements, blanche et légèrement pointillée de noir. Les yeux sont très-gros; les piquants placés entre la petite crête et la nageoire dorsale, sont au nombre de trois, et situés verticalement, ou dirigés en avant. Des écailles très-petites, rhomboïdales et fortement attachées, couvrent la tête, les opercules, le corps et le queue; mais celles qui revêtent la tête ont des dimensions encore moins considérables que les autres, et une figure peu déterminée. L'anale est très-basse, comme la dorsale. La ligne latérale est fléchie vers l'anus, au lieu de suivre la courbure du dos (1).

---

(1)   4 rayons à la membrane branchiale du centrolophe nègre.

17 rayons à chaque pectorale.

6 rayons à chaque thoracine.

21 rayons à l'anale.

23 rayons à la nageoire de la queue.

CENT TRENTIÈME GENRE.

LES CHEVALIERS (1).

Plusieurs rangs de dents à chaque mâchoire; deux nageoires dorsales; la première presque aussi haute que le corps, triangulaire, et garnie de très-longs filaments à l'extrémité de chacun de ses rayons; la seconde basse et très-longue; l'anale très-courte, et moins grande que chacune des thoracines; cette anale, les deux nageoires du dos et celle de la queue couvertes presque en entier de petites écailles; l'opercule sans piquants ni dentelure; les écailles grandes et dentelées.

ESPÈCE.	CARACTÈRES.
Le Chevalier américain.	La tête et les opercules garnis de petites écailles; la caudale lancéolée; trois bandes noires et bordées de blanc de chaque côté de l'animal.

---

(1) Le genre Chevalier, *Eques*, de Bloch et de M. de Lacépède, est adopté par M. Cuvier qui le place dans la famille des Acanthoptérygiens sciènoïdes. Desm. 1830.

LE CHEVALIER AMÉRICAIN.[1]

Eques balteatus, Cuv.; *Eques americanus*, Bl., Lac.;
Chœtodon lanceolatus, Linn. (2).

De même que le plus grand charme de l'art vient de la perfection avec laquelle il imite la nature, de même nous recevons souvent un plaisir particulier des ouvrages de la nature qui nous offrent ces sortes de singularité remarquable, de contraste frappant, de régularité recherchée, de symétrie rigoureuse, que nous présentent un si grand nombre de productions de l'art. Cette métamorphose, si je puis parler ainsi, ce déguisement, ou cet échange de qualités, nous donnent une satisfaction assez vive; et l'on dirait que notre amour-propre se complaît, en les considérant, dans cette illusion qui lui montrerait d'un côté

---

(1) *Poisson rayé.*

Poisson à rubans , de la Caroline.

Serrana , par les Espagnols de la Barbade.

Eques americanus. Bloch , pl. 347.

Guaperva. Edw. Av. tab. 210.

Chétodon guaperve. Daubenton et Haüy , Encyclopédie méthodique.

Id. Bonnaterre, planches de l'Encyclopédie méthodique.

(2) Voyez la note de la page précédente. Desm. 1830.

l'art s'élevant jusqu'à la nature, et de l'autre la nature descendant jusqu'à l'art.

Parmi les êtres organisés qui ne tiennent leurs ornements que des mains de cette nature aussi admirable par la variété que par la magnificence de ses œuvres, le poisson que nous décrivons doit principalement attirer les regards, comme ayant reçu pour sa parure des nuances et une distribution de couleurs qu'on ne croirait pouvoir rapporter qu'au caprice, ou, si on l'aime mieux, au goût recherché de l'art.

En effet, au-dessus de la couleur d'or diversifiée dans ses tons, dont brille presque toute sa surface, on voit de chaque côté trois bandes d'un beau noir, lisérées de blanc, et qui, par cette bordure tranchante, se détachent davantage du riche fond qui les entoure. La première et la moins large de ces bandes est transversale, un peu courbe, et passe au-dessus du globe de l'œil; la seconde s'étend, en serpentant un peu, depuis le sommet de la tête jusqu'auprès de la base des thoracines; la troisième, qui est la plus large, commence à l'extrémité supérieure de la première nageoire dorsale, descend obliquement vers la tête, se recourbe vers la queue lorsqu'elle est parvenue au dos de l'animal, s'avance ensuite longitudinalement jusqu'à la caudale, au bout de laquelle elle parvient sans s'affaiblir. Six autres bandes brunes et inégales relèvent le jaune doré de la nageoire du dos, et se répandent de chaque côté sur le dos du poisson. L'iris est orangé. Cet assortiment de couleurs, et surtout les trois longues bandes noires et bordées de blanc, font paraître l'américain comme décoré de rubans, ou de cordons de chevalerie; et c'est apparemment cette disposition de nuances qui a suggéré à Bloch le nom générique de ce thoracin.

La tête est petite et comprimée; le museau arrondi; l'orifice de chaque narine double; le corps élevé; la queue beaucoup moins haute; la ligne latérale droite.

Ce beau poisson vit dans les eaux de la Caroline, de la Havane, de la Guadeloupe, et d'autres pays du nouveau continent (1).

____

(1) 5 rayons à la membrane branchiale du chevalier américain.

11 rayons à la première dorsale.

50 rayons à la seconde.

16 rayons à chaque pectorale.

1 rayon aiguillonné et 5 rayons articulés à chaque thoracine.

1 rayon aiguillonné et 5 rayons articulés à la nageoire de l'anus.

18 rayons à celle de la queue.

CENT TRENTE-UNIÈME GENRE.

LES LÉIOGNATHES (1).

Les mâchoires dénuées de dents proprement dites ; une seule nageoire du dos ; un aiguillon recourbé et très-fort des deux côtés de chacun des rayons articulés de la dorsale ; un appendice écailleux, long et aplati auprès de chaque thoracine ; l'opercule dénué de petites écailles, et un peu ciselé ; la hauteur du corps égale ou presque égale à la moitié de la longueur totale du poisson.

ESPÈCE.	CARACTÈRES.
LE LÉIOGNATHE ARGENTÉ.	Cinq rayons aiguillonnés et dix-sept rayons articulés à la dorsale, qui est en forme de faux, ainsi que la nageoire de l'anus ; la caudale fourchue.

______

(1) M. Cuvier ne conserve pas le genre LÉIOGNATHE de Lacépède, dont le type est le *Scomber Equula* de Forskael. Il forme de ce poisson, et de plusieurs autres, son sous-genre EQUULA, dans le grand genre DORÉE, *Zeus*, de la famille des Acanthoptérygiens scombéroïdes. DESM. 1830.

LE LEIOGNATHE ARGENTÉ.[1]

Equula ensifera, Cuv.; *Scomber edentulus*, Bl.; *Leiognathus argenteus*, Lac. (2).

Bloch a décrit le premier ce poisson, qu'il a inscrit parmi les scombres. Ce thoracin, en effet, a beaucoup de rapports avec ces poissons ; et c'est ce qui nous aurait déterminés à lui donner le nom spécifique de *Scombéroïde*, si nous n'avions pas employé déja cette dénomination pour désigner un genre voisin de celui des scombres : mais il diffère de ces animaux par trop de traits remarquables, pour que nous n'ayons pas dû, d'après nos principes de distribution méthodique, le placer dans un genre particulier. Un seul de ces traits, le défaut absolu de dents, aurait suffi pour rendre cette séparation nécessaire ; et voilà pourquoi nous avons choisi pour l'argenté dont nous traitons dans cet article, le nom générique de *Léiognathe*, qui indique des *mâchoires lisses* ou *non armées de dents* (3).

---

(1) *Scomber edentulus*. Bloch, pl. 428.

(2) Voyez la note de la page précédente. Le Cæsio Poulain (voyez tome VII, page 413), est une autre espèce du même genre, que M. Cuvier nomme *Equula caballa*. Desm. 1830.

(3) *Leios*, en grec, veut dire lisse, et *gnathos*, mâchoire.

L'argenté a d'ailleurs l'ouverture de la bouche petite ; la tête, le corps et la queue, très - comprimés ; deux orifices à chaque narine ; l'anus à une distance à-peu-près égale du bout du museau et de l'extrémité supérieure ou inférieure de la caudale ; les écailles minces et argentées ; la nageoire de la queue violette, en tout ou en partie ; les autres nageoires, les opercules et le dessous de la poitrine, dorés ; le dos violet ; plusieurs bandes transversales, brunes, et souvent rapprochées deux à deux (1).

Le léiognathe parvient à la longueur de trois ou quatre décimètres. Il vit auprès de Tranquebar, il n'entre que rarement dans les rivières. On le prend dans toutes les saisons ; mais il est surtout très - aisé de le pêcher pendant l'hiver. Sa chair est grasse et de bon goût ; et comme les individus de cette espèce sont très-nombreux, la pêche de ce thoracin est très-utile aux habitants des rivages dont il s'approche.

-----

(1) 7 rayons à la membrane branchiale du léiognathe argenté.

   16 rayons à chaque pectorale.

   1 rayon aiguillonné et 5 rayons articulés à chaque thoracine.

   3 rayons aiguillonnés et 13 rayons articulés à la nageoire de l'anus.

   24 rayons à celle de la queue.

CENT TRENTE-DEUXIÈME GENRE.

LES CHÉTODONS (1).

Les dents petites, flexibles et mobiles; le corps et la queue très-comprimés; de petites écailles sur la dorsale ou sur d'autres nageoires, ou la hauteur du corps supérieure ou du moins égale à sa longueur; l'ouverture de la bouche petite; le museau plus ou moins avancé; une seule nageoire dorsale; point de dentelure ni de piquants aux opercules.

PREMIER SOUS-GENRE.

La nageoire de la queue fourchue, ou échancrée en croissant.

ESPÈCES.	CARACTÈRES.
1. Le Chétodon bordé.	Douze rayons aiguillonnés et treize rayons articulés à la nageoire du dos; seize rayons articulés à l'anale; huit rayons articulés à chaque thoracine; toutes ces nageoires bordées d'une couleur très-foncée.
2. Le Chétodon curaçao	Treize rayons aiguillonnés et douze rayons articulés à la nageoire du dos; deux rayons aiguillonnés et quatorze rayons articulés à celle de l'anus; un seul orifice à chaque narine; les deux mâchoires également avancées; les lèvres épaisses; toutes les nageoires jaunes.

---

(1) Le genre Chétodon ou Bandoulière est adopté par M. Cuvier, dans la famille des Acanthoptérygiens squamipennes.

Il le partage en plusieurs sous-genres sous les noms de *Chætodons* proprement dits, *Chelmons, Heniochus, Ephippus, Taurichtes, Holacanthes, Pomacanthes,* et *Platax.*   DESM. 1830.

ESPÈCES.	CARACTÈRES.

3. Le Chétodon maurice — Onze rayons aiguillonnés et douze rayons articulés à la nageoire dorsale ; trois rayons aiguillonnés et dix rayons articulés à celle de l'anus ; l'extrémité des nageoires du dos et de l'anus arrondie ; la couleur générale bleuâtre ; six bandes transversales étroites., et d'une couleur très-foncée, de chaque côté de l'animal.

4. Le Chétodon bengali. — Treize rayons aiguillonnés et douze rayons articulés à la nageoire du dos ; deux rayons aiguillonnés et dix rayons articulés à l'anale ; la dernière pièce de chaque opercule terminée en pointe, ainsi que l'extrémité de la nageoire du dos, et de celle de l'anus ; la couleur générale bleuâtre ; cinq bandes jaunâtres, transversales, et étendues jusqu'au bord inférieur du poisson.

5. Le Chétodon faucheur. — Huit rayons aiguillonnés et vingt-deux rayons articulés à la dorsale ; trois rayons aiguillonnés et dix-sept rayons articulés à l'anale ; les pectorales en forme de faux ; la couleur générale argentée ; un grand nombre de taches ou points bruns.

6. Le Chétodon rondelle. — Vingt-trois rayons aiguillonnés et trois rayons articulés à la nageoire du dos ; trois rayons aiguillonnés et dix-neuf rayons articulés à celle de l'anus ; la couleur générale grisàtre ; cinq bandes transversales.

7. Le Chétodon sargoïde. — Treize rayons aiguillonnés à la dorsale ; un rayon aiguillonné à chaque thoracine ; un enfoncement au-devant des yeux ; l'ouverture de la bouche très-petite ; la lèvre supérieure grosse ; la dernière pièce de chaque opercule arrondie, ainsi que l'extrémité des nageoires du dos et de l'anus ; les pectorales et les thoracines sans bordure ; la tête, six bandes transversales, et la bordure de la dorsale, de l'anale et de la caudale, d'un beau violet.

8. Le Chétodon cornu. — Trois rayons aiguillonnés et quarante-un rayons articulés à la nageoire du dos ; le troisième rayon de cette nageoire plus long que la tête, le corps et la queue pris ensemble ; la caudale en croissant ; le museau cylindrique.

ESPÈCES.	CARACTÈRES.
9. Le Chétodon tacheté.	Treize rayons aiguillonnés et dix rayons articulés à la nageoire du dos; sept rayons aiguillonnés et neuf rayons articulés à celle de l'anus; le premier et le second rayon de chaque thoracine aiguillonnés; le second, le troisième et le quatrième articulés; la caudale en croissant; deux orifices à chaque narine; le corps, la queue et la caudale parsemés de taches presque égales, petites, rondes, et d'un rouge brun.
10. Le Chétodon tache-noire.	Treize rayons aiguillonnés et vingt-deux rayons articulés à la dorsale; trois rayons aiguillonnés et vingt rayons articulés à la nageoire de l'anus; la caudale en croissant; deux orifices à chaque narine; une bande transversale, large et noire au-dessus de la nuque, de l'œil et de l'opercule; une tache noire, grande et arrondie sur la ligne latérale.
11. Le Chétodon souf-flet.	Onze rayons aiguillonnés et vingt-quatre rayons articulés à la nageoire du dos; trois rayons aiguillonnés et dix-neuf rayons articulés à la nageoire de l'anus; la caudale en croissant; le museau cylindrique et très-allongé; l'ouverture de la bouche petite; la couleur générale citrine.
12. Le Chétodon can-nelé.	Treize rayons aiguillonnés et dix rayons articulés à la nageoire du dos; sept rayons aiguillonnés à la nageoire de l'anus; un seul rayon aiguillonné à chaque thoracine; tous les rayons aiguillonnés plus ou moins cannelés; la couleur générale d'un jaune verdâtre; un grand nombre de taches.
13. Le Chétodon pen-tacanthe.	Cinq rayons aiguillonnés et trente-deux rayons articulés à la nageoire du dos; trois rayons aiguillonnés et vingt-un rayons articulés à celle de l'anus; la caudale en croissant; la mâchoire inférieure plus avancée que la supérieure; la seconde pièce de chaque opercule terminée par un appendice triangulaire.

ESPÈCES.	CARACTÈRES.
14. LE CHÉTODON AL-LONGÉ.	Trente-sept rayons à la nageoire du dos; vingt-quatre à l'anale; la caudale en croissant; la nuque très-élevée; le corps et la queue un peu allongés; l'ouverture de la bouche très-étroite; les écailles très-petites.
15. LE CHÉTODON COUAGGA.	Neuf rayons aiguillonnés et quatorze rayons articulés à la nageoire du dos; deux rayons aiguillonnés et quinze rayons articulés à la nageoire de l'anus; la caudale un peu en croissant; trois bandes transversales noires et étroites de chaque côté de l'animal.

SECOND SOUS-GENRE.

La nageoire de la queue, non échancrée, et rectiligne, ou arrondie.

ESPÈCES.	CARACTÈRES.
16. LE CHÉTODON POINTU.	Trois rayons aiguillonnés et vingt-cinq rayons articulés à la dorsale; trois rayons aiguillonnés et seize rayons articulés à la nageoire de l'anus; le troisième rayon de la dorsale très-allongé; trois bandes transversales.
17. LE CHÉTODON QUEUE-BLANCHE.	Neuf rayons aiguillonnés et vingt-deux rayons articulés à la nageoire du dos; trois rayons aiguillonnés et dix-neuf rayons articulés à la nageoire de l'anus; le premier rayon aiguillonné de la dorsale couché le long du dos; le corps noir; la queue blanche.
18. LE CHÉTODON GRANDES-ÉCAILLES.	Onze rayons aiguillonnés et vingt-trois rayons articulés à la dorsale; trois rayons aiguillonnés et vingt-un rayons articulés à l'anale; le quatrième rayon de la dorsale terminé par un filament plus long ou aussi long que le corps et la queue; les écailles grandes; deux bandes transversales très-larges.
19. LE CHÉTODON ARGUS.	Onze rayons aiguillonnés et vingt-sept rayons articulés à la nageoire du dos; quatre rayons aiguillonnés et quatorze rayons articulés à nageoire de l'anus; le corps et une grande partie de la queue très-élevés; deux orifices à chaque narine; la couleur générale violette; un grand nombre de taches arrondies, petites et brunes.

ESPÈCES.	CARACTÈRES.
20. LE CHÉTODON VAGABOND.	Treize rayons aiguillonnés et vingt rayons articulés à la dorsale ; trois rayons aiguillonnés et dix-sept rayons articulés à la nageoire de l'anus ; la tête et les opercules couverts de petites écailles ; deux orifices à chaque narine ; le museau cylindrique ; la couleur générale jaunâtre ; une bande transversale et noire au-dessus de chaque œil.
21. LE CHÉTODON FORGERON.	Neuf rayons aiguillonnés et vingt-deux rayons articulés à la nageoire du dos ; trois rayons aiguillonnés et vingt-un rayons articulés à l'anale ; le troisième rayon de la dorsale beaucoup plus long que les autres ; six bandes transversales, inégales en largeur ; ces bandes d'un bleu très-foncé, ainsi que la dorsale, la caudale et l'anale ; les pectorales et les thoracines noires.
22. LE CHÉTODON CHILI.	Onze rayons aiguillonnés et vingt-deux rayons articulés à la dorsale ; trois rayons aiguillonnés et seize rayons articulés à l'anale ; deux rayons aiguillonnés et trois rayons articulés à chaque thoracine ; le museau allongé ; la couleur générale dorée ; cinq bandes transversales.
23. LE CHÉTODON À BANDES.	Douze rayons aiguillonnés et vingt-quatre rayons articulés à la nageoire du dos ; trois rayons aiguillonnés et dix-neuf rayons articulés à la nageoire de l'anus ; six rayons à la membrane des branchies ; la partie antérieure de la dorsale placée dans une fossette longitudinale ; les écailles arrondies ; la couleur générale jaune ; une bandelette noire sur chaque œil ; huit bandes brunes et disposées obliquement de chaque côté de l'animal.
24. LE CHÉTODON COCHER.	Treize rayons aiguillonnés et vingt-quatre rayons articulés à la nageoire du dos ; trois rayons aiguillonnés et vingt-un rayons articulés à l'anale ; le cinquième rayon aiguillonné de la dorsale terminé par un filament très-long ; les écailles rhomboïdales ; la couleur générale bleuâtre ; quinze ou seize bandes courbes, brunes, et placées obliquement de chaque côté du poisson.

ESPÈCES.	CARACTÈRES.

25. Le Chétodon hadjan

Treize rayons aiguillonnés et vingt-quatre rayons articulés à la dorsale; trois rayons aiguillonnés et dix-neuf rayons articulés à la nageoire de l'anus; les écailles rhomboïdales, grandes et ciliées; la partie antérieure de l'animal blanche; la partie postérieure brune; douze bandes transversales et noires sur cette partie postérieure.

26. Le Chétodon peint.

Treize rayons aiguillonnés et vingt-cinq rayons articulés à la nageoire du dos; trois rayons aiguillonnés et vingt-un rayons articulés à la nageoire de l'anus; les écailles larges et dentelées; le museau avancé; la couleur générale blanchâtre; dix-sept ou dix-huit raies obliques et violettes de chaque côté du poisson.

27. Le Chétodon museau-allongé.

Neuf rayons aiguillonnés et trente rayons articulés à la dorsale; trois rayons aiguillonnés et vingt rayons articulés à l'anale; la caudale arrondie; le museau cylindrique, et plus long que la caudale; cinq bandes transversales, noires et bordées de blanc, de chaque côté de l'animal; une tache noire, ovale, grande, et bordée de blanc sur la base de la dorsale.

28. Le Chétodon orbe.

Sept rayons aiguillonnés et vingt-un rayons articulés à la nageoire du dos; trois rayons aiguillonnés et seize rayons articulés à l'anale; la caudale arrondie; l'ensemble de l'animal en forme de disque; un seul orifice à chaque narine; le second, le troisième et le quatrième rayons de chaque thoracine, terminés par un long filament; la ligne latérale deux fois fléchie vers le bas; la couleur générale bleuâtre.

29. Le Chétodon zèbre.

Treize rayons aiguillonnés et dix-neuf rayons articulés à la dorsale; trois rayons aiguillonnés et vingt-deux rayons articulés à la nageoire de l'anus; la caudale arrondie; la tête et les opercules couverts d'écailles sem-

ESPÈCES.	CARACTÈRES.
29. Le Chétodon zèbre.	blables à celles du dos ; deux orifices à chaque narine ; l'anus plus près de la tête que de la caudale ; la couleur générale jaune ; quatre ou cinq bandes transversales, larges et brunes ; les pectorales noirâtres.
30. Le Chétodon bridé.	Treize rayons aiguillonnés et vingt rayons articulés à la nageoire du dos ; trois rayons aiguillonnés et seize rayons articulés à l'anale ; la tête et les opercules garnis de petites écailles ; la caudale arrondie ; la couleur générale d'un jaune doré ; la ligne latérale se courbant vers le bas, se repliant ensuite vers le haut, et suivant une partie de la circonférence d'une tache noire, grande, ronde, bordée de blanc, et placée sur chaque côté de la queue ; des raies étroites, parallèles et brunes, disposées obliquement sur chacun des côtés du poisson ; les raies de la partie supérieure de l'animal, descendant de la dorsale vers la tête ; celles de la partie inférieure remontant vers la tête, et partant de l'anale et des thoracines ; une bande transversale sur l'œil.
31. Le Chétodon vespertilion.	Cinq rayons aiguillonnés et trente-six rayons articulés à la dorsale ; trois rayons aiguillonnés et trente rayons articulés à la nageoire de l'anus ; l'une et l'autre triangulaires, et composées de rayons très-longs ; les thoracines très-allongées ; la caudale arrondie ; la tête et les opercules dénués de petites écailles ; le corps très-haut ; une bande noire et transversale sur la base de la nageoire de la queue.
32. Le Chétodon oeillé.	Douze rayons aiguillonnés et vingt-deux rayons articulés à la nageoire du dos ; trois rayons aiguillonnés et dix-neuf rayons articulés à celle de l'anus ; la caudale arrondie ; le museau un peu avancé ; la tête couverte de petites écailles ; deux orifices à chaque narine ; deux lignes latérales de chaque côté ; la plus haute allant directement de l'œil au

ESPÈCES.	CARACTÈRES.

32. Le Chétodon œillé.

milieu de la base de la nageoire du dos; l'inférieure commençant vers le milieu de la longueur de la queue, et s'étendant directement jusqu'à la caudale; une tache ronde, grande, brune, et bordée de blanc, sur la dorsale.

33. Le Chétodon huit-bandes.

Onze rayons aiguillonnés très-forts, et dix-sept rayons articulés à la dorsale; trois rayons aiguillonnés très-forts, et treize rayons articulés à la nageoire de l'anus; la caudale arrondie; le museau un peu avancé; un seul orifice à chaque narine; de petites écailles sur la tête et les opercules; la ligne latérale très-courbe, et garnie d'écailles assez larges; huit bandes transversales brunes, étroites, et rapprochées deux à deux de chaque côté du poisson.

34. Le Chétodon collier

Douze rayons aiguillonnés et vingt-huit rayons articulés à la nageoire du dos; trois rayons aiguillonnés et vingt-un rayons articulés à l'anale; la caudale arrondie; le museau un peu avancé; une membrane saillante au-dessus d'une partie du globe de l'œil; un seul orifice à chaque narine; deux lignes latérales de chaque côté; la supérieure s'élevant du haut de l'opercule jusqu'à la dorsale; la seconde commençant vers le milieu de la longueur de la queue, et s'étendant directement jusqu'à la caudale; la nuque très-élevée; deux bandes transversales et blanches sur la tête.

35. Le Chétodon teïra.

Cinq rayons aiguillonnés et vingt-neuf rayons articulés à la dorsale; trois rayons aiguillonnés et vingt-trois rayons articulés à l'anale; les premiers rayons articulés de ces deux nageoires et des thoracines, extrêmement longs; la caudale arrondie; deux orifices à chaque narine; les écailles très-petites et dentelées; trois bandes transversales, noires et très-longues; les thoracines noires.

ESPÈCES.	CARACTÈRES.
36. Le Chétodon surate.	Dix-neuf rayons aiguillonnés et douze rayons articulés à la nageoire du dos ; treize rayons aiguillonnés et dix rayons articulés à celle de l'anus ; les rayons aiguillonnés de ces deux nageoires garnis chacun d'un filament ; le museau un peu avancé ; un seul orifice à chaque narine ; la ligne latérale interrompue ; la caudale arrondie ; six bandes transversales brunes ; un grand nombre de points argentés.
37. Le Chétodon chinois	Quinze rayons aiguillonnés et neuf rayons articulés à la dorsale ; dix-huit rayons aiguillonnés et dix rayons articulés à la nageoire de l'anus ; cette dernière plus longue que la nageoire du dos ; la caudale arrondie ; dix bandes transversales et brunes, dont plusieurs se divisent en deux, de chaque côté du poisson.
38. Le Chétodon klein.	Dix-sept rayons aiguillonnés et dix-neuf rayons articulés à la nageoire du dos ; trois rayons aiguillonnés et vingt rayons articulés à l'anale ; la caudale arrondie ; un seul orifice à chaque narine ; la couleur générale mêlée d'or et d'argent ; une seule bande transversale ; cette bande brune, et placée sur la tête, de manière à passer sur l'œil.
39. Le Chétodon bi-maculé.	Douze rayons aiguillonnés et vingt-deux rayons articulés à la dorsale ; trois rayons aiguillonnés et quinze rayons articulés à la nageoire de l'anus ; la caudale arrondie ; le museau un peu avancé ; deux orifices à chaque narine ; la tête et les opercules couverts de petites écailles ; une bande transversale, courbe, noire et bordée de blanc, placée sur la tête, de manière à passer sur l'œil ; deux taches noires, grandes, et bordées de blanc, sur l'extrémité de la nageoire du dos.
40. Le Chétodon galline.	Un ou deux rayons aiguillonnés et trente-neuf rayons articulés à la nageoire du dos ; vingt-huit rayons à la nageoire de l'anus ; deux orifices à chaque narine ; la couleur générale

ESPÈCES.	CARACTÈRES.
40. LE CHÉTODON GAL-LINE.	comme enfumée ; deux bandes transversales et noirâtres, placées de manière à passer l'une sur l'œil et l'autre sur la base de la pectorale.
41. LE CHÉTODON TROIS-BANDES.	Treize rayons aiguillonnés et vingt-quatre rayons articulés à la nageoire du dos ; trois rayons aiguillonnés et dix-huit rayons articulés à la nageoire de l'anus ; la caudale un peu arrondie ; les écailles ciliées ; seize raies longitudinales et brunes ; et trois bandes transversales, noires, et bordées de jaune, de chaque côté de l'animal.
42. LE CHÉTODON TÉTRA-CANTHE.	Onze rayons aiguillonnés et seize rayons articulés à la dorsale ; quatre rayons aiguillonnés et quatorze rayons articulés à l'anale ; la caudale arrondie ; cinq ou six bandes transversales, noires, larges, et un peu irrégulières.

LE CHÉTODON BORDÉ.[1]

Glyphisodon saxatilis, Cuv.; *Chœtodon saxatilis*, Linn.; *Chœtodon marginatus*, *Chœtodon Mauritii*, Bl., Lac.; *Chœtodon sargoides*, Lac. (2).

Le CHÉTODON CURAÇAO (3), *Glyphisodon Curassao*, Cuv.; *Chœtodon Curaçao*, Bl., Lac. (4). — CHÉTODON MAURICE (5), *Glyphisodon saxatilis*, Cuv.; *Chœtodon saxatilis*, Linn.; *Chœtodon Mauritii*, *Ch. marginatus*, et *Ch. sargoides*, Lacep. (6).—CHÉTODON BENGALI (7), *Glyphisodon bengalensis*, Cuv.; *Chœtodon saxatilis*, Forsk.; *Chœtodon bengalensis*, Bl., Lac.; *Labrus macrogaster*, Lac. (8).

LES chétodons sont parés des couleurs les plus vives et les plus agréables. Ils sont aussi très-re-

---

(1) *Bandoulière bordée.* Bloch, pl. 207.

Chétodon bordé. Bonnaterre, planches de l'Encyclopédie méthodique.

(2) Du genre GLYPHISODON, dans la famille des Acanthoptérygiens sciénoïdes, Cuv.

M. de Lacépède a fait un triple emploi de ce poisson, sous les noms 1° de *Chétodon bordé*, 2° de *Chétodon Maurice*, et 3° de *Chétodon sargoide*. DESM. 1830.

(3) *Bandoulière de Curaçao.* Bloch, pl. 212, fig. 1.

Id. Bonnaterre, planches de l'Encyclopédie méthodique.

(4) Du genre GLYPHISODON, dans la famille des Acanthoptérygiens sciènoïdes, Cuv. DESM. 1830.

(5) *Jugua caguare*, au Brésil.

Bandoulière du prince Maurice. Bloch, pl. 213, fig. 1.

Id. Bonnaterre, planches de l'Encyclopédie méthodique.

(6) Ce poisson ne diffère pas spécifiquement de celui qui est décrit

marquables par leurs formes; et cependant on n'a encore déterminé leurs caractères distinctifs que d'une manière vague. On a laissé dans le genre qu'ils composent, des poissons qui, malgré leurs grands rapports avec ces chétodons, doivent cependant en être écartés dans une distribution véritablement méthodique et régulière; et on a même placé, parmi ces animaux, des espèces qui présentent des traits opposés à ceux que l'on indique comme devant servir à caractériser ces thoracins.

Il est résulté de cette négligence, non seulement une confusion que l'on ne doit plus laisser subsister en histoire naturelle, mais encore de grandes difficultés pour reconnaître le genre et pour séparer avec netteté les espèces l'une de l'autre. Ces difficultés ont été d'ailleurs d'autant plus embarrassantes, que le groupe formé par les vrais chétodons est très-nombreux.

Nous avons donc cru devoir chercher avec beaucoup de soin à rectifier la nomenclature et par conséquent la distribution des chétodons, et des

---

dans ce même article, sous le nom de *Chétodon bordé*. Voyez la note 2. DESM. 1830.

(7) *Bandoulière de Bengale.* Bloch, pl. 213, fig. 2.

Id. Bonnaterre, planches de l'Encyclopédie méthodique.

(8) Du même genre (GLYPHISODON) que les précédents, dans la famille des Acanthoptérygiens sciènoïdes, Cuv.

M. de Lacépède a décrit deux fois ce poisson, sous les noms 1° de *Labre macrogastère*, et 2° de *Chétodon bengali.* DESM. 1830.

poissons que l'on avait mêlés à tort avec ces animaux, comme nous avons tâché de rectifier l'arrangement et les dénominations des labres, des spares, des sciènes, des persèques, et d'autres osseux voisins de ces derniers. Nous avons eu recours, pour la réforme de l'ordre établi parmi les chétodons, aux moyens que nous avons employés pour distribuer convenablement les persèques, les holocentres, les sciènes, les bodians, les spares, les labres, etc., et voici le résultat de notre travail à ce sujet.

Le mot *chétodon* (1) désignant des dents plus ou moins déliées et semblables à des *soies* ou *poils* flexibles, mobiles et élastiques, j'ai cru ne devoir laisser dans le genre des véritables chétodons, que les poissons qui offraient ce caractère remarquable et facile à saisir, et qui montraient de plus un museau au moins un peu avancé, une ouverture très-étroite à leur bouche, de petites écailles sur une ou plusieurs de leurs nageoires, ou un corps très-élevé, et enfin le corps et la queue très-aplatis dans le sens de leur largeur.

Nous avons retranché de leur genre, et placé dans de petites familles particulières,

Premièrement, les poissons qui diffèrent de ces véritables chétodons par des aiguillons entièrement ou presque entièrement dénués de membrane, et placés isolément au-devant de la na-

---

(1) *Chaite*, en grec, signifie des *poils* ou *soies*.

geoire du dos; nous les avons nommés *Acanthi-nions;*

Secondement, ceux qui ont reçu deux nageoires dorsales, et que nous appellerons *Chétodiptères;*

Troisièmement, ceux dont l'opercule est dentelé, qui n'ont qu'une dorsale, et dont le nom générique sera *Pomacentre;*

Quatrièmement, ceux que nous appelons *Pomadasys,* dont le dos est garni de deux nageoires, et l'opercule dentelé;

Cinquièmement, ceux qui ont leurs opercules armés de piquants, et que nous distinguons par la dénomination de *Pomacanthes;*

Sixièmement, ceux dont les opercules dentelés sont aussi hérissés de pointes ou aiguillons, et que le nom d'*Holacanthes* distinguera;

Et septièmement, ceux qui ont une dentelure, des aiguillons, deux nageoires du dos, et auxquels le nom d'*Énoploses* appartiendra.

Les espèces renfermées dans les sept genres que nous venons de désigner, ont d'ailleurs des dents sétacées comme les espèces pour lesquelles nous avons réservé le nom générique de *Chétodon.* Mais nous avons séparé de nos chétodons, par des motifs bien plus grands, les *Glyphisodons,* qui ont les dents crénelées; les *Acanthures,* dont les côtés de la queue sont armés d'un ou de plusieurs aiguillons, dont les dents n'ont pas la flexibilité et la mobilité des poils ou des soies; les *Aspisures,* dont une sorte de bouclier revêt les côtés de la queue; et les *Acanthopodes*, dont les nageoires thoracines ne sont composées que d'une ou de deux épines.

Nous avons donc réparti en douze genres les thoracins que l'on n'avait encore inscrits que dans un ou deux genres, et que l'on n'avait nommés que *Chétodons* ou *Acanthures*.

Le genre auquel nous avons conservé exclusivement le nom de *Chétodon*, renferme cependant quarante espèces.

Quels sont les traits qui leur appartiennent?

Nous venons d'indiquer la grande compression de leur corps et de leur queue, les téguments écailleux de leurs nageoires, la petitesse de leur bouche, la nature de leurs dents. Ces dents, quelquefois disposées sur une seule rangée, le plus souvent composent plusieurs rangs très-serrés. Les opercules sont tantôt couverts et tantôt dénués d'écailles semblables à celles du dos. Ces dernières, arrondies ou rhomboïdales, grandes ou petites, sont unies ou ciliées, ou dentelées dans leur circonférence. Nous verrons, dans un de nos Discours généraux, ce que l'on doit principalement observer dans la conformation intérieure de nos chétodons : mais disons que leurs couleurs sont presque toujours brillantes et contrastées; que l'or, l'argent, le rouge, le bleu, le beau noir, le blanc de lait, sont répandus avec éclat sur leur surface, en raies longitudinales, en bandes transversales peu nombreuses ou très-multipliées, en lignes courbées en différents sens, en rubans déployés particulièrement sur l'œil ou sur l'opercule, en taches larges et irrégulières, en taches régulières et moins étendues, en taches rondes, colorées et bordées de manière à imiter une prunelle entourée de son iris.

De si beaux assortiments charment d'autant plus les yeux, que les chétodons nagent avec vîtesse. Leur queue n'est pas longue, mais elle est très-haute; et d'ailleurs étant terminée par une large nageoire, elle peut frapper l'eau avec force, et communiquer à l'animal des mouvements rapides.

Cette vivacité dans les évolutions des chétodons, n'est cependant pas la seule cause qui ajoute à l'agrément de leur parure. Leurs écailles ont une surface très-polie; et ils n'habitent que dans des eaux assez voisines de l'équateur, pour qu'ils ne puissent s'approcher des rivages, ou de la surface des mers, qu'en réfléchissant un très-grand nombre de rayons lumineux.

On n'a rencontré, en effet, de chétodons vivants que sous la zone torride, ou à une distance très-petite des tropiques, soit dans l'ancien, soit dans le nouveau continent; et voilà pourquoi ces animaux ne sont connus que depuis la découverte du Nouveau-Monde et l'arrivée des Portugais dans les Grandes-Indes; et néanmoins il n'est presque aucune contrée où l'on n'ait trouvé des poissons fossiles ou des empreintes de poissons, et où l'on n'ait vu des restes ou des images de quelque espèce de véritable chétodon. Ce fait, digne de l'attention des géologues, a été particulièrement vérifié auprès de Vérone, où l'on a découvert, sous les couches de lave du mont Bolca, des individus très-bien conservés du chétodon vespertilion et du chétodon teïra, que l'on ne pêche que dans la mer du Japon, dans celle des grandes Indes, ou dans celle d'Arabie.

Nous avons donc une grande raison de plus, de déterminer avec précision les caractères distinctifs des espèces de chétodons. Parcourons ces caractères, et exposons ceux que nous n'avons pas décrits dans le tableau générique qui précède cet article.

Le bordé n'a de rayons aiguillonnés qu'à la nageoire dorsale. Toutes ses nageoires se terminent en pointe très-avancée. Les thoracines sont de plus en forme de faux. La partie de la dorsale qui n'est soutenue que par des rayons articulés, est presque entièrement semblable à celle de l'anus par sa figure et par ses dimensions; et elle présente l'image d'une sorte de fer de lance. Les écailles sont grandes. L'anus est très-rapproché de la caudale. Le tour des yeux est ovale, au lieu d'être rond. On ne voit qu'un orifice à chaque narine. La couleur générale est jaunâtre, et relevée par sept ou huit bandes transversales brunes, et placées de chaque côté sur la tête, le corps, la queue, ou la caudale. Ce sont ces bandes transversales et des bandes analogues observées sur plusieurs chétodons, qui ont fait donner à ces poissons le nom de *Bandoulière*.

Le bordé ne parvient ordinairement qu'à la longueur de deux ou trois décimètres. Il se plaît dans la mer qui baigne les Antilles. Il y vit dans les endroits pierreux, et auprès des embouchures des rivières. Il se nourrit de très-petits poissons ; et sa chair est agréable au goût.

Le chétodon curaçao tire son nom de l'île de Curaçao, dont il habite les environs. Sa chair est grasse et de bon goût. Il a de petites écailles sur la tête, les opercules, la base de la dorsale, de la caudale, et de la nageoire de l'anus. La ligne latérale est interrompue ; l'iris blanc, bordé de jaune ; et la couleur générale, d'un bleu mêlé d'argenté et de violet.

Le Brésil est la patrie du *Maurice*. Ce poisson porte le nom du prince de Nassau, qui l'a fait connaître. Il a quelquefois sept décimètres de longueur. Sa chair est blanche et agréable au goût. Il a le corps et la queue plus allongés qu'un très-grand nombre d'autres chétodons ; les thoracines jaunes ; les pectorales d'un bleu foncé, et les autres nageoires d'un bleu clair mêlé de rouge à leur base.

Le bengali, dont le nom indique l'habitation, montre de petites écailles sur la tête, les opercules, la base de l'anale, de la caudale et de la nageoire du dos ; une ligne latérale interrompue ;

un brun mêlé de bleu sur le bord des nageoires ; et un jaune foncé sur la base de ces organes de mouvement (1).

---

(1) 12 rayons à chaque pectorale du chétodon bordé.

20 rayons à la nageoire de la queue.

12 rayons à chaque pectorale du chétodon curaçao.

1 rayon aiguillonné et 5 rayons articulés à chaque thoracine.

16 rayons à la caudale.

14 rayons à chaque pectorale du chétodon maurice.

6 rayons à chaque thoracine.

18 rayons à la nageoire de la queue.

4 rayons à la membrane branchiale du chétodon bengali.

16 rayons à chaque pectorale.

6 rayons à chaque thoracine.

18 rayons à la caudale.

LE CHÉTODON FAUCHEUR.[1]

Ephippus falcatus, Cuv.; *Chætodon punctatus*, Linn., Gmel.;
Chætodon falcatus, Lac. (2).

Le CHÉTODON RONDELLE (3), *Glyphisodon* . . . . ., Cuv.; *Chæ-
todon rotundus*, Linn., Gmel.; *Chætodon rotundatus*, La-
cép. (4). — CHÉTODON SARGOÏDE (5), *Glyphisodon saxatilis*,
Cuv.; *Chætodon saxatilis*, Linn., Gmel.; *Chætodon sar-
goides, Ch. Mauricii*, et *Ch. marginatus*, Lac. (6). — CHÉ-
TODON CORNU (7), *Heniochus cornutus*, Cuv.; *Chætodon
cornutus*, Bl., Lac.; *Chætodon canescens*, Seb, (8).— CHÉ-
TODON TACHETÉ (9), *Siganus guttatus*, Cuv.; *Teuthis Java*,
Linn., Gmel.; *Chætodon guttatus*, Bl., Lac. (10). — CHÉTO-
DON TACHE-NOIRE (11), *Chætodon uni-maculatus*, Bl., Cuv.;
Chætodon nigro-maculatus, Lac. (12).—CHÉTODON SOUFFLET
(13), *Chelmon longirostris*, Cuv.; *Chætodon longirostris*,
Brouss., Linn., Gmel., Lac. (14).— CHÉTODON CANNELÉ (15),
Chætodon canaliculatus, Lacep. (16). — CHÉTODON PENTA-
CANTHE, *Platax pentacanthus*, Cuv.; *Chætodon orbicularis*,
Forsk.; *Chætodon arthritus*, Bell; *Chætodon pentacanthus*,
Chætodon Gallina, et *Acanthinion orbicularis*, Lac. (17). —
CHÉTODON ALLONGÉ, *Chætodon elongatus*, Lac. (18).

On trouve en Asie le faucheur, dont les yeux
sont grands et rouges; et dans l'Amérique méri-

---

(1) *Chétodon faucheur*. Daubenton et Haüy, Encyclopédie Méthodique.
Id. Bonnaterre, planches de l'Encyclopédie méthodique.
(2) Du sous-genre CAVALIER, *Ephippus*, dans le grand genre CHÉ-

dionale, ainsi que dans les Grandes-Indes, le ché-

TODON, de la famille des Acanthoptérygiens squamipennes, selon M. Cuvier. DESM. 1830.

(3) « Chætodon rotundatus cinereus, etc. » Mus. Ad. Frid. 1, p. 64.
Chétodon rondelle. Daubenton et Haüy, Encyclopédie méthodique.
Id. Bonnaterre, planches de l'Encyclopédie méthodique.

(4) M. Cuvier croit pouvoir rapporter ce poisson au genre GLYPHISODON, dans la famille des Acanthoptérygiens sciènoïdes. DESM. 1830.

(5) « Sargus subrotundus et fasciatus. » Plumier, peintures sur vélin, déja citées.

(6) Du genre GLYPHISODON, Cuv., dans la famille des Acanthoptérygiens sciènoïdes, Cuv.

Ce poisson a été décrit trois fois par M. de Lacépède, sous les noms 1° de *Chétodon bordé*, 2° de *Chétodon de Maurice*, et 3° de *Chétodon sargoïde*. DESM. 1830.

(7) *Tranchoir*, par plusieurs navigateurs français.
See reiher, par les Allemands.
Betina, dans les Indes orientales.
Jang, djantan. Ibid.
Javaansche vaandrig, par les Hollandais des Indes orientales.
Chétodon cornu. Daubenton et Haüy, Encyclopédie méthodique.
Héron de mer. Bloch, pl. 200, fig. 2.

« Chætodon aculeis duobus brevibus supra oculos, ossiculo tertio
« pinnæ dorsalis longissimo. » Artedi, syn. 70.

Lagerstr. Chin., p. 25.
Seba, Mus. 3, p. 65, n. 6, tab. 25, fig. 6.

« Tetragonoptrus magis latus quàm longus. » Klein, Miss. pisc. 4, p. 39, n. 13, tab. 12, fig. 2.

« Tetragonoptrus tribus lineis latis. » Id. ibid. n. 14, t. *b.* 12, fig. 3.

Geflander trompetter. Valentyn, Ind. 3, p. 398, n. 168, t. p. 402, fig. 168.

Ikan parooli. Id. ibid. p. 101, n. 177, t. p. 406, fig. 177; t. p. 410, n. 201, fig. 201.

Alferez djava. Id. ibid. p. 495, n. 456, f. 456.

Ican swangi. Ruysch, Theatr. anim. 1, p. 2, n. 19, tab. 1, fig. 19.

Bezaantje klipvisch. Renard, Poiss. 1, p. 5, pl. 3, fig. 13; et p. 21, pl. 12, fig. 76.

todon rondelle, dont le nom indique sa hauteur,

Speervisch, *moorsche afgodt.* Id. ibid. 2, pl. 39, fig. 173.

« Zanchus transversè fasciatus, radio pinnæ dorsalis.... longissimè « retroducto. » Commerson, manuscrits déja cités.

« Chætodon nigro, flavo, exalbido, transversim fasciatus, aculeo « utrinque crasso, brevi, super oculos. » Id. ibid.

(8) Du genre Cocher, *Heniochus*, Cuv., dans le grand genre Ché-todon, de la famille des Acanthoptérygiens squamipennes. Desm. 1830.

(9) *Bandoulière tachetée.* Bonnaterre, planches de l'Encyclopédie méthodique.

Bloch, pl. 196.

« Hepatus caudà fronteque inermibus. » Gronov. Zooph. 352.

Lecrvisch. Valent. Ind. 3, p. 339, f. 410.

Theuthie Java. Daubenton et Haüy, Encyclopédie méthodique.

Id. Bonnaterre, planches de l'Encyclopédie méthodique.

(10) Du genre Sidjan, *Siganus* ou *Amphacanthus*, dans l'ordre des Acanthoptérygiens theuties. Desm. 1830.

(11) « Chætodon unimaculatus. Bandoulière à tache. » Bloch, pl. 201, fig. 1.

Chétodon tache-noire. Bonnaterre, planches de l'Encyclopédie méthodique.

(12) Du sous-genre Chétodon, dans le grand genre des Chétodons (famille des Acanthoptérygiens squamipennes), Cuv. Desm. 1830.

(13) Broussonnet, Ichthyol. dec. 1, n. 6, tab. 7.

Chétodon soufflet. Bonnaterre, planches de l'Encyclopédie méthodique.

(14) Du sous-genre Chelmon, dans le grand genre Chétodon, selon M. Cuvier. Desm. 1830.

(15) *Chætodon canaliculatus,* Act. de la société Linnéenne de Londres, vol. 3, p. 33.

(16) Non mentionné par M. Cuvier. Desm. 1830.

(17) Du sous-genre Platax, dans le grand genre Chétodon, selon M. Cuvier.

Ce poisson a été décrit trois fois par M. de Lacépède, sous les noms 1° de *Chétodon pentacanthe*, 2° de *Chétodon galline*, et 3° d'*Acanthinion orbiculaire.* Desm. 1830.

(18) Non mentionné par M. Cuvier. Desm. 1830.

sa compression, et la courbure de sa ligne dorsale (1).

Aucun naturaliste n'a encore publié la description du sargoïde, dont Plumier a laissé un très-beau dessin ; la couleur générale de ce poisson est d'un jaune doré ; et on voit une tache bleue au-dessous de chaque œil.

Le cornu tire son nom de deux aiguillons qu'il a ordinairement au-dessus des yeux, et qui représentent deux petites cornes. Des écailles très-petites ; deux rangées de dents à chaque mâchoire ; les deux mâchoires également avancées ; deux orifices à chaque narine ; le dos très-élevé ; l'opercule arrondi, et couvert, ainsi que la tête et même le museau, d'écailles semblables à celles qui revêtent le corps ; la couleur générale argentée ; une bande transversale, large, noire, quelquefois divisée en deux, passant au-dessus de l'œil, et s'étendant depuis les premiers rayons aiguillonnés de la dorsale jusqu'aux thoracines ; une seconde bande transversale, de la même couleur, et qui règne depuis l'extrémité du plus long rayon de la nageoire du dos, jusqu'au bout du rayon le plus allongé de l'anale ; une troisième bande noire, terminée par un croissant gris, et située sur la caudale ; tels sont les principaux caractères que mon-

____

(1) Si, contre mon opinion, le faucheur et la rondelle n'ont la caudale ni fourchue, ni en croissant, il faudra les placer dans le second sous-genre des Chétodons.

tre le cornu, indépendamment de ceux qui sont indiqués pour ce chétodon, sur le tableau de son genre. On le trouve dans les Grandes-Indes, et, suivant Commerson, sur les rivages garnis de coraux ou de madrépores de la Nouvelle-France, et de quelques îles du grand Océan équinoxial. Sa chair est de bon goût.

Les eaux du Japon nourrissent le tacheté. Son corps et sa queue sont allongés; ses deux mâchoires également avancées; ses lèvres fortes; celle de dessus peut être un peu étendue, à la volonté de l'animal. Chaque opercule n'est composé que d'une pièce. La couleur générale est grise.

Linnée a établi un genre particulier de poissons osseux sous le nom de *Teuthis*. Il l'a placé parmi ses abdominaux, à la suite des silures; et il l'a composé de deux espèces. Nous croyons devoir supprimer ce genre, dont la première espèce est un véritable acanthure, ainsi qu'on le verra dans cette Histoire, et dont la seconde, que l'on a pêchée à Java, n'est que le chétodon tacheté.

On a observé aussi au Japon et dans les Indes orientales, le chétodon tache-noire, qui a deux pièces à chaque opercule, les écailles du dos argentées et tachées de jaune, les nageoires jaunâtres, l'extrémité de la dorsale et de l'anale et la base de la caudale, d'un brun marron.

Le soufflet, dont on doit la connaissance à notre savant confrère M. Broussonnet, se plaît dans les eaux du grand Océan. La forme remarquable de son museau doit lui donner des habitudes analogues à celles du *Chétodon museau-allongé*, dont nous parlerons dans un des articles suivants. Sa langue, son palais et son gosier sont dénués de dents et d'aspérités. Le dessus de la tête est brunâtre, et le dessous d'une couleur de chair argentée; une raie noire et une raie blanche bordent l'extrémité de la dorsale et de la nageoire de l'anus, sur laquelle on voit d'ailleurs une tache noire et œillée; la caudale et les pectorales sont d'un vert de mer relevé par le jaunâtre de la base de ces nageoires.

Le cannelé, que le célèbre Mungo Park a décrit dans les *Actes de la Société linnéenne de Londres*, et que l'on a vu à Sumatra, a beaucoup de rapports avec le tacheté. Chacun de ses opercules est composé de deux pièces; ses écailles sont très-petites, et sa chair est agréable au goût (1).

---

(1)   4 rayons à la membrane branchiale du chétodon faucheur.

17 rayons à chaque pectorale.

1 rayon aiguillonné et 5 rayons articulés à chaque thoracine.

17 rayons à la nageoire de la queue.

10 rayons à chaque pectorale du chétodon rondelle.

1 rayon aiguillonné et 5 rayons articulés à chaque thoracine.

16 rayons à la nageoire de l'anus du chétodon sargoïde.

4 rayons à la membrane branchiale du chétodon cornu.

18 rayons à chaque pectorale.

1 rayon aiguillonné et 5 rayons articulés à chaque thoracine.

3 rayons aiguillonnés et 29 rayons articulés à l'anale.

16 rayons à la nageoire de la queue.

Commerson a laissé dans ses manuscrits des dessins du pentacanthe et de l'allongé, qu'il a observés dans le grand Océan. Le pentacanthe a le dos très-élevé, les écailles petites, serrées, et répandues non seulement sur une grande partie de la tête, sur le corps et sur la queue, mais encore sur la base de la dorsale, de la caudale, et de la nageoire de l'anus, qui est presque triangulaire.

La dorsale de l'allongé commence au-dessus des yeux ; et ses deux mâchoires sont à-peu-près aussi avancées l'une que l'autre.

15 rayons à chaque pectorale du chétodon tacheté.

16 rayons à la caudale.

4 rayons à la membrane branchiale du chétodon tache-noire.

14 rayons à chaque pectorale.

1 rayon aiguillonné et 5 rayons articulés à chaque thoracine.

16 rayons à la nageoire de la queue.

5 rayons à la membrane branchiale du chétodon soufflet.

15 rayons à chaque pectorale.

1 rayon aiguillonné et 5 rayons articulés à chaque thoracine.

23 rayons à la caudale.

4 rayons à la membrane branchiale du chétodon cannelé.

18 rayons à chaque pectorale.

1 rayon aiguillonné et 5 rayons articulés à chaque thoracine.

18 rayons à la nageoire de la queue.

LE CHÉTODON COUAGGA,

Chœtodon Couagga, Lac.(1).

ET

LE CHÉTODON TÉTRACANTHE.

Ephippus tetracanthus, Cuv.; *Chœtodon tetracanthus*, Lac. (2).

Nous avons trouvé dans les dessins de Commerson la figure de ces deux chétodons, dont la description n'a pas encore été publiée par les naturalistes. Nous avons donné au premier le nom de *Couagga*, à cause de quelque analogie que l'on peut remarquer entre la distribution de ses couleurs et la disposition des bandes qui ornent le couagga de l'Afrique méridionale. Indépendamment de trois bandes dont nous venons de parler dans le supplément au tableau de son genre, on voït une tache noire sur sa queue, une autre tache de la même nuance, mais plus petite, sur chacun des côtés de cette même partie du poisson, et une raie noire et oblique qui s'étend depuis l'œil

---

(1) Non mentionné par M. Cuvier.   Desm. 1830.

(2) Du sous-genre CAVALIER , *Ephippus*, Cuv., dans le grand genre CHÉTODON, de la famille des Acanthoptérygiens squamipennes. Desm. 1830.

jusque auprès de l'ouverture de la bouche. La partie inférieure de l'animal est d'une teinte beaucoup plus claire que ses côtés et sa partie supérieure. Les écailles qui le revêtent sont très-petites.

Le tétracanthe a les deux mâchoires également avancées; l'opercule dénué de petites écailles; et la partie de la dorsale, que des rayons aiguillonnés fortifient, très-arrondie et très-distincte de l'autre portion.

LE CHÉTODON POINTU.[1]

Heniochus macrolepidotus, Cuv.; *Chætodon macrolepidotus,*
Linn., Bl., Lac.; *Chætodon acuminatus,* Linn., Lac. (2).

Le Chétodon queue-blanche (3), *Chætodon leucurus,* Linn.,
Gmel., Lac. (4). — Chétodon grande-écaille (5), *Heniochus macrolepidotus,* Cuv.; *Chætodon macrolepidotus,* Linn.,
Bl., Lac.; *Chætodon acuminatus,* Linn., Lac. (6). — Chétodon Argus (7), *Ephippus Argus,* Cuv.; *Chætodon Argus,*
Linn., Gmel., Lacep. (8). — Chétodon vagabond (9), *Chætodon vagabundus,* Cuv., Bl., Lac. (10). — Chétodon Forgeron (11), *Chætodon Faber,* Linn., Gmel., Cuv., Bl.,
Lac. (12). — Chétodon Chili (13), *Chætodon chilensis,* Molina, Linn., Gmel., Lac. (14). — Chétodon a bandes (15),
Chætodon fasciatus, Forsk., Linn., Gmel., Lac.; *Chætodon
flavus,* Bl., Schn. (16).

———⊸◦⊶———.

Le tableau générique présente les principaux traits de ces chétodons : achevons leurs portraits

---

(1) Mus, Ad. Frid. 1, p. 63, tab. 33, fig. 3.

Chétodon pointu. Daubenton et Haüy, Encyclopédie méthodique.

Id. Bonnaterre, planches de l'Encyclopédie méthodique.

(2) Du sous-genre Cocher, *Heniochus,* dans le grand genre Chétodon, de la famille des Acanthoptérygiens squamipennes, selon
M. Cuvier.

M. Cuvier regarde ce poisson comme une simple variété de l'espèce
qui est comprise dans ce même article, sous le nom de *Chétodon grande
écaille.*

Ainsi M. de Lacépède l'a décrit deux fois, 1° sous le nom de *Chétodon pointu,* et 2° de *Chétodon grande écaille.* Desm. 1830.

en disant que le pointu des deux Indes a le mu-

---

(3) *Chétodon petit-deuil.* Daubenton et Haüy, Encyclopédie méthodique.

Id. Bonnaterre, planches de l'Encyclopédie méthodique.

(4) Non mentionné par M. Cuvier. Desm. 1830.

(5) *Tafel visch*, par les Hollandais.

Groote tafel fisch, id.

Bezaante klipfisch, id.

Moorse afgott, id.

Speer visch, id.

Pampus visch, id.

Vaandrager, id.

Ican pampus, aux Indes orientales.

Tereloc, id.

Bloch, pl. 100, fig. 1.

Chétodon grande écaille. Daubenton et Haüy, Encyclopédie méthodique.

Id. Bonnaterre, planches de l'Encyclopédie méthodique.

« Chætodon macrolepidotus.... ossiculo quarto pinnæ dorsalis lon-
« gissimo, etc. » Arted. spec. 94.

Gronov. Mus. 2, p. 27, n. 194; et Zooph. p. 69, n. 234.

Seba, Mus. 3, p. 66, n. 8, tab. 25, fig. 8.

Klein, Miss. Pisc. 4, p. 37, n. 12, tab. 11, fig. 2.

Valent. Ind. 3, p. 448, n. 324, fig. 324.

Ruysch, Pisc. Amboin. t. 1, f. 1.

Renard, Poiss. 1, p. 5, n. 13, t. 3, f. 13. — 2, t. 1, f. 1; et t. 9, f. 44; et t. 16, f. 75.

(6) Même espèce que la première de cet article, ou le *Chétodon pointu.*

Ainsi ce poisson est décrit deux fois par M. de Lacépède, sous les noms 1° de *Chétodon grande-écaille,* et 2° de *Chétodon pointu* (celui-ci n'étant qu'une simple variété du premier). Desm. 1830.

(7) *Stercorario*, par les Italiens.

Cevlackter klip-visch, par les Hollandais.

Stront-visch, id.

Gesterden catohea-visch, id.

Ican taki, par les indigènes des Grandes-Indes.

seau avancé, la couleur générale blanchâtre, et
des bandes transversales brunes;

Ican fay, id.

Cacatoeha babintang, id.

Ican catohea babintang, id.

Bloch, pl. 204, fig. 1.

Chétodon argus. Daubenton et Haüy, Encyclopédie méthodique.

Id. Bonnaterre, planches de l'Encyclopédie méthodique.

« Rhomboïdes ventre cæruleo, etc. » Klein, Miss. pisc. 3, p. 36, n. 4.

Willughby, App. p. 2, tab. 2, fig. 2.

Nieuh. Ind. 2, p. 269, fig. 6.

Ruysch, Pisc. Amboin. p. 33, n. 6, tab. 17, fig. 6.

Renard, Poiss. 2, t. 50, f. 211.

Valent. Ind. 3, p. 403, fig. 180.

(8) Du sous-genre Cavalier, *Ephippus*, dans le grand genre Chétodon, de la famille des Acanthoptérygiens squamipennes. Desm. 1830.

(9) *Schwarmer*, par les Allemands.

Douwing prinz, par les Hollandais.

Douwing hertogin, id.

Princesse-visch, id.

Japansche prius, id.

Ican poetri, par les indigènes des Grandes-Indes.

Parampoeva, id.

Ican sajadji, id.

Chétodon sourcil. Daubenton et Haüy, Encyclopédie méthodique.

Id. Bonnaterre, planches de l'Encyclopédie méthodique.

Mus. Ad. Frid. 2, p. 71.

Seba, Mus. 3, tab. 25, fig. 3.

Klein, Miss. pisc. 4, p. 36, n. 5, tab. 9, fig. 2.

Valent. Ind. 3, p. 357, n. 34, f. 34; p. 359, n. 43, fig. 43; et
p. 395, n. 157, fig. 157.

Renard, Poiss. 1, p. 16, n. 58, tab. 8, fig. 58; p. 32, n. 116,
tab. 21, fig. 116; et p. 34, n. 126, tab. 23, fig. 126.

Princesse. Ruysch, Pisc. Amboin. p. 28, tab. 14, fig. 17.

Bloch, pl. 204, fig. 2.

(10) Du sous-genre des Chétodons proprement dits, dans le grand

Le chétodon queue-blanche d'Amérique, des dimensions très-petites, et les thoracines pointues;

Le chétodon grande-écaille, des Indes orientales, les deux mâchoires aussi avancées l'une que l'autre, la tête couverte de petites écailles, la couleur générale argentine, deux bandes transversales brunes, deux taches de la même couleur sur la tête, la chair grasse et d'une saveur délicate qu'on a comparée à celle de la sole, et une grandeur telle que sa hauteur est très-considérable, et son poids de douze ou treize kilogrammes;

L'argus, de la partie de l'Asie voisine des tropiques, les mâchoires égales, les nageoires courtes et jaunes, l'habitude de suivre les vaisseaux se nourrir des restes de table qui sont jetés dans

---

genre CHÉTODON (famille des Acanthoptérygiens squamipennes. DESM. 1830.

(11) *Chétodon forgeron.* Bloch, pl. 212, fig. 2.

Broussonnet, Ichthyol. dec. 1, n. 5, tab. 6.

Chétodon enfumé. Bonnaterre, planches de l'Encyclopédie méthodique.

(12) Du sous-genre des CHÉTODONS proprement dits, dans le grand genre CHÉTODON, Cuv.   DESM. 1830.

(13) *Molina.* Hist. nat. Chil., p. 200.

Chétodon doré. Bonnaterre, planches de l'Encyclopédie méthodique.

(14) Non mentionné par M. Cuvier.   DESM. 1830.

(15) Forskael, Faun. Arab., p. 39, n. 80.

Chétodon bigarré (*Chætodon variegatus*). Bonnaterre, planches de l'Encyclopédie méthodique.

(16) Du sous-genre des CHÉTODONS proprement dits, dans le grand genre CHÉTODON de M. Cuvier, famille des Acanthoptérygiens squamipennes. DESM. 1830.

la mer, ou celle de pénétrer par les rivières dans les marais d'eau douce, afin d'y trouver un grand nombre des insectes qu'il aime (1);

Le vagabond, des mêmes contrées orientales que l'argus, deux pièces à chaque opercule, une bande noire, fléchie en crochet, placée vers l'extrémité de la queue, et étendue depuis la nageoire du dos jusqu'à celle de l'anus, l'extrémité de ces deux nageoires et de la caudale bordée de noir, un croissant noir sur cette même nageoire de la queue, une chair grasse, ferme, et d'un goût agréable;

Le forgeron, qui vit dans l'Amérique méridionale, et que mon confrère, M. Broussonnet, a décrit le premier, la tête revêtue de petites écailles, la couleur générale argentine, et la dorsale, la caudale et l'anale d'un bleu foncé (2);

---

(1) L'argus appartient aux eaux de la partie méridionale de l'Asie, et néanmoins on a vu des restes d'un individu de cette espèce parmi les poissons fossiles du mont Bolca près de Vérone. Ichthyolithologia Veronensis, etc.

Voyez, à ce sujet, notre Discours sur la durée des espèces.

(2) 4 rayons à la membrane branchiale du chétodon pointu.

    16 rayons à chaque pectorale.

     1 rayon aiguillonné et 5 rayons articulés à chaque thoracine.

    17 rayons à la nageoire de la queue.

    16 rayons à chaque pectorale du chétodon queue-blanche.

     1 rayon aiguillonné et 5 rayons articulés à chaque thoracine.

    20 rayons à la caudale.

    16 rayons à chaque pectorale du chétodon grande-écaille.

     1 rayon aiguillonné et 5 rayons articulés à chaque thoracine.

    18 rayons à la nageoire de la queue.

Le chétodon chili, qui porte le nom du pays où il a été découvert, trois lames à chaque opercule, des écailles très-petites, sa première bande noire, la seconde et la troisième grises, la quatrième et la cinquième grises et noires, une tache grande, ovale et noire sur la queue, la dorsale jaune, la nageoire de la queue argentée et bordée de jaune;

Et enfin le chétodon à bandes, que Forskael a vu en Arabie, la lèvre supérieure extensible, la dorsale rayée de roux, de noir, de jaunâtre et de jaune, les pectorales verdâtres, les thoracines jaunes, la caudale jaunâtre et chargée d'une bande brune.

---

4 rayons à la membrane branchiale du chétodon argus.

18 rayons à chaque pectorale.

1 rayon aiguillonné et 5 rayons articulés à chaque thoracine.

14 rayons à la caudale.

18 rayons à chaque pectorale du chétodon vagabond.

1 rayon aiguillonné et 5 rayons articulés à chaque thoracine.

14 rayons à la nageoire de la queue.

8 rayons à la membrane branchiale du chétodon forgeron.

16 rayons à chaque pectorale.

1 rayon aiguillonné et 5 rayons articulés à chaque thoracine.

20 rayons à la caudale.

6 rayons à la membrane branchiale du chétodon chili.

12 rayons à chaque pectorale.

18 rayons à la nageoire de la queue.

16 rayons à chaque pectorale du chétodon à bandes.

1 rayon aiguillonné et 5 rayons articulés à chaque thoracine.

16 rayons à la caudale.

LE CHÉTODON COCHER. [1]

Chœtodon Auriga, Forsk., Linn., Gmel., Cuv., Lac. (2).

Le Chétodon Hadjan (3), *Chœtodon mesoleucos*, Linn., Gmel.; *Chœtodon Hadjan*, Forsk., Lac. (4).— Chétodon peint (5), *Chœtodon pictus*, Forsk., Lac. (6).

———

Les eaux de l'Arabie nourrissent ces trois chétodons. On doit remarquer les quatre bandes transversales et rousses qui s'étendent sur la tête du premier, la bande noire qui passe sur ses yeux,

———

(1) Forskael, Faun. Arab., p. 60, n. 81.

Chétodon cocher. Bonnaterre, planches de l'Encyclopédie méthodique. (*Nota.* Le nom de *Cocher* donné à ce chétodon vient du filament très-long et semblable à un fouet délié, que l'on voit à sa dorsale).

« Chætodon à tergo flavus, torque nigro, fasciis albis obliquatis, ad « angulos rectos concidentibus, pinnâ dorsali retrorsum filo longo appen-« diculatâ. » Commerson, manuscrits déja cités.

(2) Du sous-genre des Chétodons proprement dits, dans le grand genre Chétodon de la famille des Acanthoptérygiens squamipennes.

Desm. 1830.

(3) Forskael, Faun. Arab., p. 61, n. 83.

Chétodon hadjan. Bonnaterre, planches de l'Encyclopédie méthodique.

(4) Non mentionné par M. Cuvier.   Desm. 1830.

(5) Forskael, Faun. Arab., p. 65, n. 92.

Chétodon ruban. Bonnaterre, planches de l'Encyclopédie méthodique.

(6) Non mentionné par M. Cuvier.   Desm. 1830.

la bordure noire de l'extrémité de sa dorsale, les raies blanches, jaunâtres et noires de sa nageoire de l'anus, et les nuances rousses de sa caudale (1);

La bande noirâtre qui s'étend sur l'œil de l'hadjan, la couleur verdâtre de ses pectorales, le blanc de ses thoracines, le brun de ses nageoires de l'anus et du dos, ainsi que le noir de sa caudale dont l'extrémité est très-transparente (2);

Et enfin les cinq bandes transversales et jaunes du chétodon peint, la bande noire, le croissant doré et la bordure brune de sa nageoire de la queue, l'autre bande également noire qui passe sur chacun de ses yeux, et le noir de sa nageoire du dos.

---

(1) Les individus de cette espèce que Commerson a vus au milieu des rochers de l'île de France, différaient peu de ceux que Forskael a observés en Arabie.

(2)   6 rayons à la membrane branchiale du chétodon cocher.

    16 rayons à chaque pectorale.

     1 rayon aiguillonné et 5 rayons articulés à chaque thoracine.

    17 rayons à la nageoire de la queue.

     6 rayons à la membrane branchiale du chétodon hadjan.

    16 rayons à chaque pectorale.

     1 rayon aiguillonné et 5 rayons articulés à chaque thoracine.

    17 rayons à la caudale.

     6 rayons à la membrane branchiale du chétodon peint.

    16 rayons à chaque pectorale.

     1 rayon aiguillonné et 5 rayons articulés à chaque thoracine.

    17 rayons à la nageoire de la queue.

LE CHÉTODON MUSEAU-ALLONGÉ.[1]

Chelmon rostratus, Cuv.; *Chœtodon rostratus*, Linn., Gmel., Bl., Lac. (2).

CE poisson est d'autant plus beau à voir, que ses bandes et sa grande tache bordée de blanc sont placées sur un fond mêlé d'or et d'argent, dont les nuances se marient avec plus de vingt raies longitudinales très-étroites et brunes, qui rendent leurs reflets encore plus brillants : mais il est encore plus curieux à observer lorsqu'il vit sans contrainte et sans crainte, dans les mers de

----

(1) *Schnabel fisch*, par les Allemands.

Rüssel fisch, id.

Spritz fisch, id.

Schütze, id.

Spuyt-visch, par les Hollandais.

Nos-klippare, par les Suédois.

Bandoulière à bec. Bloch, pl. 202, fig. 1.

« Chætodon rostratus, etc. » Mus. Ad. Frid. 1, p. 61, tab. 33, fig. 2.

« Chætodon.... rostro longissimo osseo, etc. » Gronov. Mus. 1, p. 48, n. 109; et Zooph., p. 69, n. 203.

Jaculator. Schlosser, Act. Anglic. 1765, p. 89, tab. 9.

Seba, Mus. 3, p. 68, n. 17, tab. 25, fig. 17.

Chétodon bec allongé. Daubenton et Haüy, Encyclopédie méthodique.

Id. Bonnaterre, planches de l'Encyclopédie méthodique.

(2) Du sous-genre CHELMON, Cuv., dans le grand genre des CHÉTODONS, famille des Acanthoptérygiens squamipennes. DESM. 1830.

l'Inde, qu'il paraît préférer. Il se tient le plus souvent auprès de l'embouchure des rivières, ou à une petite distance des rivages, et particulièrement dans les endroits où l'eau n'est pas profonde. Il se nourrit d'insectes, et surtout de ceux que l'on peut trouver sur les plantes marines qui s'élèvent au-dessus de la surface de la mer. Il emploie, pour les saisir, une manœuvre remarquable qui dépend de la forme très-allongée de son museau, et qu'au reste on retrouve, avec plus ou moins de différences, parmi les habitudes du spare insidiateur, du chétodon soufflet, et de quelques autres poissons dont le museau est très-long, très-étroit, et presque cylindrique, comme celui de l'animal que nous décrivons. Lorsqu'il aperçoit un insecte dont il désire de faire sa proie, et qu'il le voit trop haut au-dessus de la surface de la mer pour pouvoir se jeter sur lui, il s'en approche le plus possible; il remplit ensuite sa bouche d'eau de mer, ferme ses ouvertures branchiales, comprime avec vîtesse sa petite gueule, et contraignant le fluide salé à s'échapper avec rapidité par le tube très-étroit que forme son museau, le lance quelquefois à deux mètres de distance avec tant de force, que l'insecte est étourdi, et précipité dans la mer. Cette chasse est un petit spectacle assez amusant pour que les gens riches de la plupart des îles des Indes orientales se plaisent à nourrir dans de grands vases, des chétodons à museau allongé. Bloch a cité dans son grand ouvrage (1) M. Hommel, inspecteur des hôpitaux de Batavia, qui avait fait mettre quelques-uns de ces poissons dans un vaisseau très-large et rempli d'eau de mer. Il avait fait attacher une mouche sur le bord du vase, et il avait eu le plaisir de voir ces thoracins s'empresser à l'envi de s'emparer de la mouche, et ne cesser de lancer avec vîtesse contre elle des gouttes d'eau qui atteignaient toujours le but. D'après ces faits, il n'est pas surprenant que ce soit avec des insectes qu'on amorce les hameçons dont on se sert pour prendre les chétodons à museau allongé, lorsqu'on ne les pêche pas avec des filets. Ajoutons qu'ils seraient très-recherchés, quand même ils ne seraient pas des chasseurs adroits, parce que leur chair est agréable et salubre (2).

---

(1) Article de la *Bandoulière à bec*.

(2) 5 rayons à la membrane des branchies.

12 rayons à chaque pectorale.

1 rayon aiguillonné et 5 rayons articulés à chaque thoracine.

15 rayons à la nageoire de la queue.

Nota. L'orifice de chaque narine est simple.

LE CHÉTODON ORBE.[1]

Ephippus Orbis, Cuv.; *Chœtodon Orbis*, Linn., Gmel., Bl., Lacep. (2).

Le CHÉTODON ZÈBRE (3), *Chœtodon striatus*, Cuv., Bl., Linn., Gmel.; *Chœtodon Zebra*, Lac. (4). — CHÉTODON BRIDÉ (5), *Chœtodon capistratus*, Cuv., Bl., Linn., Gmel., Lac. (6). — CHÉTODON VESPERTILION (7), *Platax Vespertilio*, Cuv.; *Chœtodon Vespertilio*, Bl., Linn., Gmel., Lac. (8). — CHÉTODON OEILLÉ (9), *Chœtodon ocellatus*, Cuv., Bl., Linn., Gmel., Lac. (10). — CHÉTODON HUIT-BANDES (11), *Chœtodon octofasciatus*, Cuv., Bl., Linn., Gmel., Lac. (12). — CHÉTODON COLLIER (13), *Chœtodon collaris*, Cuv., Bl., Linn., Gmel., Lac. (14).

L'ON pourra reconnaître facilement ces chétodons, d'après ce que nous avons exposé de leurs

---

(1) Bloch, pl. 202, fig. 2.

Chétodon orbe. Bonnaterre, planches de l'Encyclopédie méthodique.

(2) Du sous-genre CAVALIER, *Ephippus*, dans le grand genre CHÉTODON, de la famille des Acanthoptérygiens squamipennes. DESM. 1830.

(3) *Bandirter klip-fisch*, par les Allemands.

Strim-klippare, id.

Heer lykke klipp-visch, par les Hollandais.

Ikan batoe moelin, dans les Indes orientales.

L'onagre ou le zèbre. Bloch, pl. 205, fig. 1.

Chétodon strié. Daubenton et Haüy, Encyclopédie méthodique.

Id. Bonnaterre, planches de l'Encyclopédie méthodique.

Mus. Ad. Frid. 1, p. 62, tab. 33, fig. 7.

formes dans le tableau générique : mais, pour en donner une idée presque complète, il faut que

---

« Labrus rostro reflexo , fasciis lateralibus tribus fuscis. » Amœnit. acad. 1 , p. 313.

« Chætodon macrolepidotus , lineis utrinque tribus nigris , latis , etc. » Artedi, spec. 95.

Gronov. Mus. 1 , p. 49, n. 110; et Zooph. , p. 70 , n. 235.

Seba , Mus. 3 , p. 66 , n. 9, tab. 25 , fig. 9.

« Rhomboides edentulus, etc. » Klein, Miss. pisc. 4 , p. 37, n. 10 , tab. 10 , fig. 4.

Valent. Ind. 3 , p. 397 , fig. 163.

(4) Du sous-genre des Chétodons proprement dits , dans le grand genre Chétodon , de la famille des Acanthoptérygiens squamipennes. Desm. 1830.

(5) *Soldaten fisch* , par les Allemands.

Grimm klippare , par les Suédois.

Striped angel fish , par les Anglais de la Jamaïque.

La coquette des îles américaines. Bloch , pl. 205 , fig. 2.

Chétodon bridé. Daubenton et Haüy, Encyclopédie méthodique.

Id. Bonnaterre, planches de l'Encyclopédie méthodique.

Mus. Ad. Frid. 1 , p. 63 , tab. 33 , fig. 4.

« Labrus rostro reflexo, ocello purpureo iride albâ juxta caudam. » Amœnit. acad. 1 , p. 314.

Gronov. Mus. 2 , p. 37 , n. 195; et Zooph. , p. 70 , n. 207.

Seba , Mus. 3 , p. 68 , n. 16 , tab. 25 , fig. 16.

« Tetragonoptrus lævis, etc. » Klein, Miss. pisc. 4 , p. 37, 38 , n. 2 , tab. 11 , fig. 15, 18.

(6) Du sous-genre des Chétodons proprement dits , dans le grand genre Chétodon. Desm. 1830.

(7) Bloch, pl. 199 , fig. 2.

Chétodon à larges nageoires. Bonnaterre, planches de l'Encyclopédie méthodique.

(8) Du sous-genre Platax, *Platax*, Cuv., dans le grand genre des Chétodons (famille des Acanthoptérygiens squamipennes).

M. Cuvier (Règne anim., première édition) remarque que le *Chétodon vespertilion* pourrait bien n'être que la femelle du *Chétodon teira.* Il apnous indiquions encore l'égale longueur des mâchoires, la petitesse de la bouche, les écailles placées au-dessus de la tête et des opercules, et la couleur jaune des nageoires de l'orbe qui appartient aux Indes orientales;

Les deux pièces de chaque opercule, les écailles distribuées sur la base de la dorsale, de la caudale et de l'anale, l'iris blanc et bordé à l'intérieur de jaune, et le brun foncé ou le noir de l'extrémité de toutes les nageoires du zèbre que l'on

---

puie cette opinion sur l'observation que l'enluminure de Bloch est souvent fautive pour les poissons étrangers.   DESM. 1830.

(9) *L'œil de paon.* Bloch, p.. 211', fig. 2.

Chétodon œil de paon. Bonnaterre, planches de l'Encyclopédie méthodique.

Seba, Mus. 3, p. 67, n. 11, tab. 25, fig. 11.

(10) Du sous-genre des CHÉTODONS proprement dits, dans le grand genre des CHÉTODONS de M. Cuvier.   DESM. 1830.

(11) Bloch, pl. 215, fig. 1.

Chétodon argentine. Bonnaterre, planches de l'Encyclopédie méthodique.

Chætodon striatus. Mus. Linck. 1, p. 42.

« Chætodon ornatus octo-lineatus. » Mus. Schwenck., p. 32, n. 81.

Seba, Mus. 3, p. 67, n. 12, tab. 25, fig. 12.

« Rhombotides cujus pinnam dorsalem radiis conjunctis inermi« bus, etc. » Klein, Miss. pisc. 4, p. 36, n. 6, tab. 9, fig. 3.

(12) Du sous-genre des CHÉTODONS proprement dits, dans le grand ganre CHÉTODON, de la famille des Acanthoptérygiens squamipennes, Cuv. DESM. 1830.

(13) Bloch, pl. 216, fig. 1.

Chétodon collier. Bonnaterre, planches de l'Encyclopédie méthodique.

Seba, Mus. 3, p. 66, n. 10, tab. 25, fig. 10.

(14) Du sous-genre des CHÉTODONS proprement dits, dans le grand genre CHÉTODON de M. Cuvier. DESM. 1830.

trouve dans les Indes orientales, que Duhamel a
reçu d'Amérique, et dont la chair est très-agréable
au goût;

La bande transversale et brune de la nageoire
de la queue, l'extrémité noirâtre de la dorsale et
de l'anale, et le vert des opercules, ainsi que des
rayons aiguillonnés de la nageoire du dos, des
thoracines et de la nageoire de l'anus du chétodon bridé qui vit dans la mer de la Jamaïque,
dont le corps et la queue sont très-comprimés,
qui, parvenant à peine à la longueur d'un décimètre, est fréquemment la proie des poissons
grands et voraces, et dont Séba, Linnée, Duhamel et Bloch nous ont transmis la figure (1);

---

(1) 18 rayons à chaque pectorale du chétodon orbe.

   1 rayon aiguillonné et 5 rayons articulés à chaque thoracine.

16 rayons à la nageoire de la queue.

  6 rayons à la membrane branchiale du chétodon zèbre.

16 rayons à chaque pectorale.

   1 rayon aiguillonné et 5 rayons articulés à chaque thoracine.

18 rayons à la caudale.

  5 rayons à la membrane branchiale du chétodon bridé.

14 rayons à chaque pectorale.

   1 rayon aiguillonné et 5 rayons articulés à chaque thoracine.

16 rayons à la nageoire de la queue.

  5 rayons à la membrane branchiale du chétodon vespertilion.

18 rayons à chaque pectorale.

   1 rayon aiguillonné et 5 rayons articulés à chaque thoracine.

17 rayons à la caudale.

  5 rayons à la membrane branchiale du chétodon œillé.

16 rayons à chaque pectorale

   1 rayon aiguillonné et 5 rayons articulés à chaque thoracine.

L'orifice unique de chaque narine, la petitesse des écailles répandues sur le corps, la queue, la base de la dorsale, de la caudale et de l'anale, et la couleur verdâtre du vespertilion que l'on a envoyé du Japon au professeur Bloch, et dont on a reconnu cependant un individu parmi les poissons fossiles du mont Bolca près de Vérone (1);

Les écailles de la base, et la couleur jaunâtre des nageoires dorsale, caudale et anale, la bande transversale étroite et noire que l'on voit sur la tête, et les teintes dorées et argentées du chétodon œillé des Grandes-Indes;

Les écailles qui revêtent la plus grande partie des nageoires du dos, de la queue et de l'anus, la bordure brune de l'anale et de la dorsale, et les nuances violettes du chétodon huit-bandes, dont les Indes orientales sont la patrie;

Et enfin le tégument écailleux d'une très-grande portion de la nageoire du dos, de celle de l'anus

---

18 rayons à la nageoire de la queue.

16 rayons à chaque pectorale du chétodon huit-bandes.

1 rayon aiguillonné et 5 rayons articulés à chaque thoracine.

12 rayons à la caudale.

4 rayons à la membrane branchiale du chétodon collier.

14 rayons à chaque pectorale.

1 rayon aiguillonné et 5 rayons articulés à chaque thoracine.

20 rayons à la nageoire de la queue.

(1) Consultez l'ouvrage que nous devons aux lumières du comte de Gazola, et qui est intitulé *Ichthyolithologia Veronensis,* etc. Consultez aussi notre Discours sur la durée des espèces.

et de celle de la queue, le bleu du dos, le brun de la tête, le jaunâtre de presque toutes les nageoires, l'arc foncé de la caudale et la bordure jaune de la dorsale du chétodon collier que l'on a pêché au Japon.

LE CHÉTODON TEÏRA.[1]

Platax Teïra, Cuv.; *Chœtodon Teïra*, et *Chœtodon pinnatus*,
Linn., Gmel.; *Chœtodon Teïra*, Lac. (2).

Le CHÉTODON SURATE (3), *Etroplus Meleagris*, Cuv.; *Chœto-
don suratensis*, Bl., Lac. (4). — CHÉTODON CHINOIS (5), *Chœ-
todon chinensis*, Bl., Lac. (6). — CHÉTODON KLEIN (7), *Chœ-
todon Kleinii*, Cuv., Bl., Lac. (8). — CHÉTODON BIMACULÉ (9),
Chœtodon bimaculatus, Cuv., Bl., Lac. (10). — CHÉTODON
GALLINE (11), *Ptatax arthriticus*, Cuv.; *Chœtodon Gallina*,
et *Chœtodon pentacanthus*, Lac.; *Chœtodon orbicularis*,
Forsk.; *Acanthinion orbicularis*, Lac. (12). — CHÉTODON
TROIS-BANDES (13), *Chœtodon trifasciatus*, Mungo-Park,
Lac. (14).

Le teïra est nommé *Daakar* par les Arabes, lorsqu'il est grand et vieux; et c'est ce qui a fait naître

---

(1) *Schwarz flosser*, par les Allemands.

Breed vinnige klipfisch, par les Hollandais.

Zee botje, id.

Bokken visch, par les colons hollandais des Indes orientales.

Ikan cambing, dans les Indes orientales.

Teïra, en Arabie (quand l'animal est jeune).

Daakar, ibid. (lorsque l'animal est vieux).

Bandoulière à nageoires noires. Bloch, pl. 199.

Forskael, Faun. Arab., p. 60, n. 82.

Mus. Schwenck., p. 26, n. 78.

Valent. Ind. 3, p. 366, n. 62, fig. 62.

Renard, Poiss. 1, p. 35, n. 129, t. 24, t. 129.

l'erreur d'un savant naturaliste qui a fait deux espèces distinctes du daakar et du teïra. Le teïra
de Gmelin, et le chétodon à grandes nageoires
décrit par cet habile professeur, ne forment non

Ruysch, Theatr. anim. 1, p. 18, n. 7, t. 10, f. 7.

Mus. Ad. Frid., p. 64, t. 33, fig. 6.

Chin. Lagerstr. 25.

Chétodon teïra. Daubenton et Haüy, Encyclopédie méthodique.

Id. Bonnaterre, planches de l'Encyclopédie méthodique.

Chétodon daakar. Id. ibid.

(2) Du sous-genre PLATAX, Cuv., dans le grand genre des CHÉTODONS famille des Acanthoptérygiens squamipennes.

M. Cuvier soupçonne que ce poisson est le mâle d'une espèce dont le Chétodon vespertilion (voyez ci-avant page 395) serait la femelle. DESM. 1830.

(3) *Bandoulière de Surate.* Bloch, pl. 217.

(4) Du genre ÉTROPLE, *Etroplus* de M. Cuvier, dans la famille des Acanthoptérygiens sciènoïdes. DESM. 1830.

(5) *Bandoulière de la Chine.* Bloch, pl. 218, fig. 1.

(6) Non mentionné par M. Cuvier. DESM. 1830.

(7) *Bandoulière de Klein.* Bloch, pl. 218, fig. 2.

(8) Du sous-genre des CHÉTODONS proprement dits, dans le grand genre CHÉTODON, Cuv. DESM. 1830.

(9) *Bandoulière à deux taches.* Bloch, pl. 219, fig. 1.

(10) Du sous-genre des CHÉTODONS proprement dits, dans le grand genre CHÉTODON, Cuv. DESM. 1830.

(11) *Foule de mer.*

« Chætodon fuscus, tæniâ ponè oculos argenteâ, superoculari ni-
« griore. » Commerson, manuscrits déja cités.

(12) Du sous-genre PLATAX, dans le grand genre des CHÉTODONS, Cuv.

M. de Lacépède a décrit ce poisson trois fois sous les noms de 1° *Chétodon pentacanthe,* 2° de *Chétodon galline,* et 3° d'*Acanthinion orbiculaire.* DESM. 1830.

(13) Mungo Park, Act. de la société Linnéenne de Londres, vol. 3, p. 33.

(14) Non mentionné par M. Cuvier. DESM. 1830.

plus qu'un même poisson. Ce thoracin vit dans les eaux des Grandes-Indes et dans celles d'Arabie. Il y parvient, suivant Forskael, à la grandeur de plus d'un mètre et un quart; il y vit des petits animaux qui construisent les coraux ou les madrépores, ou de ceux qui habitent les coquilles. Sa chair est très-bonne à manger; et on le prend non seulement au filet, mais encore à l'hameçon.

Le corps du teïra est très-mince et très-élevé; la ligne latérale très-courbée; la couleur générale blanchâtre; la caudale blanche; et la dorsale jaunâtre, ainsi que le rayon aiguillonné de chaque thoracine.

M. de Gazola a vu un individu de cette espèce parmi les poissons fossiles du Véronais, qu'il a observés et décrits.

Le chétodon surate, dont la couleur générale est nuancée de blanc et de violet, a une tache noire au-dessous de chaque pectorale; les thoracines noires avec le rayon aiguillonné d'un beau blanc, les pectorales jaunes, et la dorsale, l'anale et la caudale variées de violet et de jaune, et revêtues à leur base d'un grand nombre de petites écailles (1).

---

(1) 7 rayons à la membrane branchiale du chétodon teïra.

11 rayons à chaque pectorale.

1 rayon aiguillonné et 5 rayons articulés à chaque thoracine.

17 rayons à la caudale.

5 rayons à la membrane branchiale du chétodon surate.

16 rayons à chaque pectorale.

Le corps et la queue du chinois sont plus allongés que ceux de presque tous les autres chétodons ; chaque opercule présente une tache noirâtre, ovale, et bordée de blanc ; deux raies très-courtes et très-brunes paraissent entre l'œil et cette tache ; la couleur générale est blanchâtre ; et un violet mêlé de gris et de jaune s'étend sur les nageoires.

Le klein des Indes orientales a les nageoires d'un jaune doré, et couvertes, en partie, d'écailles très-petites.

---

1 rayon aiguillonné et 5 rayons articulés à chaque thoracine.
16 rayons à la nageoire de la queue.

5 rayons à la membrane branchiale du chétodon chinois.
10 rayons à chaque pectorale.
1 rayon aiguillonné et 5 rayons articulés à chaque thoracine.
16 rayons à la caudale.

5 rayons à la membrane branchiale du chétodon klein.
15 rayons à chaque pectorale.
1 rayon aiguillonné et 5 rayons articulés à chaque thoracine.
18 rayons à la nageoire de la queue.

6 rayons à la membrane branchiale du chétodon bimaculé.
14 rayons à chaque pectorale.
1 rayon aiguillonné et 5 rayons articulés à chaque thoracine.
17 rayons à la caudale.

5 rayons à la membrane branchiale du chétodon galline.
18 rayons à chaque pectorale.
7 rayons à chaque thoracine.
16 rayons à la nageoire de la queue.

4 rayons à la membrane branchiale du chétodon trois-bandes.
14 rayons à chaque pectorale.
1 rayon aiguillonné et 5 rayons articulés à chaque thoracine.
16 rayons à la caudale.

La couleur générale du bimaculé est d'un blanc qui tire sur le gris; les pectorales et les thoracines sont rouges; les autres nageoires sont jaunes; leur extrémité est grise; et une lame triangulaire et écailleuse est située sur la base de chaque thoracine.

La galline a été observée par Commerson, qui l'a vue, en septembre 1769, dans le marché de l'île Maurice, où on la comptait parmi les poissons les plus agréables au goût. Sa longueur ordinaire est d'un demi-mètre; la nuque est très-élevée; les dents menues, flexibles et mobiles, qui garnissent les deux mâchoires, sont très-nombreuses et placées sur plusieurs rangs; le palais est lisse; la mâchoire supérieure moins avancée que l'inférieure; mais un peu extensible. On n'aperçoit point de petites écailles sur les pièces qui composent chaque opercule; mais on en voit sur une grande partie de la surface des nageoires du dos, de la queue et de l'anus. L'intérieur de la bouche est très-noir.

Le célèbre Mungo Park a fait connaître le chétodon trois-bandes. Ce poisson, de Sumatra, ne parvient ordinairement qu'à la longueur d'un décimètre; l'ouverture de sa bouche est très-petite; deux pièces forment chaque opercule; la ligne latérale est interrompue; ses nageoires sont jaunes; il se plaît parmi les coraux.

CENT TRENTE-TROISIÈME GENRE.

LES ACANTHINIONS (1).

Les dents petites, flexibles et mobiles; le corps et la queue très-comprimés; de petites écailles sur la dorsale, ou sur d'autres nageoires, ou la hauteur du corps supérieure ou du moins égale à sa longueur; l'ouverture de la bouche petite; le museau plus ou moins avancé; une seule nageoire dorsale; plus de deux aiguillons dénués ou presque dénués de membrane au-devant de la nageoire du dos.

ESPÈCES.	CARACTÈRES.
1. L'ACANTHINION RHOMBOÏDE.	Dix-sept rayons à la dorsale; trois rayons aiguillonnés et vingt-un rayons articulés à la nageoire de l'anus; la dorsale et l'anale en forme de faux; les premiers rayons de ces deux nageoires assez longs pour parvenir au-dessus et au-dessous de la base de la caudale; la ligne latérale courbe; la couleur générale verte; cinq aiguillons au-devant de la nageoire du dos.
2. L'ACANTHINION BLEU.	Seize rayons à la dorsale; dix-huit rayons à la nageoire de l'anus; la dorsale et l'anale en forme de faux; les premiers rayons de ces deux nageoires assez longs pour atteindre presque au-dessus et au-dessous de l'extrémité de la caudale; la ligne latérale presque droite; la couleur générale bleue; cinq aiguillons au-devant de la nageoire du dos.
3. L'ACANTHINION ORBICULAIRE.	Trente-six rayons à la nageoire du dos; vingt-six à celle de l'anus; trois aiguillons cachés sous la peau au-devant de la dorsale.

(1) M. Cuvier, en adoptant le genre TRACHINOTE de M. de Lacépède, en fait un simple sous-genre parmi les CENTRONOTES, de la famille des Acanthoptérygiens scombéroïdes.

Il pense qu'il faut lui réunir les genres ACANTHINION et CÆSIOMORE.

DESM. 1830.

L'ACANTHINION RHOMBOÏDE.[1]

Trachinotus rhomboides, Cuv.; *Chœtodon rhomboides*, Bl., Linn., Gmel.; *Acanthinion rhomboides*, Lac (2).

L'ACANTHINION BLEU (3), *Trachinotus glaucus*, Cuv.; *Chœtodon glaucus*, Linn., Gmel.; *Acanthinion glaucus*, Lac. (4).— ACANTHINION ORBICULAIRE (5), *Platax arthriticus*, Cuv.; *Chœtodon orbicularis*, Forsk., Linn., Gmel.; *Chœtodon pentacanthus*, *Chœtodon Gallina*, et *Acanthinion orbicularis*, Lac. (6).

L E nom d'*Acanthinion* (7) désigne le principal

---

(1) *Bandoulière rhomboïde*. Bloch, pl. 209.

Chétodon rhomboïde. Bonnaterre, planches de l'Encyclopédie méthodique.

(2) Du sous-genre TRACHINOTE, Cuv., dans le grand genre CENTRONOTE, de la famille des Acanthoptérygiens scombéroïdes. DESM. 1830.

(3) *Bandoulière bleue*. Bloch, pl. 210.

Chétodon glaucus. Bonnaterre, planches de l'Encyclopédie méthodique.

(4) Du sous-genre TRACHINOTE, dans le genre CENTRONOTE, Cuv. (famille des Acanthoptérygiens scombéroïdes). DESM. 1830.

(5) Forskael, Faun. Arab., p. 59, n. 79.

Chétodon orbiculaire. Bonnaterre, planches de l'Encyclopédie méthodique.

(6) Du sous-genre PLATAX, l'un de ceux qui divisent le genre CHÉTODON, Cuv., dans la famille des Acanthoptérygiens squamipennes.

M. de Lacépède a décrit ce poisson trois fois sous les noms 1° de *Chétodon pentacanthe*, 2° de *Chétodon galline*, et 3° d'*Acanthinion orbiculaire*. DESM. 1830.

(7) *Acantha*, en grec, signifie aiguillon, et *inion*, occiput.

caractère qui sépare des chétodons proprement dits, les trois poissons dont nous allons parler : cette dénomination indique les aiguillons placés sur le derrière de leur tête, et par conséquent au-devant de leur nageoire dorsale. Ces thoracins ont le dos très-élevé et l'anus très-abaissé au-dessous de la ligne droite que l'on pourrait tirer de leur museau à l'extrémité de leur queue ; et comme le point le plus saillant du dos et celui de la partie inférieure présentent un angle dans le premier de ces animaux, qui d'ailleurs est très-comprimé, chacun de ses côtés ressemble à un grand losange ; et de cette figure vient le nom spécifique de *Rhomboïde*, qui lui a été donné par Bloch.

Ce poisson est très-beau à voir : un vert très-gai règne sur sa partie supérieure, une couleur d'argent très-éclatante sur ses côtés, et une couleur d'or très-brillante sur son ventre et le dessous de sa queue ; cet or et cet argent sont relevés par trois bandes transversales, vertes, triangulaires, et qui se réunissent par le haut avec le vert du dos et de la nuque ; les pectorales et les thoracines sont jaunes à leur base, et violettes à leur extrémité ; le vert domine sur la dorsale, la caudale et l'anale, dont la base est peinte en jaune ou en blanc.

La grandeur de cet acanthinion est souvent considérable ; chacune de ses narines a deux orifices ; sa caudale est très-étendue et très-fourchue.

C'est dans les eaux de l'Amérique qu'il vit et qu'il a été observé par Plumier.

Ce même naturaliste a aussi décrit le premier l'acanthinion bleu, qui habite, comme le rhomboïde, dans les eaux américaines, et qui y parvient à une longueur de douze décimètres. La chair de ce poisson étant blanche et très-bonne au goût, ce thoracin peut fournir une nourriture aussi agréable qu'abondante.

Chacune de ses narines a deux orifices. Ses thoracines sont très-petites ; mais sa dorsale, son anale, et sa caudale quoique très-fourchue, présentent une grande surface. L'anale ne renferme aucun rayon aiguillonné. Toutes sont d'un bleu plus ou moins foncé, et, excepté la caudale, ont du jaune à la base. Chaque côté de l'animal, dont la partie inférieure est argentée, montre cinq ou six bandes transversales, noires, courtes, inégales et très-étroites.

Les dents flexibles, mobiles et très-petites de l'orbiculaire sont placées sur plusieurs rangs, et celles du rang extérieur sont divisées en trois à leur sommet. De petites écailles recouvrent les opercules et la base de la dorsale, de l'anale et de la caudale, qui sont épaisses et charnues ; celles qui revêtent le corps et la queue sont lisses et arrondies. La couleur générale de l'orbiculaire est brune ; il est parsemé de points noirs ; des teintes jaunâtres paraissent sur la queue, sur les

pectorales et sur les thoracines où elles se mêlent
à des nuances vertes. Les rivages garnis de rochers,
de l'Arabie, sont la patrie de cet acanthinion (1).

---

(1) 8 rayons à chaque pectorale de l'acanthinion rhomboïde.
    6 rayons à chaque thoracine.
  26 rayons à la nageoire de la queue.

  12 rayons à chaque pectorale de l'acanthinion bleu.
    6 rayons à chaque thoracine.
  20 rayons à la caudale.

    6 rayons à la membrane branchiale de l'acanthinion orbiculaire.
  16 rayons à chaque pectorale.
    6 rayons à chaque thoracine.
  16 rayons à la nageoire de la queue.

CENT TRENTE-QUATRIÈME GENRE.

LES CHÉTODIPTÈRES (1).

*Les dents petites, flexibles et mobiles ; le corps et la queue
très-comprimés ; de petites écailles sur la dorsale ou sur
d'autres nageoires, ou la hauteur du corps supérieure ou du
moins égale à sa longueur ; l'ouverture de la bouche petite ;
le museau plus ou moins avancé ; point de dentelure ni de
piquants aux opercules ; deux nageoires dorsales.*

ESPÈCE.	CARACTÈRES.
Le Chétodiptère plumier.	Cinq rayons aiguillonnés à la première dorsale ; trente-quatre rayons articulés à la seconde ; deux rayons aiguillonnés et vingt-trois rayons articulés à celle de l'anus ; la tête dénuée de petites écailles ; la caudale en croissant.

(1) M. Cuvier n'adopte pas le genre Chétodiptère. Le seul poisson
qui le compose n'est pour lui qu'une espèce du genre Cavalier, *Ephippus,*
l'un de ceux qu'il établit dans le grand genre Chétodon des autres ich-
thyologistes. Desm. 1830.

LE CHÉTODIPTÈRE PLUMIER.[1]

Platax Faber? Cuv.; *Chœtodon Plumieri*, Bl., Linn., Gmel.;
Chetodipterus Plumierii, Lac. (2).

La hauteur de ce poisson est presque égale à sa longueur totale; et chacun de ses côtés présente la figure d'un losange. Chaque narine n'a qu'un orifice. La seconde nageoire du dos et celle de l'anus sont conformées comme une faux, d'une manière d'autant plus remarquable, que leurs premiers rayons sont assez longs pour dépasser la caudale. La couleur générale de l'animal est d'un vert mêlé de jaune, sur lequel s'étendent, à droite et à gauche, six bandes transversales, étroites, régulières, presque égales les unes aux autres, et d'un vert assez foncé. Plumier a vu ce chétodiptère (3) dans les eaux des Indes occiden-

---

(1) *Bandoulière de Plumier.* Bloch, pl. 211, fig. 1.

Chétodon bandoulière de Plumier. Bonnaterre, planches de l'Encyclopédie méthodique.

(2) M. Cuvier considère ce poisson comme très-voisin de son *Platax Faber*, si même il n'appartient à la même espèce. (Voyez la note de la page précédente). Desm. 1830.

(3) Le nom générique *chétodiptère* est composé, par contraction, de *chétodon*, et de *diptère* qui désigne les deux nageoires du dos.

tales, où il aime à se tenir au-dessus des fonds pierreux (1).

---

(1)   4 rayons à la membrane branchiale du chétodiptère plumier.
   14 rayons à chaque pectorale.
    1 rayon aiguillonné et 5 rayons articulés à chaque thoracine.
   12 rayons à la nageoire de la queue.

CENT TRENTE-CINQUIÈME GENRE.

LES POMACENTRES (1).

Les dents petites, flexibles et mobiles; le corps et la queue très-comprimés; de petites écailles sur la dorsale ou sur d'autres nageoires, ou la hauteur du corps supérieure ou du moins égale à sa longueur; l'ouverture de la bouche petite; le museau plus ou moins avancé; une dentelure et point de longs piquants aux opercules; une seule nageoire dorsale.

PREMIER SOUS-GENRE.

La nageoire de la queue, fourchue, ou échancrée en croissant.

ESPÈCES.	CARACTÈRES.
1. LE POMACENTRE PAON.	Quatorze rayons aiguillonnés et treize rayons articulés à la nageoire du dos; deux rayons aiguillonnés et quinze rayons articulés à la nageoire de l'anus; la couleur générale d'un jaune foncé; un grand nombre de taches bleues, petites et irrégulières.
2. LE POMACENTRE ENNÉADACTYLE.	Dix rayons aiguillonnés et neuf rayons articulés à la dorsale; trois rayons aiguillonnés et sept rayons articulés à l'anale; un rayon aiguillonné et huit rayons articulés à chaque thoracine.

(1) M. Cuvier, en adoptant le genre POMACENTRE de M. de Lacépède, le place dans la famille des Acanthoptérygiens sciènoïdes.

Il n'en admet qu'une seule espèce (le Pomacentre paon); toutes les autres se rapportent à ses genres SCOLOPSIDE, DIACOPE, MÉROU, et CHÉTODON.   DESM. 1830.

SECOND SOUS-GENRE.

La nageoire de la queue, rectiligne, ou arrondie, et sans échancrure.

ESPÈCES.	CARACTÈRES.
3. LE POMACENTRE BURDI.	Neuf rayons aiguillonnés et quinze rayons articulés à la nageoire du dos; trois rayons aiguillonnés et dix rayons articulés à l'anale; deux dents grandes et crochues à chaque mâchoire; un grand nombre de taches bleues.
4. LE POMACENTRE SYMMAN.	Onze rayons aiguillonnés et dix-sept rayons articulés à la dorsale; trois rayons aiguillonnés et dix rayons articulés à l'anale; un grand nombre de taches blanches, ou brunes, ou jaunâtres.
5. LE POMACENTRE FILAMENT.	Treize rayons aiguillonnés et vingt-quatre rayons articulés à la dorsale; trois rayons aiguillonnés et vingt-un rayons articulés à l'anale; la caudale arrondie; un filament très-long, et une tache grande, ovale, noire et bordée de blanc à la nageoire du dos.
6. LE POMACENTRE FAUCILLE.	Douze rayons aiguillonnés et vingt-cinq rayons articulés à la dorsale; trois rayons aiguillonnés et vingt-un rayons articulés à la nageoire de l'anus; la caudale arrondie; la nuque très-relevée; le museau avancé et un peu en forme de tube; deux bandes noires, ayant la figure d'une faucille, bordées de blanc du côté de la tête, et placées transversalement sur la nageoire dorsale et sur le dos du poisson.
7. LE POMACENTRE CROISSANT.	Douze rayons aiguillonnés et vingt-cinq rayons articulés à la nageoire du dos; trois rayons aiguillonnés et dix-huit rayons articulés à l'anale; la couleur générale d'un vert mêlé de jaune et de brun; une tache noire et en forme de croissant sur chaque œil; une autre tache noire placée obliquement depuis le haut de l'ouverture branchiale jusque vers le milieu du dos, et renfermée entre deux raies dorées.

LE POMACENTRE PAON,[1]

Pomacentrus Pavo, Lac., Cuv.; *Chætodon Pavo*, Linn., Gmel.; *Holocentrus diacanthus*, Lac. (2).

ET

LE POMACENTRE ENNÉADACTYLE.[1]

Scolopsides Vosmeri? Cuv.; *Pomacentrus enneadactylus*, Lac. (3).

Ce nom de *Paon*, en rappelant les belles contrées des Indes orientales, d'où les voyageurs ont apporté dans l'Asie-Mineure et ensuite dans la Grèce l'oiseau que la mythologie consacra à Junon, et dont la philosophie fit l'emblême de la vanité, retrace aussi les couleurs brillantes contrastées ou fondues avec tant de variété et de magnificence sur les plumes soyeuses de cet oiseau

---

(1) *Chétodon paon de l'Inde.* Bloch, pl. 198, fig. 1.

Id. Bonnaterre, planches de l'Encyclopédie méthodique.

(2) Du genre POMACENTRE, Cuv., dans la famille des Acanthoptérygiens sciènoïdes.

M. de Lacépède a décrit ce poisson deux fois; sous les noms 1° d'*Holocentre diacanthe*, et 2° de *Pomacentre Paon.*   DESM. 1830.

(3) Selon M. Cuvier, des individus secs de la *Scolopside de Vosmaer* ou *Lutjan galon d'or* de M. de Lacépède ont vraisemblablement servi à établir l'espèce du Pomacentre ennéadactyle, qui ainsi devra être supprimé.   DESM. 1830.

privilégié. Ce double souvenir a engagé, sans doute, le célèbre Bloch à donner au poisson que nous allons décrire, le nom de *Paon* que nous lui conservons. Ce pomacentre vit en effet dans les eaux des Grandes-Indes, et ses nuances sont dignes d'être comparées à celles de l'oiseau que les poètes ont attelé au char de la reine des cieux. Ce n'est pas que ses teintes soient aussi diversifiées qu'on pourrait le croire d'après le nom de *Paon*. En effet, elles se réduisent à un jaune plus ou moins foncé qui fait le fond, et à des raies ou taches bleues qui composent la broderie : mais ce jaune a par lui-même l'éclat de l'or; et ce bleu, distribué en petits rubans transversaux ou en gouttes irrégulières sur la tête, le corps, la queue et les nageoires de l'animal, offre des compartiments des plus gracieux, au milieu desquels on croit apercevoir un grand nombre de petits yeux analogues à ceux de la queue du paon. D'ailleurs toutes ces couleurs sont très-mobiles; et pour peu que le poisson se livre à quelques évolutions auprès de la surface des eaux et sous un soleil sans nuages, on les voit se mêler à des reflets qui, paraissant et disparaissant avec la rapidité de l'éclair, dont ils ont, pour ainsi dire, l'éclat éblouissant, réfléchissent tous les tons de l'iris, chatoient avec une merveilleuse variété, et ne laissent désirer dans la parure du pomacentre, ni la magnificence que donne un grand nombre de couleurs, ni le charme que peut faire naître la diversité des images successives.

Au reste, l'ensemble du paon est plus allongé que celui de presque tous les poissons de son genre ; chacune de ses narines n'a qu'un orifice ; sa ligne latérale est interrompue ; et un appendice très-dur, triangulaire et allongé, est placé à côté de chaque thoracine.

Le pomacentre (1) ennéadactyle a le corps allongé ; la mâchoire supérieure un peu plus avancée que l'inférieure ; la ligne latérale très-courbe jusque vers l'extrémité de la queue, où elle est très-droite ; une rangée d'écailles plus petites que celles du dos, le long de cette même ligne latérale ; les écailles du dos et des côtés, grandes, arrondies et ciliées ; presque tous les rayons aiguillonnés de la dorsale et de la nageoire de l'anus, aplatis, longs et très-forts. L'individu de cette espèce que nous avons décrit, faisait partie de la collection de poissons secs donnée à la France, avec d'autres collections d'histoire naturelle, par la Hollande (2).

___

(1) *Pomacentre* désigne la dentelure de l'opercule, *poma*, en grec, signifiant opercule, et *centron*, pointe ou piquant.

(2)   4 rayons à la membrane branchiale du pomacentre paon.

15 rayons à chaque pectorale.

1 rayon aiguillonné et 5 rayons articulés à chaque thoracine.

16 rayons à la nageoire de la queue.

18 rayons à chaque pectorale du pomacentre ennéadactyle.

17 rayons à la caudale.

LE POMACENTRE BURDI.[1]

Diacope miniata, Cuv.; *Perca miniata*, Forsk., Linn., Gmel.; *Pomacentrus Burdi*, Lac.(2).

Le POMACENTRE SYMMAN (3), *Serranus Summana*, Cuv.; *Perca Summana*, Forsk., Linn., Gmel.; *Pomacentrus Summana*, Lac. (4). — POMACENTRE FILAMENT (5), *Chœtodon setifer*, Bl., Cuv.; *Pomacentrus setifer*, Lac.(6). — POMACENTRE FAUCILLE (7), *Chœtodon Falcula*, Bl., Cuv.; *Pomacentrus Falcula*, Lac. (8). — POMACENTRE CROISSANT (9), *Chœtodon frontalis*, Cuv.; *Pomacentrus Lunula*, Lac. (10).

N OUS allons indiquer quelques particularités relatives à ces cinq pomacentres.

---

(1) Forskael, Faun. Arab., p. 41 , n. 41.
Persègue burdi. Bonnaterre, planches de l'Encyclopédie méthodique.
(2) Du genre DIACOPE, dans la famille des Acanthoptérygiens percoïdes, selon M. Cuvier. DESM. 1830.
(3) Forskael, Faun. Arab., p. 42, n. 42.
Persègue symman. Bonnaterre, planches de l'Encyclopédie méthodique.
(4) Du genre MÉROU, *Serranus*, Cuv., dans la famille des Acanthoptérygiens percoïdes. DESM. 1830.
(5) *Chétodon seton.* Bloch, pl. 425, fig. 1.
(6) Du sous-genre des CHÉTODONS proprement dits, dans le grand genre CHÉTODON, Cuv. (famille des Acanthoptérygiens squamipennes). DESM. 1830.
(7) *Chétodon faucille.* Bloch, pl. 425, fig. 2.
(8) Du sous-genre des CHÉTODONS proprement dits, dans le genre CHÉTODON. DESM. 1830.
(9) « Chætodon e viridi flavo fuscescens, fasciâ nigrâ lunulata, supra

Les eaux de la mer d'Arabie nourrissent les deux premiers, que Forskael a vus parmi les coraux qui bordent les rivages de cette mer.

La couleur générale du burdi est écarlate : mais, dans plusieurs individus de cette espèce, elle est brune ou d'un rouge vif ; et cette différence a paru assez constante à Forskael, pour qu'il admît dans l'espèce du burdi deux variétés permanentes reconnues d'ailleurs par les Arabes, qui nomment la première *Belah*, et la seconde *Nagen*. Les taches bleues de l'une ou de l'autre de ces deux variétés sont bordées quelquefois d'un brun foncé ; ce qui leur donne quelque ressemblance avec une prunelle entourée de son iris.

Les burdis ont presque tous au-dessus des yeux une tache composée de deux lignes qui, par leur position, représentent la lettre V. Leurs lèvres sont épaisses ; la supérieure est extensible, mais plus courte que l'inférieure. Chaque narine n'a qu'un orifice, et cette ouverture est tubulée ; les écailles sont petites, striées et arrondies. La chair de ces poissons est agréable au goût.

Le symman a de très-grands rapports avec le burdi : il est ordinairement d'un gris-brun ; Forskael a regardé comme une variété constante, les

---

« utrumque oculum extensâ ; laterali alterâ a pinnis pectoralibus ad me-
« dium dorsum obliquatâ, didymâ, etc. » Commerson, manuscrits déja cités.

(10) Du sous-genre des CHÉTODONS proprement dits, dans le grand genre CHÉTODON (famille des Acanth. squamipennes). DESM. 1830.

individus de cette espèce dont la couleur générale est bleuâtre avec des taches bleues, et comme une seconde variété, ceux qui montrent des taches d'un brun jaunâtre sur un fond d'un gris blanchâtre.

Une sorte de bandeau noir bordé de blanc décore la tête du pomacentre filament, et passe sur chaque œil; des raies rouges traversent en différents sens les côtés de l'animal, dont la couleur générale est jaune; une raie noire borde l'extrémité de la caudale, de la nageoire du dos, et de celle de l'anus, qui sont couvertes presque en entier de petites écailles; le corps et la queue sont garnis d'écailles un peu plus grandes que ces dernières, et, de plus, dentelées et très-fortes.

La faucille n'a qu'un orifice à chaque narine. Sa tête, ses opercules, et ses nageoires du dos, de la queue et de l'anus, sont revêtus de petites écailles; celles qui couvrent le corps et la queue sont grandes, dures, dentelées, et fortement attachées à la peau. Un appendice écailleux, allongé et triangulaire, est placé auprès de chaque thoracine, ainsi que sur le poisson précédent. La couleur générale est blanchâtre, et diversifiée par une bande noire et bordée de blanc qui passe sur chaque œil, par une bande semblable qui traverse la queue, par une raie noire, large ou étroite, qui termine la caudale, la dorsale, l'anale et les opercules, par dix ou onze bandes transversales, courbes, étroites et brunes, qui règnent sur chaque côté de l'animal, et enfin par un petit liséré noir que présentent un grand nombre d'écailles.

Ce thoracin habite auprès de la côte de Coromandel.

Nous avons donné le nom de *Croissant* à un autre pomacentre dont nous avons trouvé la description dans les manuscrits de Commerson. Il montre une tache noire de chaque côté de la queue, une bande transversale noire sur la caudale, une raie noire à l'extrémité de la dorsale et de l'anale, quelques raies longitudinales pourprées et placées sur le ventre, un iris verdâtre bordé de noir à l'extérieur et d'or à l'intérieur, une nuque élevée, un museau avancé, une lèvre supérieure extensible et plus courte que l'inférieure, une langue très-petite, un appendice membraneux et pointu à la seconde pièce de chaque opercule, et un autre appendice écailleux et allongé à côté de chaque thoracine (1). Nous n'a-

---

(1)   7 rayons à la membrane branchiale du pomacentre burdi.
    17 rayons à chaque pectorale.
      1 rayon aiguillonné et 5 rayons articulés à chaque thoracine.
    15 rayons à la nageoire de la queue.

      7 rayons à la membrane branchiale du pomacentre symman.
    18 rayons à chaque pectorale.
      1 rayon aiguillonné et 5 rayons articulés à chaque thoracine.
    18 rayons à la caudale.

      6 rayons à la membrane branchiale du pomacentre filament.
    15 rayons à chaque pectorale.
      1 rayon aiguillonné et 5 rayons articulés à chaque thoracine.
    20 rayons à la nageoire de la queue.

vons rien trouvé, dans les manuscrits de Commerson, de relatif à la forme de la caudale. Si, contre notre présomption, cette nageoire est échancrée, le *Croissant* doit être placé dans le premier sous-genre des *Pomacentres*.

---

6 rayons à la membrane branchiale du pomacentre faucille.

15 rayons à chaque pectorale.

1 rayon aiguillonné et 5 rayons articulés à chaque thoracine.

20 rayons à la caudale.

5 rayons à la membrane branchiale du pomacentre croissant.

16 rayons à chaque pectorale.

1 rayon aiguillonné et 5 rayons articulés à chaque thoracine.

CENT TRENTE-SIXIÈME GENRE.

LES POMADASYS (1).

Les dents petites, flexibles et mobiles ; le corps et la queue très-comprimés ; de petites écailles sur la dorsale ou sur d'autres nageoires, où la hauteur du corps supérieure ou du moins égale à sa longueur ; l'ouverture de la bouche petite ; le museau plus ou moins avancé ; une dentelure et point de longs piquants aux opercules ; deux nageoires dorsales.

ESPÈCE.	CARACTÈRES.
LE POMADASYS ARGENTÉ.	Onze rayons aiguillonnés à la première dorsale ; un rayon aiguillonné et quinze rayons articulés à la seconde ; trois rayons aiguillonnés et huit rayons articulés à la nageoire de l'anus ; la caudale un peu fourchue ; la couleur générale argentée.

(1) M. Cuvier supprime le genre POMADASYS de M. de Lacépède, et le rapporte à son genre PRISTIPOME, de la famille des Acanthoptérygiens sciénoïdes.   DESM. 1830.

LE POMADASYS ARGENTÉ.[1]

Pristipoma argenteum, Cuv.; *Sciæna argentea*, Forsk., Linn., Gmel.; *Pomadasys argenteus*, Lac. (2).

AJOUTEZ aux traits présentés dans le tableau générique, deux raies élevées entre les narines, une première dorsale arrondie, une seconde allongée, des écailles ciliées, des taches noires sur le dos, des nuances rousses sur les thoracines ainsi que sur l'anale, et vous aurez une idée assez complète du pomadasys (3) argenté, que Forskael a vu auprès des rivages de la mer d'Arabie, et que nous avons cru devoir placer dans un genre particulier (4).

---

(1) Forskael, Faun. Arab., p. 51, n. 60.
Sciène najeb. Bonnaterre, planches de l'Encyclopédie méthodique.
(2) Voyez la note de la page précédente.   DESM. 1830.
(3) *Dasys*, en grec, signifie hérissé, et *poma*, opercule.
(4)   7 rayons à la membrane branchiale du pomadasys argenté.
   16 rayons à chaque pectorale.
    1 rayon aiguillonné et 5 rayons articulés à chaque thoracine.
   16 rayons à la nageoire de la queue.

CENT TRENTE-SEPTIÈME GENRE.

LES POMACANTHES (1).

Les dents petites, flexibles et mobiles; le corps et la queue très-comprimés; de petites écailles sur la dorsale ou sur d'autres nageoires, ou la hauteur du corps supérieure ou du moins égale à sa longueur; l'ouverture de la bouche petite; le museau plus ou moins avancé; un ou plusieurs longs piquants et point de dentelure aux opercules; une seule nageoire dorsale.

PREMIER SOUS-GENRE.

La nageoire de la queue fourchue, ou échancrée en croissant.

ESPÈCES.	CARACTÈRES.
1. LE POMACANTHE GRISON.	Deux rayons aiguillonnés et quarante-quatre rayons articulés à la nageoire du dos; trois rayons aiguillonnés et trente-trois rayons articulés à celle de l'anus; le troisième rayon de la dorsale très-long; la couleur générale grise.
2. LE POMACANTHE SALE.	Treize rayons aiguillonnés et quinze rayons articulés à la dorsale; deux rayons aiguillonnés et quatorze rayons articulés à la nageoire de l'anus; la couleur générale d'un gris sale; quatre bandes transversales, larges, et d'une nuance pâle.

---

(1) M. Cuvier conserve les POMACANTHES, mais comme sous-genre, dans le grand genre des CHÉTODONS, de la famille des Acanthoptérygiens squamipennes.   DESM. 1830.

SECOND SOUS-GENRE.

La nageoire de la queue rectiligne, ou arrondie sans échancrure.

ESPÈCES.	CARACTÈRES.
3. LE POMACANTHE ARQUÉ.	Neuf rayons aiguillonnés et trente-quatre rayons articulés à la nageoire du dos ; trois rayons aiguillonnés et vingt-deux rayons articulés à l'anale ; la caudale arrondie ; cinq bandes transversales, blanches et arquées.
4. LE POMACANTHE DORÉ.	Douze rayons aiguillonnés et douze rayons articulés à la dorsale ; deux rayons aiguillonnés et treize rayons articulés à la nageoire de l'anus ; la caudale arrondie ; la couleur générale éclatante et dorée.
5. LE POMACANTHE PARU.	Douze rayons aiguillonnés à la nageoire du dos ; cinq rayons aiguillonnés à celle de l'anus ; la caudale arrondie ; presque toute la surface de l'animal, d'un noir mêlé de nuances dorées.
6. LE POMACANTHE ASFUR.	Douze rayons aiguillonnés et treize rayons articulés à la dorsale ; trois rayons aiguillonnés et dix-neuf rayons articulés à l'anale ; la caudale arrondie ; les écailles très-grandes et légèrement dentelées ; la couleur générale noire ou bleuâtre.
7. LE POMACANTHE JAUNÂTRE.	Six rayons aiguillonnés à la nageoire du dos ; la caudale arrondie ; la dorsale étendue depuis la nuque jusqu'à la caudale ; la ligne latérale droite ; la couleur générale relevée par des bandes jaunes.

LE POMACANTHE GRISON.[1]

Heniochus cornutus junior ? Cuv. ; *Chœtodon canescens*, Linn.,
Gmel. ; *Pomacanthus canescens*, Lac. (2).

LE POMACANTHE SALE (3), *Glyphisodon sordidus*, Cuv. ; *Chœtodon
sordidus*, Forsk., Linn., Gmel. ; *Pomacanthus sordidus*,
Lac. (4).

UNE double dentelure à la base des deux longs
piquants du grison, et quelques raies noirâtres
sur chaque côté de ce poisson, qui vit dans l'A-
mérique méridionale ;

Deux piquants à chaque opercule du pomacanthe sale ; des écailles larges, membraneuses à
leur bord, et un peu crénelées ; la dorsale et l'a-

---

(1) *Chétodon grison.* Daubenton et Haüy, Encyclopédie méthodique.
Id. Bonnaterre, planches de l'Encyclopédie méthodique.
« Chætodon canescens, aculeo utrinque ad os, etc. » Arted., spec. 93.
Seba, Mus. 3, tab. 25, fig. 7.

(2) M. Cuvier regarde le *Pomacanthe grison* de M. de Lacépède
comme un jeune individu décoloré du *Chétodon cornu* du même auteur,
qui pour lui est une espèce du sous-genre COCHER, *Heniochus*, dans le
grand genre des CHÉTODONS (famille des Acanthoptérygiens squamipennes). DESM. 1830.

(3) *Chétodon sale.* Bonnaterre, planches de l'Encyclopédie méthodique.
Forskael, Faun. Arab., p. 62, n. 87.

(4) Du genre GLYPHISODON, dans la famille des Acanthoptérygiens
sciènoïdes. DESM. 1830.

nale arrondies du côté de la caudale qui est jaunâtre et distinguée par une tache noire ; la couleur brune ou grisâtre des autres nageoires de ce thoracin, que Forskael a vu parmi les coraux des rivages de l'Arabie, et dont la chair est très-agréable au goût.

Tels sont les traits nécessaires pour compléter la description des deux premières espèces du genre que nous examinons (1).

(1) 17 rayons à chaque pectorale du pomacanthe grison.

 1 rayon aiguillonné et 5 rayons articulés à chaque thoracine.

16 rayons à la nageoire de la queue.

 5 rayons à la membrane branchiale du pomacanthe sale.

19 rayons à chaque pectorale.

 1 rayon aiguillonné et 5 rayons articulés à chaque thoracine.

14 rayons à la caudale.

LE POMACANTHE ARQUÉ.[1]

Pomacanthus armatus, Cuv., Lac.; *Chætodon armatus*, Bl.,
Linn., Gmel. (2).

Le POMACANTHE DORÉ (3), *Pomacanthus aureus*, Cuv., Lac.;
Chætodon aureus, Bl., Linn., Gmel. (4). — POMACANTHE
PARU (5), *Pomacanthus Paru*, Cuv., Lac.; *Chætodon Paru*,
Bl., Linn., Gmel. (6). — POMACANTHE ASFUR (7), *Pomacanthus
Asfur*, Cuv., Lac.; *Chætodon Asfur*, Linn., Gmel. (8). —
POMACANTHE JAUNATRE (9), *Pomacanthus lutescens*, Lac. (10).

D ANS les mers du Brésil vit le pomacanthe ar-

---

(1) *Bogen fisch*, par les Allemands.

Bugt klippare, par les Suédois.

Arc fish, par les Anglais.

Guaperva, au Brésil.

Chétodon arqué. Daubenton et Haüy, Encyclopédie méthodique.

Id. Bonnaterre, planches de l'Encyclopédie méthodique.

Bandoulière à arc. Bloch, pl. 201, fig. 2.

Mus. Ad. Frid. 1, p. 61, tab. 33, fig. 5.

« Chætodon niger, capite diacantho, etc. » Artedi, syn. 79, spec. 91.

« Chætodon niger, etc. » Seba, Mus. 3, p. 63, n. 5, tab. 25, fig. 5,
a. et 5, *b.*

« Platiglossus exiguus niger, etc. » Klein, Miss. pisc. 4, p. 41, n. 5.

Guaperva. Marcg. Brasil., p. 178.

Rai, Pisc., p. 103, n. 12.

« Acaranna exigua nigra, etc. » Willughby, Ichthyol. Append., p. 23,
t. O, 3, fig. 3.

Chætodon aureus. Linnée, édition de Gmelin.

(2) Du sous-genre POMACANTHE, dans le grand genre des CHÉTODONS
(famille des Acanthoptérygiens squamipennes), Cuv. DESM. 1830.

qué, dont la couleur générale, mêlée de brun,

---

(3) *Dorade de Plumier*. Bloch, pl. 193, fig. 1.

« Seserinus aureus, aculeatus, alius, pinnis cornutis. » Plumier, peintures sur vélin déja citées.

Chétodon dorade de Plumier. Bonnaterre, planches de l'Encyclopédie méthodique.

(4) Du sous-genre POMACANTHE, dans le grand genre des CHÉTODONS, comme le précédent. DESM. 1830.

(5) *Variegated angel fish*, à la Jamaïque.

Schwarser klipfisch, par les Allemands.

Chétodon paru. Bonnaterre, planches de l'Encyclopédie méthodique.

Bandoulière noire. Bloch, pl. 197.

« Chætodon niger, maculis flavis lunulatis varius. » Artedi, syn. 71, n. 1, gen. 51.

« Chætodon operculis aculeatis, ossiculis pinnæ dorsi, anique, intermediis inermibus, etc. » Gronov. Zooph., p. 68, n. 231.

« Rhombotides in nigricante corpore, squamis flavis quasi lunulatis. » Klein, Miss. pisc. 4, p. 36, n. 3.

« Chætodon minutè variegatus, etc. » Browne, Jamaïc., p. 454, n. 3.

Marcgrav. Brasil., p. 144.

Piso. Ind., p. 55.

Jonston, Pisc., p. 177, tab. 32, fig. 2.

Ruysch, Theatr. animal., p. 123, tab. 32, fig. 2.

Willughby, Ichthyolog., p. 217, tab. O, 1, fig. 2.

Paru. Rai, Pisc., p. 102, n. 7.

(6) Du sous-genre POMACANTHE, dans le grand genre des CHÉTODONS, Cuv. DESM. 1830.

(7) *Chétodon asfur*. Bonnaterre, planches de l'Encyclopédie méthodique.

Forskael, Faun. Arab., p. 61, n. 84, et n. 84 *b*.

(8) Dans la première édition du *Règne animal*, M. Cuvier cite ce poisson comme appartenant au sous-genre POMACANTHE, dans le grand genre CHÉTODON. Dans la seconde édition il n'en est pas fait mention. DESM. 1830.

(9) *Chætodon lutescens*. Bonnaterre, planches de l'Encyclopédie méthodique.

Browne, Jamaïc., p. 454, n. 4.

(10) Non mentionné par M. Cuvier. DESM. 1830.

de noir et de doré, renvoie, pour ainsi dire, des reflets soyeux, et fait ressortir les cinq bandes transversales et blanches, de manière à faire paraître l'animal revêtu de velours et orné de lames d'argent. La première de ces bandes éclatantes et arquées entoure l'ouverture de la bouche; et l'extrémité de la caudale, qui est aussi d'un blanc très-pur, représente comme un sixième ruban argenté. Des points blancs marquent la ligne latérale. Les yeux sont placés très-près du commencement de la nageoire du dos, qui est un peu triangulaire, ainsi que celle de l'anus. Une partie de la circonférence de chaque écaille montre une dentelure profonde.

La patrie de ce beau poisson est très-voisine de celle du doré, que l'on trouve dans la mer des Antilles, et dont la parure est encore plus magnifique que celle de l'arqué. L'extrémité de toutes les nageoires du pomacanthe doré resplendit d'un vert d'émeraude, qui se fond par des teintes très-variées avec l'or dont brille presque toute la surface du poisson; et ce mélange est d'autant plus agréable à l'œil, que ces nageoires sont très-grandes, surtout celles du dos et de l'anus, qui de plus se prolongent en forme de faux, et dont les premiers rayons articulés s'étendent bien au-delà de la nageoire de la queue. Les thoracines sont d'ailleurs très-allongées. On voit sur la dorsale, l'anale et la caudale, un très-grand nombre de petites écailles, dures, et dentelées comme celles qui couvrent le corps et la queue. Chaque narine a deux orifices.

Le paru n'offre, au contraire, qu'une ouverture à chacune de ses narines; sa mâchoire inférieure est plus avancée que la supérieure; la dorsale et l'anale ont la forme d'une faux (1), et sont garnies d'écailles chargées chacune d'un croissant d'or, de même que celles du corps et de la queue. On trouve le paru au Brésil, à la Jamaïque, et dans d'autres contrées de l'Amérique. Il y est bon à manger; et on l'y pêche au filet aussi bien qu'à l'hameçon.

Les rivages de l'Arabie sont fréquentés par l'asfur, qui a sa dorsale et son anale en forme de

---

(1)   6 rayons à la membrane branchiale du pomacanthe arqué.

16 rayons à chaque pectorale.

1 rayon aiguillonné et 5 rayons articulés à chaque thoracine.

14 rayons à la nageoire de la queue.

12 rayons à chaque pectorale du pomacanthe doré.

6 rayons à chaque thoracine.

15 rayons à la caudale.

14 rayons à chaque pectorale du pomacanthe paru.

6 rayons à chaque thoracine.

15 rayons à la nageoire de la queue.

6 rayons à la membrane branchiale du pomacanthe asfur.

16 rayons à chaque pectorale.

1 rayon aiguillonné et 5 rayons articulés à chaque thoracine.

16 rayons à la caudale.

4 ou 5 ou 6 rayons à la membrane branchiale du pomacanthe jaunâtre.

faux, une bande transversale jaune, ou des raies obliques violettes, et la caudale rousse et bordée de noir.

Le jaunâtre a été observé dans les eaux de la Jamaïque.

CENT TRENTE-HUITIÈME GENRE.

LES HOLACANTHES (1).

Les dents petites, flexibles et mobiles; le corps et la queue très-comprimés; de petites écailles sur la dorsale ou sur d'autres nageoires, ou la hauteur du corps supérieure ou du moins égale à sa longueur; l'ouverture de la bouche petite; le museau plus ou moins avancé; une dentelure et un ou plusieurs longs piquants à chaque opercule; une seule nageoire dorsale.

PREMIER SOUS-GENRE.

La nageoire de la queue fourchue, ou échancrée en croissant.

ESPÈCES.	CARACTÈRES.
1. L'HOLACANTHE TRICOLOR.	Quatorze rayons aiguillonnés et dix-neuf rayons articulés à la nageoire du dos; trois rayons aiguillonnés et dix-huit rayons articulés à la nageoire de l'anus; les écailles dures, dentelées et bordées de rouge, ainsi que les nageoires et les pièces des opercules; la couleur générale dorée; la partie postérieure de l'animal d'un noir foncé.
2. L'HOLACANTHE ATAJA.	Huit rayons aiguillonnés à la dorsale; trois rayons aiguillonnés et onze rayons articulés à la nageoire de l'anus; le dessus de la tête et chaque écaille hérissés de petites épines; la première et la troisième pièce de chaque opercule dentelées; la seconde armée de trois piquants; la couleur générale d'un rouge

----

(1) M. Cuvier conserve les HOLACANTHES de M. de Lacépède, mais comme sous-genre, dans le grand genre CHÉTODON, de la famille des Acanthoptérygiens squamipennes. DESM. 1830.

ESPÈCES.	CARACTÈRES.
2. L'Holacanthe ataja.	obscur ; huit raies longitudinales et d'un rouge plus ou moins foncé de chaque côté de l'animal.
3. L'Holacanthe lamarck.	Quinze rayons aiguillonnés et seize rayons articulés à la nageoire du dos ; trois rayons aiguillonnés et vingt rayons articulés à l'anale ; le piquant de la première pièce de chaque opercule très-long, et renfermé en partie dans une sorte de demi-gaîne ; les écailles arrondies, striées et dentelées ; la caudale en croissant ; la couleur générale d'un jaune doré ; trois raies longitudinales de chaque côté du poisson.

SECOND SOUS-GENRE.

La nageoire de la queue rectiligne ou arrondie, sans échancrure.

ESPÈCES.	CARACTÈRES.
4. L'Holacanthe anneau.	Quatorze rayons aiguillonnés et vingt-sept rayons articulés à la nageoire du dos ; trois rayons aiguillonnés et vingt-cinq rayons articulés à celle de l'anus ; la caudale presque rectiligne ; la couleur générale brunâtre ; six raies longitudinales et courbes d'un bleu clair ; un anneau de la même couleur au-dessus de chaque opercule.
5. L'Holacanthe cilier.	Quatorze rayons aiguillonnés et vingt-un rayons articulés à la dorsale ; trois rayons aiguillonnés et dix-neuf rayons articulés à la nageoire de l'anus ; la caudale arrondie ; chaque écaille chargée de stries longitudinales qui se terminent par des filaments semblables à des cils ; la couleur générale grise ; un anneau noir au-devant de la nageoire du dos.
6. L'Holacanthe empereur.	Quatorze rayons aiguillonnés et vingt rayons articulés à la dorsale ; trois rayons aiguillonnés et vingt rayons articulés à l'anale ; la caudale arrondie ; la couleur générale jaune ; vingt-quatre ou vingt-cinq raies longitudinales, un peu obliques et bleues.

ESPÈCES.	CARACTÈRES.
7. L'HOLACANTHE DUC.	Quatorze rayons aiguillonnés et neuf rayons articulés à la nageoire du dos; sept rayons aiguillonnés et quatorze rayons articulés à la nageoire de l'anus; la caudale arrondie; deux orifices à chaque narine; la couleur générale blanchâtre; huit ou neuf bandes transversales, bleues et bordées de brun.
8. L'HOLACANTHE BICOLOR.	Quinze rayons aiguillonnés et vingt rayons articulés à la dorsale; trois rayons aiguillonnés et quinze rayons articulés à la nageoire de l'anus; la caudale arrondie; la partie antérieure de l'animal, l'extrémité de la queue et la caudale blanches; presque tout le reste de la surface du poisson, d'un violet mêlé de rouge et de brun.
9. L'HOLACANTHE MULAT.	Douze rayons aiguillonnés et dix-sept rayons articulés à la nageoire du dos; trois rayons aiguillonnés et dix-huit rayons articulés à la nageoire de l'anus; la caudale arrondie; la couleur générale d'un brun noirâtre; la tête, la poitrine et la caudale blanches ou blanchâtres; une bande transversale noirâtre au-dessus de chaque œil.
10. L'HOLACANTHE ARUSET.	Douze rayons aiguillonnés et vingt-deux rayons articulés à la nageoire du dos; trois rayons aiguillonnés et vingt-un rayons articulés à l'anale; la caudale arrondie; la couleur générale grise; des bandes bleues et transversales; une bande transversale et dorée vers le milieu de la longueur totale de l'animal.
11. L'HOLACANTHE DEUX-PIQUANTS.	Dix rayons aiguillonnés et dix-sept rayons articulés à la nageoire du dos; deux rayons aiguillonnés et quinze rayons articulés à la nageoire de l'anus; la caudale arrondie; deux piquants auprès de chaque œil; la couleur générale bleue; trois bandes transversales rouges, très-étroites et très-éloignées l'une de l'autre.

ESPÈCES.	CARACTÈRES.

12. L'Holacanthe
géométrique.

Quatorze rayons aiguillonnés et vingt-un rayons articulés à la dorsale; trois rayons aiguillonnés et vingt-un rayons articulés à la nageoire de l'anus; trois rayons à la membrane branchiale; la caudale arrondie; plusieurs cercles concentriques et blancs auprès de l'extrémité de la queue; d'autres cercles également blancs sur les nageoires de l'anus et du dos.

13. L'Holacanthe
jaune et noir.

Donze rayons aiguillonnés et vingt-deux rayons articulés à la dorsale; trois rayons aiguillonnés et dix-neuf rayons articulés à l'anale; trois rayons à la membrane branchiale; la caudale arrondie; la couleur générale jaunâtre; sept bandes noires et très-courbes de chaque côté de l'animal.

L'HOLACANTHE TRICOLOR.[1]

Holacanthus tricolor, Lac., Cuv.; *Chœtodon tricolor*, Bl. (2).

L'HOLACANTHE ATAJA (3), *Holacanthus Ataja*, Lac.; *Sciœna rubra*, Forsk., Linn., Gmel. (4). — HOLACANTHE LAMARCK, *Holacanthus Lamarck*, Lac., Cuv. (5).

DES trois couleurs que présente le premier de ces holacanthes, le rouge et le jaune resplendissent comme des rangs de rubis ou de grenats pressés les uns contre les autres sur une étoffe d'or; et le noir, par son intensité et ses reflets soyeux, ressemble à un velours noir placé à côté d'un drap d'or pour le faire ressortir. Indépendamment des distributions de ces trois nuances, que le tableau générique indique, une raie noire entoure l'ouverture de la bouche; et le grand pi-

---

(1) *Acaraune*, au Brésil.

Chétodon tricolor. Bloch, pl. 426.

(2) Du sous-genre HOLACANTHE, dans le grand genre CHÉTODON, de la famille des Acanthoptérygiens squamipennes. DESM. 1830.

(3) Forskael, Faun. Arab., p. 48, n. 51.

Sciène ataja. Bonnaterre, planches de l'Encyclopédie méthodique.

(4) Non mentionné par M. Cuvier. DESM. 1830.

(5) Du sous-genre HOLACANTHE, dans le grand genre CHÉTODON, Cuv. DESM. 1830.

quant que l'on remarque à la première pièce de chaque opercule, est peint d'un rouge vif (1).

Ce beau poisson, dont le prince Maurice de Nassau a laissé un dessin fidèle, et Duhamel une figure assez imparfaite, se trouve dans la mer du Brésil, ainsi qu'auprès de Cuba et de la Guadeloupe.

Les orifices de ses narines sont doubles; son dos est caréné; sa forme générale allongée; et ses nageoires du dos et de l'anus sont si couvertes d'écailles, qu'elles n'ont presque pas de flexibilité.

L'ataja, dont la mer d'Arabie est la patrie, a chacun de ses yeux entouré d'une sorte de cercle de substance dure, dentelé, et garni d'aiguillons; sa lèvre supérieure est extensible; deux raies rouges s'étendent sur sa dorsale; ses thoracines sont blanches sur leur bord extérieur, et noires

---

(1)   6 rayons à la membrane branchiale de l'holacanthe tricolor.

15 rayons à chaque pectorale.

1 rayon aiguillonné et 5 rayons articulés à chaque thoracine.

15 rayons à la nageoire de la queue.

8 rayons à la membrane branchiale de l'holacanthe ataja.

19 rayons à chaque pectorale.

1 rayon aiguillonné et 5 rayons articulés à chaque thoracine.

15 rayons à la caudale.

5 rayons à la membrane branchiale de l'holacanthe lamarck.

16 rayons à chaque pectorale.

1 rayon aiguillonné et 5 rayons articulés à chaque thoracine.

17 rayons à la caudale, dont le premier et le dernier rayon sont très-allongés.

sur leur bord intérieur. La caudale est jaunâtre dans son milieu ; peut-être ne présente-t-elle pas d'échancrure : si cette nageoire n'en montre pas, l'ataja devrait être inscrit parmi les holacanthes du second sous-genre.

Nous dédions à notre savant confrère M. de Lamarck, professeur d'histoire naturelle au Jardin des plantes, et membre de l'Institut national, le troisième des holacanthes dont il est question dans cet article. Ce poisson a la mâchoire inférieure plus avancée que la supérieure, et de très-petites taches noires sur la nageoire de la queue. Un individu de cette espèce que les naturalistes ne connaissent pas encore, faisait partie de la collection hollandaise, acquise par la France.

L'HOLACANTHE ANNEAU.[1]

Holacanthus annularis, Lac., Cuv.; *Chœtodon annularis*,
Bl., Linn., Gmel. (2).

L'HOLACANTHE CILIER (3), *Holacanthus ciliaris*, Lac., Cuv.;
Holacanthus coronatus, Desm.; *Chœtodon ciliaris*, Linn.,
Gmel. (4). — HOLACANTHE EMPEREUR (5) *Holacanthus Imperator*, Lacep., Cuv.; *Chœtodon Imperator*, Bloch, Linn.,
Gmel. (6). — HOLACANTHE DUC (7); *Holacanthus Dux*,
Lacep., Cuv.; *Chœtodon Dux*, Linn., Gmel.; *Chœtodon
diacanthus*, Bodd.; *Chœtodon Boddaertii*, Gmel.; *Acanthopodus Boddaertii*, Lacep. (8). — HOLACANTHE BICOLOR
(9), *Holacanthus bicolor*, Lacep., Cuv.; *Chœtodon bicolor*, Bloch, Linn., Gmel. (10). — HOLACANTHE MULAT (11),
Holacanthus mesoleucus, Lac., Cuv.; *Chœtodon mesoleucus*, Bl.; *Chœtodon mesomelas*, Linn., Gmel. (12). — HO-
LACANTHE ARUSET (13), *Holacanthus Aruset*, Lac.; *Chœtodon maculosus*, Linn., Gmel. (14). — HOLACANTHE DEUX-
PIQUANTS (15), *Premnas trifasciatus*, Cuv.; *Chœtodon biaculeatus*, Bl.; *Holacanthus biaculeatus*, et *Holocentrus Son-
nerat*, Lac.; *Lutjanus trifasciatus*, Bl., Schn. (16). — HOLA-
CANTHE GÉOMÉTRIQUE (17), *Holacanthus geometricus*, Lac.,
Cuv.; *Chœtodon nicobarensis*, Bl., Schn. (18). — HOLACAN-
THE JAUNE ET NOIR, *Chœtodon Meyeri*, Bl., Schn., Cuv.;
Holacanthus flavo-niger, Lac. (19).

On a pêché dans les Indes orientales l'holacanthe

---

(1) *Douwing marquis*, par les Hollandais.
Cambodische pampusvisch, id.
Ikan pampus cambodia. aux Indes orientales

anneau, dont la chair est très-tendre. Chacune

Ikan batoe jang, ibid.

Aboe, ibid.

Aboe betina, ibid.

L'anneau. Bloch, pl. 215, fig. 2.

Chétodon anneau. Bonnaterre, planches de l'Encyclopédie, méthodique.

« Chætodon annularis, *et* chætodon fuscus, etc. » Schwenck, p. 31, n. 20; et p. 32, n. 84.

Valent. Ind. 3, p. 455, n. 347, fig. 347; et p. 498, fig. 468.

Renard, poiss. 2, p. 38, tab. 20, fig. 135.

(2) Du sous-genre HOLACANTHE, dans le grand genre CHÉTODON, de la famille des Acanthoptérygiens squamipennes.

M. Cuvier, dans la première édition du *Règne animal*, le plaçait parmi les Pomacanthes. DESM. 1830.

(3) *Chétodon peigne.* Bloch, pl. 214.

Chétodon cilier. Daubenton et Haüy, Encyclopédie méthodique.

Id. Bonnaterre, planches de l'Encyclopédie méthodique.

Mus. Ad. Frid. 1, p. 62, tab. 33, fig. 1.

Sparus saxatilis. Osbeck, It. 273.

« Chætodon microlepidotus, etc. » Gronov. Mus. 2, p. 36, n. 192.

« Platiglossus qui acarauna altera major Listeri. » Klein, Miss. pisc. 4, p. 41, n. 4.

« Acarauna altera major. » Willughby, Ichthyol. app. p. 23, tab. O, 3, fig. 1.

Rai, Pisc., p. 103, p. 11.

Edw. Glean. t. 283, fig. 4.

(4) Comme le précédent, du sous-genre HOLACANTHE, dans le grand genre CHÉTODON. DESM. 1830.

(5) *Guingam*, dans les Indes orientales.

Chétodon empereur du Japon. Bloch, pl. 194.

Id. Bonnaterre, planches de l'Encyclopédie méthodique.

« Chætodon nigro-cæruleus, lineis obliquatis luteis triginta circiter « utrinque pictus, caudâ intensè flavâ integrâ. » Commerson, manuscrits déja cités.

« Chætodon eximiæ magnitudinis et raritatis. » Ind. Mus. Schwenck, p. 32, n. 82.

de ses narines a deux orifices. Ses pectorales, ses

Ruysch, Theatr. anim. 1 , p. 37 , n. 1 , tab. 19 , fig. 1.

Renard , Poiss. 2 , pl. 56 , fig. 238.

(6) Du même sous-genre HOLACANTHE, dans le grand genre CHÉ-
TODON, Cuv.   DESM. 1830.

(7) *Ikan sengadji molukko* , dans les Indes orientales.

Moluksche hertog , dans les colonies hollandaises des Grandes-Indes.

Bandoulière rayée. Bloch , pl. 105.

Id. Bonnaterre , planches de l'Encyclopédie méthodique.

Valentyn , Ind. 3, p. 504, n. 507, fig. 507.

Duchesse, et *douwing batard d'haroke*, et *chietsevisch.* Renard,
Poiss. 1 , p. 22 , pl. 14 , fig. 81 ; et 2 , pl. 16 , fig. 77 ; et pl. 38, fig. 169.

(8) Du sous-genre HOLACANTHE, dans le grand genre CHÉTODON. Cuv.

Ce poisson est décrit deux fois par M. de Lacépède , sous les noms
1° d'*Holacanthe duc*, et 2° d'*Acanthopode Boddaert.* DESM. 1830.

(9) *Acarauna du Brésil*, par des Français.

Groene koelar, par les Hollandais.

Twee kleurige klipvisch , id.

Color sousounam, id.

Ikan koelar , dans les Indes orientales.

Ekorhouning , ibid.

L'auranne, et *la griselle.* Bloch , pl. 206 , fig. 1.

Chétodon veuve coquette. Bonnaterre, planches de l'Encyclopédie méthodique.

Chætodon bicoloratus. Mus. Schwenck. , p. 27 , n. 88.

Acarauna maculata. Seeligm. Voeg. 7 , t. 73 , fig. 4.

Valentyn, Ind. 3, p. 361 , n. 48 , fig. 48.

Renard , Poiss. 1 , p. 10, t. 5 , fig. 35 ; p. 19 , n. 106 , t. 19 , f. 106 ;
et p. 33 , n. 121 , t. 22 , fig. 121.

(10) Du sous-genre HOLACANTHE , dans le grand genre des CHÉTODONS ,
selon M. Cuvier.   DESM. 1830.

(11) *Chétodon mulat.* Bloch , pl. 216 , fig. 2.

Chétodon mulat. Bonnaterre , planches de l'Encyclopédie méthodique.

(12) Du sous-genre HOLACANTHE, dans le genre CHÉTODON, comme
le précédent.   DESM. 1830.

(13) *Chétodon aruset.* Bonnaterre , planches de l'Encyclopédie méthodique.

thoracines et sa caudale sont blanches; sa dorsale est noirâtre; et son anale noire avec une bordure bleue.

Le cilier se nourrit de petits crabes; son estomac est grand; son canal intestinal très-long, et plusieurs fois recourbé; son foie divisé en deux lobes; et sa vessie natatoire forte, et attachée aux deux côtés de l'animal. Ce poisson a d'ailleurs deux ouvertures à chaque narine; un grand piquant et deux petits aiguillons à chaque opercule; et presque toutes les nageoires bordées de brun.

L'holacanthe empereur vit dans la mer du Japon; sa chair est souvent beaucoup plus grasse que celle de nos saumons; son goût est très-agréable: les habitants de plusieurs contrées des Indes orientales assurent même que sa saveur est préférable à celle de tous les poissons que l'on trouve

---

Forskael, Faun. Arab., p. 62, n. 85.

(14) Non mentionné par M. Cuvier.   DESM. 1830.

(15) *Bandoulière à deux aiguillons.* Bloch, pl. 219, fig. 2.

(16) Du genre PREMNADE, *Premnas*, dans la famille des Acanthoptérygiens sciènoïdes.

Ce poisson a été décrit deux fois par M. de Lacépède, sous les noms 1° d'*Holocentre Sonnerat*, et 2° d'*Holacanthe deux-piquants*. DESM. 1830.

(17) *Douwing formose.* Renard, 1, pl. 5, fig. 34.

(18) Du sous-genre HOLACANTHE, dans le grand genre CHÉTODON. DESM. 1830.

(19) Du sous-genre des CHÉTODONS proprement dits, dans le grand genre CHÉTODON, de la famille des Acanthoptérygiens squamipennes. DESM. 1830.

dans les mêmes eaux que cet holacanthe; et il se vend d'autant plus cher, qu'il est très-rare. Il est d'ailleurs remarquable par la vivacité de ses couleurs et la beauté de leurs distributions. On croirait voir de beaux saphirs arrangés avec goût et brillant d'un doux éclat, sur des lames d'or très-polies; une teinte d'azur entoure chaque œil, borde chaque pièce des opercules, et colore le long piquant dont chacun de ces opercules est armé. On compte deux orifices à l'une et à l'autre des deux narines. La dorsale ainsi que l'anale sont couvertes d'un si grand nombre d'écailles presque semblables à celles de la tête, du corps et de la queue, qu'elles présentent une épaisseur et surtout une roideur très-grandes; ces deux nageoires sont de plus arrondies par derrière.

Le duc a la même patrie que l'empereur. Des raies bleues sont placées autour de chaque œil, ainsi que sur la nageoire de l'anus; et une bordure azurée paraît à l'extrémité de la nageoire du dos.

Les deux Indes nourrissent le bicolor, dont le nom indique le nombre des couleurs qui composent sa parure. L'argent et le pourpre le décorent; et ces deux nuances, distribuées par grandes places, et opposées l'une à l'autre, presque sans tons intermédiaires, donnent beaucoup d'éclat à sa surface.

Les eaux du Japon sont celles dans lesquelles on a découvert le mulat, qui n'a qu'un orifice à chaque narine, non plus que le bicolor, et dont la dorsale, l'anale, les opercules et la tête sont revêtus de petites écailles.

On doit remarquer sur l'aruset de la mer d'Arabie les écailles striées et dentelées, la dorsale, qui se termine en forme de faux, et la caudale, dont la couleur grise est relevée par des taches jaunes et arrondies.

L'holacanthe deux piquants a le corps plus allongé que la plupart des autres poissons de son genre; chaque narine ne présente qu'un orifice; la dorsale est échancrée; les nageoires sont, en général, d'un gris mêlé de jaune. On l'a vu dans les Indes orientales.

Nous avons tiré le nom du géométrique, de la régularité des figures blanches répandues sur sa surface. On peut compter quelquefois, de chaque côté de l'animal, jusqu'à huit cercles concentriques, dont les quatre intérieurs sont entiers; six ou sept bandes blanches et sinueuses paraissent d'ailleurs au-dessus de la tête et des opercules; de petites écailles couvrent les nageoires du dos, de la queue et de l'anus; et une demi-gaîne membraneuse garnit le dessous du piquant allongé de l'opercule (1).

---

(1) 16 rayons à chaque pectorale de l'holacanthe anneau.

    1 rayon aiguillonné et 5 rayons articulés à chaque thoracine.

16 rayons à la caudale.

    6 rayons à la membrane branchiale de l'holacanthe cilier.

20 rayons à chaque pectorale.

    1 rayon aiguillonné et 5 rayons articulés à chaque thoracine.

Le jaune et noir a la base de sa dorsale, de sa caudale et de son anale, chargée de petites écailles, et la mâchoire inférieure plus avancée que celle d'en-haut.

---

16 rayons à la nageoire de la queue.

5 rayons à la membrane branchiale de l'holacanthe empereur.
18 rayons à chaque pectorale.
1 rayon aiguillonné et 5 rayons articulés à chaque thoracine.
16 rayons à la caudale.

16 rayons à la membrane branchiale de l'holacanthe duc.
1 rayon aiguillonné et 5 rayons articulés à chaque thoracine.
14 rayons à la nageoire de la queue.

14 rayons à chaque pectorale de l'holacanthe bicolor.
1 rayon aiguillonné et 5 rayons articulés à chaque thoracine.
16 rayons à la caudale.

16 rayons à chaque pectorale de l'holacanthe mulat.
1 rayon aiguillonné et 5 rayons articulés à chaque thoracine.
16 rayons à la nageoire de la queue.

5 rayons à la membrane branchiale de l'holacanthe aruset.
19 rayons à chaque pectorale.
1 rayon aiguillonné et 5 rayons articulés à chaque thoracine.
16 rayons à la caudale.

4 rayons à la membrane branchiale de l'holacanthe deux-piquants.
18 rayons à chaque pectorale.
1 rayon aiguillonné et 5 rayons articulés à chaque thoracine.
17 rayons à la nageoire de la queue.

17 rayons à chaque pectorale de l'holacanthe géométrique.
1 rayon aiguillonné et 5 rayons articulés à chaque thoracine.
17 rayons à la caudale.

16 rayons à chaque pectorale de l'holacanthe jaune et noir.
1 rayon aiguillonné et 5 rayons articulés à chaque thoracine.
17 rayons à la nageoire de la queue.

CENT TRENTE-NEUVIÈME GENRE.

LES ÉNOPLOSES (1).

Les dents petites, flexibles et mobiles; le corps et la queue très-comprimés; de très-petites écailles sur la dorsale ou sur d'autres nageoires, ou la hauteur du corps supérieure ou du moins égale à sa longueur; l'ouverture de la bouche petite; le museau plus ou moins avancé; une dentelure et un ou plusieurs piquants à chaque opercule; deux nageoires dorsales.

ESPÈCE.	CARACTÈRES.
L'ÉNOPLOSE WHITE.	Six rayons aiguillonnés à la nageoire du dos; le troisième de ces rayons très-long; la mâchoire supérieure plus avancée que l'inférieure; la lèvre d'en-haut extensible; la poitrine très-grosse; sept bandes transversales d'un noir pourpré très-foncé.

(1) M. Cuvier, en adoptant le genre ÉNOPLOSE de M. de Lacépède, ne le considère néanmoins que comme un sous-genre de son genre APRON, *Aspro,* dans la famille des Acanthoptérygiens percoïdes.

DESM. 1830.

L'ÉNOPLOSE WHITE.[1]

Enoplosus armatus, Lac., Cuv.; *Chœtodon armatus*,
John White. [2].

***

Nous dédions à M. White, chirurgien anglais, ce poisson, décrit dans la relation du voyage de cet observateur dans la Nouvelle-Galles méridionale. Le nom générique d'*Énoplose*, que nous donnons à ce thoracin, et qui vient du mot grec ἔνοπλος (*armé*), désigne la dentelure et les piquants de ses opurcules, ainsi que les rayons aiguillonnés de sa première dorsale. La couleur générale de cet osseux est d'un blanc bleuâtre et argenté; ses nageoires sont presque toutes d'un brun pâle; et la longueur de l'individu, dont on voit la figure dans l'ouvrage de M. White, était d'un décimètre ou environ.

***

(1) *Chœtodon armatus*. Appendix du Voyage à la Nouvelle-Galles méridionale, par J. White, premier chirurgien de l'expédition commandée par le capitaine Philipp, p. 254, pl. 39, fig. 1.

(2) Voyez la note de la page précédente. DESM. 1830.

CENT QUARANTIÈME GENRE.

LES GLYPHISODONS (1).

Les dents crénelées ou découpées; le corps et la queue très-comprimés; de très-petites écailles sur la dorsale ou sur d'autres nageoires, ou la hauteur du corps supérieure ou du moins égale à sa longueur; l'ouverture de la bouche petite; le museau plus ou moins avancé; une nageoire dorsale.

ESPÈCES.	CARACTÈRES.
1. LE GLYPHISODON MOUCHARRA.	Treize rayons aiguillonnés et treize rayons articulés à la dorsale; trois rayons aiguillonnés et dix rayons articulés à la nageoire de l'anus; la caudale fourchue; deux orifices à chaque narine; cinq bandes transversales et noires.
2. LE GLYPHISODON KAKAITSEL.	Dix-huit rayons aiguillonnés et huit rayons articulés à la nageoire du dos; douze rayons aiguillonnés et huit rayons articulés à celle de l'anus; la caudale en croissant; un seul orifice à chaque narine.

(1) M. Cuvier adopte le genre GLYPHISODON de M. de Lacépède, mais il n'admet qu'une seule des deux espèces que ce naturaliste y a placées. D'ailleurs il fait voir que les caractères de ce genre se rapportent à des poissons que M. de Lacépède a rangés avec les Chétodons, tels que les *C. sordidus, marginatus, Mauritii, bengalensis et suratensis.*

Il décrit beaucoup d'espèces nouvelles dans le genre GLYPHISODON, qu'il rapporte à la famille des Acanthoptérygiens sciènoïdes.

DESM. 1830.

LE GLYPHISODON MOUCHARRA.[1]

Glyphisodon saxatilis, Cuv.; *Glyphisodon Moucharra*, Lac.;
Chœtodon saxatilis, Linn., Gmel.; *Chœtodon marginatus*,
et *Chœtodon Mauritii*, Bl., Lac.; *Chœtodon sargoides*, Lacep.(2).

Le GLYPHISODON KAKAITSEL (3), *Etroplus maculatus*, Cuv.
Chœtodon maculatus, Bl.; *Glyphisodon Kakaitsel*, Lac. (4).

LE moucharra vit dans l'ancien et dans le nouveau continent. On le trouve dans les eaux du

---

(1) *Gabel schwanz*, par les Allemands.

OEr hlippare, par les Suédois.

Siamze visch, par les Hollandais.

Loots mannetje, id.

Lootsmann des huyen, id.

Groene lootsmann, id.

Jaguaca guare, au Brésil.

Jaqueta, par les Portugais du Brésil.

Ikan siam, aux Indes orientales.

Gaie, et *gete*, et *gatgût*, en Arabie.

Id. Bloch, pl. 206, fig. 2 *.

Chétodon jagaque. Daubenton et Haüy, Encyclopédie méthodique.

Id. Bonnaterre, planches de l'Encyclopédie méthodique.

« Chœtodon fasciis quinque albis, etc. » Mus. Ad. Frid. 1, p. 64.

* M. Cuvier remarque que cette planche de Bloch ne se rapporte pas à ce poisson. Il
dit, au contraire, que la planche 287 de cet ichthyologiste le représente (*Chœtodon
marginatus*, Cuv.). DESM. 1830.

Brésil, de l'Arabie et des Indes orientales. Il ne quitte guère le fond de la mer. Il y habite au milieu des coraux, et s'y nourrit de petits polypes. Comme il ne parvient ordinairement qu'à une longueur de deux décimètres, qu'il est très-difficile de le prendre à cause de la profondeur de son asile, et que sa chair est dure, coriace, et peu agréable au goût, quoique très-blanche, il est peu recherché par les pêcheurs.

Sa parure n'attire pas d'ailleurs les regards. Sa couleur générale est blanchâtre et terne; et toutes ses nageoires sont d'un gris noirâtre. Il a le corps

---

« Sparus fasciis quinque transversis fuscis, etc. » Amœnit. acad. 1, p. 312.

« Sparus latissimus, etc. » Gronov. Mus. 1, n. 89, et Zooph, n. 222.

Jacuacaguara. Marcgr. Brasil., p. 156.

Id. Pis. Ind., p. 68.

Jonston, Pisc., p. 194, t. 33, fig. 4.

Ruysch, Theatr. anim. 1., p. 182, tab. 33, fig. 4.

Rai, Pisc., p. 130, n. 7.

Valentyn, Ind. 3, p. 370, n. 75, fig. 75; et p. 501, n. 492, fig. 492; et p. 502, n. 493, fig. 493.

Renard, Poiss. 1, tab. 33, fig. 176 et 177.

(2) M. Cuvier fait d'abord remarquer que le nom de *Moucharra* est à tort donné à ce poisson : il appartient à une espèce de sargue.

Ce glyphisodon auquel il faut rapporter principalement le *Chœtodon saxatilis* de Linnée, a été décrit quatre fois par M. de Lacépède, sous les noms 1° de *Glyphisodon moucharra*, 2° de *Chétodon bordé*, 3° de *Chétodon Maurice*, 4° de *Chétodon sargoide*. Desm. 1830.

(3) *Kakait-sellei*, au Malabar.

Bandoulière kakaitsel, et *Chœtodon maculatus*. Bloch, pl. 427, fig. 2.

(4) Du genre Étrople, *Etroplus*, dans la famille des Acanthoptérygiens sciénoïdes. Desm. 1830.

un peu allongé et épais, l'extrémité de la queue très-basse, la ligne latérale interrompue, de petites écailles sur la base de la caudale, de la dorsale, et de la nageoire de l'anus (1).

Le glyphisodon (2) kakaitsel ne se plaît pas au milieu de la mer; mais il est, comme le moucharra, commun aux deux continents. On le pêche dans les eaux douces de Surinam, aussi bien que dans les étangs de la côte de Coromandel. Il y multiplie beaucoup; mais comme il renferme une grande quantité d'arêtes, on dit qu'il n'y a que les nègres qui en mangent. Chacune de ses écailles brille comme une lame d'or. Une tache grande, ronde, noire, et cinq ou six autres taches très-foncées, sont placées sur chacun de ses côtés.

---

(1)   6 rayons à la membrane branchiale du glyphisodon moucharra.

 18 rayons à chaque pectorale.

  1 rayon aiguillonné et 5 rayons articulés à chaque thoracine.

 19 rayons à la nageoire de la queue.

  6 rayons à la membrane branchiale du glyphisodon kakaitsel.

 16 rayons à chaque pectorale.

  1 rayon aiguillonné et 5 rayons articulés à chaque thoracine.

 20 rayons à la caudale.

(2) *Glyphis*, en grec, signifie *incision, dentelure, crénelure.*

CENT QUARANTE-UNIÈME GENRE.

LES ACANTHURES (1).

Le corps et la queue très-comprimés; de très-petites écailles sur la dorsale ou sur d'autres nageoires, ou la hauteur du corps supérieure ou du moins égale à sa longueur; l'ouverture de la bouche petite; le museau plus ou moins avancé; une nageoire dorsale; un ou plusieurs piquants de chaque côté de la queue.

ESPÈCES.	CARACTÈRES.
1. L'ACANTHURE CHIRURGIEN.	Quatorze rayons aiguillonnés et douze rayons articulés à la nageoire du dos; trois rayons aiguillonnés et dix-sept rayons articulés à la nageoire de l'anus; un piquant long, fort et recourbé, de chaque côté de la queue; la caudale en croissant; la couleur générale jaune; cinq bandes transversales, étroites et violettes, de chaque côté de la queue.
2. L'ACANTHURE ZÈBRE.	Neuf rayons aiguillonnés et vingt-trois rayons articulés à la nageoire du dos; trois rayons aiguillonnés et vingt rayons articulés à celle de l'anus; trois rayons à la membrane branchiale; la caudale en croissant; le sommet de chaque dent découpé; la couleur générale verdâtre; cinq ou six bandes transversales, noirâtres.
3. L'ACANTHURE NOIRAUD.	Neuf rayons aiguillonnés et vingt-sept rayons articulés à la dorsale; trois rayons aiguillonnés et vingt-quatre rayons articulés à la nageoire de l'anus; quatre rayons à la membrane branchiale; la caudale en croissant;

---

(1) Le genre ACANTHURE est adopté par M. Cuvier, et placé par lui dans la famille des Acanthoptérygiens theutyes. DESM. 1830.

ESPÈCES.	CARACTÈRES.
3. L'ACANTHURE NOIRAUD.	le sommet de chaque dent, plus large que la base, et dentelé ; la couleur générale noirâtre ; point de taches, de bandes, ni de raies.
4. L'ACANTHURE VOILIER.	Trois rayons aiguillonnés et vingt-huit rayons articulés à la nageoire du dos ; deux rayons aiguillonnés et vingt rayons articulés à l'anale ; la caudale en croissant ; la dorsale et la nageoire de l'anus très-grandes et arrondies par derrière ; la couleur générale d'un brun mêlé de rougeâtre ; plusieurs rangées longitudinales de points bleus sur l'anale et sur la nageoire du dos.
5. L'ACANTHURE THEUTHIS.	Quatre rayons aiguillonnés et trente rayons articulés à la dorsale ; trois rayons aiguillonnés et vingt-trois rayons articulés à la nageoire de l'anus ; cinq rayons à la membrane branchiale ; la caudale en croissant ; quatre ou cinq découpures au sommet de chaque dent ; la peau tuberculeuse et chagrinée ; des bandes transversales, étroites et rapprochées.
6. L'ACANTHURE RAYÉ.	Neuf rayons aiguillonnés et vingt-sept rayons articulés à la nageoire du dos ; trois rayons aiguillonnés et vingt-six rayons articulés à l'anale ; les dents découpées à leur sommet, et placées sur un seul rang ; plusieurs raies longitudinales, étroites et blanches, de chaque côté de l'animal.

L'ACANTHURE CHIRURGIEN.[1]

Acanthurus Chirurgus, Lac., Cuv.; *Chœtodon Chirurgus*,
Bl., Linn., Gmel. (2).

L'ACANTHURE ZÈBRE (3), *Acanthurus triostegus*, Cuv.; *Acanthurus Zebra*, et *Chœtodon Zebra*, Lac.; *Chœtodon triostegus*, Brouss., Linn., Gmel. (4). — ACANTHURE NOIRAUD (5),
Acanthurus nigricans, Lac.; *Acanthurus glauco-pareius*,
Cuv.; *Chœtodon nigricans*, Linn. (6). — ACANTHURE VOI-
LIER (7), *Acanthurus velifer*, Lac., Cuv., Bl. (8). — ACAN-
THURE THEUTHIS (9), *Acanthurus Theuthis*, Lac., Cuv.; *Theuthis hepatus*, Lin., Gm. (10). — ACANTHURE RAYÉ, *Acanthurus
lineatus*, Linn., Cuv.; *Chœtodon lineatus*, Linn., Gmel. (11).

Encore des poissons armés d'une manière remarquable! Il en est donc de l'histoire naturelle

---

(1) *Chétodon chirurgien*. Bloch, pl. 208.
Id. Bonnaterre, planches de l'Encyclopédie méthodique.
(2) Du genre ACANTHURE, dans la famille des Acanthoptérygiens
theutyes. DESM. 1830.
(3) Broussonnet, Ichthyol. dec. 1, n. 4, tab. 4.
Chétodon zèbre. Daubenton et Haüy, Encyclopédie méthodique.
Id. Bonnaterre, planches de l'Encyclopédie méthodique.
Mus. Ad. Frid. 2, p. 70.
« Chœtodon albescens, lineis quinque, etc. » Seba, Mus. 3, p. 65,
tab. 25, fig. 4.
(4) Du genre ACANTHURE (famille des Acanthoptérygiens theutyes,
Cuv.) DESM. 1830.

comme de l'histoire civile : on ne peut la parcourir qu'en ayant sous les yeux la nature inventant

---

(5) *Caantje of verkenskopf*, par les Hollandais.

Oester ë eter, boanos klip-vische, id.

Perser, par les Allemands.

Acarauna, an Brésil.

Ikan batoe boano, dans les Indes orientales.

Andre, Act. Anglic. 1784, 2, p. 278, tab. 12.

« Chætodon nigrescens, caudâ albescente.... utrinque aculeatâ. » Artedi, spec. 90.

Chétodon noiraud. Daubenton et Haüy, Encyclopédie méthodique.

Id. Bonnaterre, planches de l'Encyclopédie méthodique.

Chétodon persien, Chætodon nigricans. Bloch, pl. 203.

« Chétodon gahm, *et* chætodon ex atro fuscus, etc. » Forskael, Faun. Arab., p. 64, n. 90.

« Chætodon aculeis in utroque latere, ad caudam, duobus. » Hasselquist, It. 332.

« Tetragonoptrus cinereus lævis, etc. » Klein, Miss. pisc. 4, p. 38, n. 4, tab. 11, fig. 1.

Seba, Mus. 3, p. 64, n. 2; p. 65, n. 3; pl. 25, fig. 2 et 3.

Acarauna. Marcgr. Brasil. 144

Willughby, Ichthyol., p. 21, tab. O, 1, fig. 3.

Rai, Pisc., p. 102, n. 8.

Jonston, Pisc., p. 177, 178, t. 32.

Ruysch, Theatr. anim. 1, p. 123, t. 32.

(6) M. Cuvier reconnaît trois espèces différentes dans l'histoire et dans la synonymie de l'ACANTHURE NOIRAUD de Lacépède; 1° l'Acanthure noiraud du Brésil, *Acanthurus glauco-pareius*, Cuv., Seba, III, xxv, 3; *Chætodon nigricans*, Linn.; 2° le *Chætodon nigricans*, Bl., pl. 203; 3° le *Chætodon atro-fuscus*, Forsk., *Chætodon nigro-fuscus*, Linn., Gmel. DESM. 1830.

(7) Bloch, pl. 427.

(8) Du genre ACANTHURE (famille des Acanthoptérygiens theutyes). DESM. 1830.

(9) *Theuthis papou.* Daubenton et Haüy, Encyclopédie méthodique.

Id. Bonnaterre, planches de l'Encyclopédie méthodique.

sans cesse, comme l'art, des moyens de blesser et de détruire. La terre est jonchée d'instruments de mort créés par la nature, plus nombreux peut-être que les traits meurtriers forgés par l'homme. Mais, à la honte de l'espèce humaine, des passions furieuses et implacables ont, sans nécessité, armé pour l'attaque le bras de l'homme, qui n'aurait dû porter que des armes défensives, et que des graines substantielles et des fruits savoureux auraient rendu plus sain, plus fort et plus heureux, tandis que, dans la nature, le fort n'est condamné à la guerre offensive que pour satisfaire des besoins impérieux imposés par son organisation, et le faible n'est jamais sans asyle, sans ruse, ou sans défense. Les acanthures sont un exemple de ce secours compensateur donné à la faiblesse.

« Hepatus mucrone reflexo utrinque prope caudam. » Gronov. Zooph. 353.

« Theuthis fusca cæruleo nitens, etc. » Browne, Jamaïc. 455.

« Chætodon cærulescens, dorso nigro, etc. » Seba, Mus. 3, p. 104, tab. 33, fig. 3.

« Turdus rhomboïdes. » Catesby, Carol. 2, p. 10, tab. 1, fig. 1.

Valent. Ind. 3, f. 77, 383, 404.

Chétodon rayé. Daubenton et Haüy, Encyclopédie méthodique.

Id. Bonnaterre, planches de l'Encyclopédie méthodique.

« Chætodon lineis longitudinalibus varius, caudâ bifurcâ utrinque « aculeatâ. » Artedi, spec. 89.

Seba, Mus. 2, tab. 25, fig. 1.

(10) Du genre ACANTHURE, dans la famille des Acanthoptérygiens theutyes. DESM. 1830.

(11) Du genre ACANTHURE, dans la famille des Acanthoptérygiens theutyes. DESM. 1830.

Leur taille est petite; leurs muscles ne peuvent opposer que peu d'efforts; ils succomberaient dans presque tous les combats qu'ils sont obligés de soutenir : mais plusieurs dards leur ont été donnés; ces aiguillons sont longs, gros et crochus; ils sont placés sur le côté de la queue; et comme cette queue est très-mobile, ils ont, lorsqu'ils frappent, toute la force qu'une grande vîtesse peut donner à une petite masse. Ils percent par leur pointe, ils coupent par leur tranchant, ils déchirent par leur crochet; et ce tranchant, ce crochet et cette pointe sont toujours d'autant plus aigus ou acérés, qu'aucun frottement inutile ne les use, qu'ils ne sont redressés que lorsqu'ils doivent protéger la vie du poisson, et que l'animal, qu'aucun danger n'effraie, les tient inclinés vers la tête, et couchés dans une fossette longitudinale, de manière qu'ils n'en dépassent pas les bords.

Indépendamment de ces piquants redoutables pour leurs ennemis, presque tous les acanthures ont une ou plusieurs rangées de dents fortes, solides, élargies à leur sommet, et découpées dans leur partie supérieure, au point de limer les corps durs et de déchirer facilement les substances molles.

Leurs aiguillons pénètrent d'ailleurs très-avant à cause de leur longueur; ils parviennent jusqu'aux vaisseaux veineux et même quelquefois jusqu'aux artériels; ils font couler le sang en abondance; et c'est ce qui a engagé à nommer *le Chirurgien* l'une de ces espèces le plus anciennement connues.

Ce chirurgien, que les naturalistes ont inscrit jusqu'à présent parmi les chétodons, avec presque tous les autres acanthures, mais qui diffère beaucoup, ainsi que ces derniers animaux, des véritables chétodons, vit dans la mer des Antilles, où sa chair est recherchée à cause de son bon goût. Sa mâchoire supérieure est un peu plus avancée que l'inférieure. Chaque narine n'a qu'un orifice. La tête est variée de violet et de noir; le ventre bleuâtre; l'anale violette comme les pectorales et les thoracines, et de plus rayée de jaune; l'extrémité de la caudale violette; et la dorsale marbrée de jaune et de violet.

Le zèbre, qu'il ne faut pas confondre avec un chétodon du même nom, vit dans le grand Océan équinoxial, ainsi que dans l'archipel des Grandes Indes; il a les écailles petites, la langue et le palais lisses, le gosier entouré de trois osselets hérissés de petites dents, l'opercule composé de deux pièces, et les thoracines blanchâtres.

On trouve le noiraud au Brésil, dans la mer d'Arabie, et dans les Indes orientales; il y croît jusqu'à la longueur de six ou sept décimètres; on le pêche au filet et à l'hameçon; il se nourrit de petits crabes, ainsi que d'animaux à coquille; et sa chair est ferme et agréable au goût.

Son foie est jaune, long et gros; l'estomac très-allongé; le canal intestinal large, très-recourbé, et composé d'une membrane épaisse; la cavité de l'abdomen assez grande pour parvenir jusque vers le milieu de la nageoire de l'anus; l'ovaire formé par une sorte de sac unique et courbé; et la vessie natatoire attachée au dos.

Plusieurs individus de cette espèce n'ont montré qu'un piquant de chaque côté de la queue; mais Hasselquist et quelques autres observateurs en ont compté deux sur chaque face latérale de la queue d'autres individus. Ce second piquant est peut-être une marque du sexe, ou un attribut de l'âge; ou peut-être faut-il dire que l'aiguillon de chaque côté de la queue tombe à certaines époques, et ne se détache quelquefois de la peau de l'animal, que lorsque le dard qui doit le remplacer est presque entièrement développé.

Chaque narine n'a qu'un orifice; les écailles sont petites; on aperçoit des nuances blanches ou grises sur plusieurs nageoires (1).

---

(1) 16 rayons à chaque pectorale de l'acanthure chirurgien.

 1 rayon aiguillonné et 5 rayons articulés à chaque thoracine.

16 rayons à la nageoire de la queue.

16 rayons à chaque pectorale de l'acanthure zèbre.

 1 rayon aiguillonné et 5 rayons articulés à chaque thoracine.

22 rayons à la caudale.

18 rayons à chaque pectorale de l'acanthure noiraud.

 1 rayon aiguillonné et 5 rayons articulés à chaque thoracine.

21 rayons à la nageoire de la queue.

16 rayons à chaque pectorale de l'acanthure voilier.

On doit remarquer sur l'acanthure voilier, les petites taches irrégulières et roussâtres du museau, et des environs de la base des pectorales; les deux bandes transversales foncées, les deux bandes plus étroites et jaunes, et les dix ou onze bandes violettes qui s'étendent sur chaque côté de l'animal; les taches noires qui forment trois arcs sur la caudale; la bordure blanche de cette nageoire; et la couleur jaune des thoracines et des pectorales.

Nous avons déja dit (1) que nous ne pouvions pas admettre le genre *Theuthis*, quoique établi par Linnée. Des deux espèces que l'on avait inscrites dans ce genre, la seconde est notre chétodon tacheté; la première est un véritable acanthure, auquel nous donnons le nom spécifique de *Theuthis*, pour changer le moins possible sa dénomination. Lorsque nous avons eu le plaisir de voir à Paris feu le célèbre professeur Bloch de Berlin, et qu'en lui montrant la riche collection de pois-

---

1 rayon aiguillonné et 5 rayons articulés à chaque thoracine.

19 rayons à la caudale.

16 rayons à chaque pectorale de l'acanthure theuthis.

1 rayon aiguillonné et 5 rayons articulés à chaque thoracine.

24 rayons à la nageoire de la queue.

4 rayons à la membrane branchiale de l'acanthure rayé.

16 rayons à chaque pectorale.

1 rayon aiguillonné et 5 rayons articulés à chaque thoracine.

16 rayons à la caudale.

(1) Article du *Chétodon tacheté.*

sons du Muséum national, nous lui avons fait part de quelques-unes de nos idées sur l'ichthyologie, il a été entièrement de notre avis relativement à la suppression de ce genre *Theuthis,* qu'il n'avait, me dit-il, jamais voulu comprendre dans sa classification.

L'acanthure qui portera le nom que l'on avait donné à ce genre, est pêché dans les eaux d'Amboine, ainsi qu'à la Caroline. Son museau est avancé; ses dents sont fortes, et placées sur un seul rang; la hauteur de la dorsale égale la longueur du front.

Les écailles du rayé sont raboteuses; il habite dans les Indes orientales et dans l'Amérique méridionale.

CENT QUARANTE-DEUXIÈME GENRE.

LES ASPISURES (1).

Le corps et la queue très-comprimés ; de très-petites écailles sur la dorsale ou sur d'autres nageoires, ou la hauteur du corps supérieure ou du moins égale à sa longueur ; l'ouverture de la bouche petite ; le museau plus ou moins avancé ; une nageoire dorsale ; une plaque dure en forme de petit bouclier, de chaque côté de la queue.

ESPÈCE.	CARACTÈRES.
L'Aspisure sohar.	Huit rayons aiguillonnés et trente-un rayons articulés à la dorsale ; trois rayons aiguillonnés et vingt-neuf rayons articulés à la nageoire de l'anus ; la caudale en croissant ; la couleur générale brune ; des raies longitudinales violettes.

(1) M. Cuvier n'adopte pas ce genre ; il le réunit à celui des Acanthures, de la famille des Acanthoptérygiens theutyes.   Desm. 1830.

L'ASPISURE[1] SOHAR.[2]

Acanthurus Sohal, Cuv.; *Chœtodon Sohar*, Forsk., Linn., Gmel.; *Aspisurus Sohar*, Lac. (3).

CE poisson vit dans la mer d'Arabie ; il s'y tient auprès des rivages, et se nourrit, dit-on, des débris de corps organisés qu'il trouve dans la vase déposée au fond des eaux. Ses dents sont cependant festonnées à leur sommet ; et sa longueur est ordinairement assez considérable. L'espèce de fossette dans laquelle on voit, de chaque côté de la queue, une sorte de plaque ou de bouclier osseux, brille souvent d'une belle couleur rouge ; les nageoires sont épaisses et violettes ; une tache jaune est placée sur chaque pectorale (4).

(1) *Aspis*, en grec, signifie bouclier, et *ura*, queue.

(2) Forskael, Faun. Arabic., p. 63, n. 89.

(3) Voyez la note de la page précédente.   DESM. 1830.

(4)   3 rayons à la membrane branchiale de l'aspisure sohar.

1 7 rayons à chaque pectorale.

1 rayon aiguillonné et 5 rayons articulés à chaque thoracine.

16 rayons à la nageoire de la queue.

CENT QUARANTE-TROISIÈME GENRE.

LES ACANTHOPODES (1).

Le corps et la queue très-comprimés ; de très-petites écailles sur la dorsale ou sur d'autres nageoires, ou la hauteur du corps supérieure ou du moins égale à sa longueur ; l'ouverture de la bouche petite ; le museau plus ou moins avancé ; une nageoire dorsale ; un ou deux piquants à la place de chaque thoracine.

ESPÈCES.	CARACTÈRES.
1. L'ACANTHOPODE ARGENTÉ.	Huit rayons aiguillonnés et trente-trois rayons articulés à la nageoire du dos ; trois rayons aiguillonnés et trente-cinq rayons articulés à celle de l'anus ; la caudale fourchue ; la couleur générale argentée.
2. L'ACANTHOPODE BODDAERT.	Des bandes brunes et bleuâtres.

---

(1) M. Cuvier croit pouvoir réunir sous le nom de PSETTUS, créé par Commerson, les *Acanthopodes*, les *Monodactyles*, les *Centropodes* de Lacépède, et quelques *Centrogastères* de Gmelin ; et il place ce genre PSETTUS dans la famille des Acanthoptérygiens squamipennes.

Parmi les Psettus, les uns ont le corps beaucoup plus élevé que long. Ex. : *Psettus Sebæ*, Cuv. ; *Chæt. rhombeus*, Bl., Schn., Seb. III, xxvi, 21. — *Ps. rhombeus*, Cuv. ; *Scomber rhombeus*, Forsk. ; *Centrogaster rhombeus*, Gmel. ; *Centropode rhomboïdal*, Lac.

Les autres sont de forme ronde ou ovale. Ex. : *Psettus Commersonii*, Cuv. ; *Monodactyle falciforme*, qui pourrait bien ne pas différer du *Chætodon argenteus* ou *Acanthopode falciforme*, Lac. DESM. 1830.

L'ACANTHOPODE ARGENTÉ,[1]

Psettus Commersonii, Cuv.; *Acanthopodus argenteus*, *Mono-
dactylus falciformis*, Lac.; *Chœtodon argenteus*, Linn.,
Gmel. (2).

ET

L'ACANTHOPODE BODDAERT.[3]

Holacanthus Dux, Lacep., Cuv.; *Chœtodon fasciatus*, Bl.;
Chœtodon Dux, et *Chœtodon Boddaertii*, Linn., Gmel. (4).

ON trouve, dans la mer des Indes, l'argenté décrit par Linnée, et ensuite par le professeur Bonnaterre, qui en a vu un individu dans le cabinet
de mon célèbre collègue M. de Jussieu. Les écailles
dont ce poisson est revêtu, sont lisses et brillantes;
la dorsale ainsi que l'anale échancrées en forme
de faux; les trois premiers rayons de la nageoire
du dos beaucoup plus courts que les autres; et les
yeux couleur de sang.

(1) Amœnit. Acad. 4, p. 249.
Chétodon argenté. Bonnaterre, planches de l'Encyclopédie méthodique.
(2) Voyez la note de la page précédente. DESM. 1830.
(3) Schr. der Berlin. naturf. ges. 3, p. 459.
(4) Du sous-genre HOLACANTHE, dans le grand genre CHÉTODON, Cuv.
(famille des Acanthoptérygiens squamipennes).

M. de Lacépède a décrit deux fois ce poisson, 1° sous le nom d'*Holacanthe duc;* 2° sous celui d'*Acanthopode Boddaert.* DESM. 1830.

Le boddaert porte le nom du savant naturaliste qui l'a fait connaître (1).

---

(1)   6 rayons à la membrane branchiale de l'acanthopode argenté.

14 rayons à chaque pectorale.

16 rayons à la nageoire de la queue.

CENT QUARANTE-QUATRIÈME GENRE.

LES SÉLÈNES (1).

L'ensemble du poisson très-comprimé, et présentant de chaque côté la forme d'un pentagone ou d'un tétragone ; la ligne du front presque verticale ; la distance du plus haut de la nuque au-dessus du museau, égale au moins à celle de la gorge à la nageoire de l'anus ; deux nageoires dorsales ; un ou plusieurs piquants entre les deux dorsales ; les premiers rayons de la seconde nageoire du dos s'étendant au moins au-delà de l'extrémité de la queue.

―――――――

PREMIER SOUS-GENRE.

La nageoire de la queue, fourchue, ou échancrée en croissant.

ESPÈCE.	CARACTÈRES.
1. LA SÉLÈNE ARGENTÉE.	Quatre rayons aiguillonnés à la première nageoire du dos ; dix-sept rayons à la seconde ; dix-huit rayons à la nageoire de l'anus ; l'extrémité de la queue, cylindrique, et prolongée au milieu de la caudale, qui est très-fourchue ; la couleur générale argentée.

―――――――

(1) M. Cuvier supprime le genre SÉLÈNE, qui est formé de deux espèces, dont il rattache l'une au sous-genre ARGYREYOSE dans le genre VOMER (Acanthop. scombéroïdes), et l'autre au sous-genre CAVALIER, *Ephippus*, dans le grand genre CHÉTODON (Acanthop. squamipennes.)

DESM. 1830.

SECOND SOUS-GENRE.

La nageoire de la queue rectiligne, ou arrondie, et sans échancrure.

ESPÈCE.	CARACTÈRES.
2. LA SÉLÈNE QUADRAN-GULAIRE.	Quatre ou cinq piquants entre chaque nageoire dorsale ; l'extrémité de la queue cylindrique ; la caudale rectiligne ; la partie postérieure du poisson terminée, en haut et en bas, par un angle presque droit ; la couleur générale cendrée.

LA SÉLÈNE ARGENTÉE.[1]

Argyreyosus Vomer, Cuv.; *Abacatuia*, Marcgr.; *Selene argentea*, Lacep. (2).

PLUMIER a laissé un beau dessin de ce poisson dont aucun naturaliste n'a encore publié la description, et dont la figure se trouve dans les peintures sur vélin du Muséum d'histoire naturelle. On a comparé sa forme générale à celle d'un disque ou de la lune; et voilà pourquoi on lui a donné, dans l'Amérique méridionale, et dans quelques autres contrées du nouveau continent, le nom de *Lune* que rappelle la dénomination générique de *Sélène* (3), par laquelle nous le désignons.

---

(1) *Guaperva Marcgravii*, vulgò *la lune*. Plumier, peintures sur vélin, déja citées.

Nota. On verra facilement combien ce nom vulgaire de *Guaperva* a été appliqué à plusieurs espèces de chétodons, ou de poissons d'un autre genre*.

(2) Selon M. Cuvier, la *Sélène argentée* n'est qu'un *Argyreyose vomer*, ou *Abacatuia* de Marcgrave, dont la première dorsale et les ventrales étaient usées.

Voyez la note de la page précédente. DESM. 1830.

(3) *Sélène*, en grec, signifie *lune*.

* Cette description citée du *Guaperva* de Marcgrave n'est pas celle de la sélène de cet article; mais elle se rapporte au *Pomacanthus Quaperva* de M. Cuvier, dans le grand genre CHÉTODON. DESM. 1830.

Néanmoins cette forme générale n'est pas celle d'un disque; elle ne ressemble à celle de la lune que lorsque l'animal est vu de loin : elle est celle d'un véritable pentagone; et cette figure est d'autant plus remarquable, qu'un des côtés de ce pentagone termine la partie antérieure du dos, qui dès-lors est rectiligne, au lieu d'être plus ou moins courbé dans le sens de la tête à la queue, comme le dos de presque tous les poissons. L'ouverture de la bouche n'est pas grande; on ne voit à chaque narine qu'un orifice, lequel est très-allongé; l'œil est gros, et la prunelle large; la première dorsale petite et triangulaire; la seconde très-étendue et en forme de faux, ainsi que l'anale, dont les premiers rayons sont cependant moins longs que ceux de la seconde nageoire du dos. Les pectorales sont grandes et un peu en forme de faux; mais chaque thoracine est très-petite. L'opercule n'est composé que d'une seule lame; la ligne latérale s'élève et se recourbe beaucoup ensuite. Les écailles qui revêtent l'animal, ne sont que très-difficilement visibles; et néanmoins toute sa surface brille, au milieu des eaux, d'un éclat argenté et doux, assez semblable à celui de la lune dont il porte le nom. L'iris resplendit comme une belle topaze; des reflets verdâtres et violets paraissent sur toutes les nageoires.

———

LA SÉLÈNE QUADRANGULAIRE.[1]

Ephippus Faber, Cuv.; *Chœtodon Faber*, Brouss., Bl., Lac.; *Chœtodon Plumieri*, Bl.? *Zeus quadratus*, Linn., Gmel.; *Selene quadrangularis*, Lac.(2).

SLOANE a décrit et fait représenter ce poisson dans l'*Histoire naturelle de la Jamaïque*. Ce thoracin a été inscrit jusqu'à présent dans le genre des Zées; mais il est évident qu'il appartient à celui des Sélènes que nous avons cru devoir établir, et qu'il ne présente pas les caractères qui doivent distinguer les véritables zées.

La longueur de la sélène quadrangulaire est de cinq pouces anglais, et sa hauteur de quatre; la figure que chacun de ses côtés présente, est bien

---

(1) *Pilot-fish.*

« Faber marinus ferè quadratus. » Sloane : Jam. 2, p. 290, n. 5, tab. 251, fig. 4.

Doré quadrangulaire. Bonnaterre, planches de l'Encyclopédie méthodique.

Rai, Pisc., p. 160.

(2) M. Cuvier regarde ce poisson comme ne différant pas de son *Ephippus Faber*, c'est-à-dire qu'il le place dans le sous-genre CAVALIER, l'un de ceux du grand genre CHÉTODON (famille des Acanthoptérygiens squamipennes). DESM. 1830.

indiquée par le nom spécifique qu'elle porte. L'ouverture de sa bouche est très-petite ; la mâchoire inférieure plus avancée que la supérieure, et garnie, comme cette dernière, d'une rangée de dents courtes et menues ; la langue arrondie dans une partie de son contour, et cartilagineuse ; la première dorsale très-étroite, et longue d'un pouce et demi anglais ; la seconde triangulaire ; la nageoire de l'anus égale par son étendue, semblable par sa forme, et analogue par sa position, à cette seconde nageoire du dos ; la ligne latérale très-courbée ; et la couleur générale relevée par trois ou quatre bandes obliques et noires.

FIN DU TOME IX.

TABLE

DES ARTICLES CONTENUS DANS LE NEUVIÈME VOLUME
DES ŒUVRES DE LACÉPÈDE.

HISTOIRE NATURELLE DES POISSONS.

FIN DE LA TABLE DES ARTICLES.

TABLE RAISONNÉE

DES MATIÈRES DU NEUVIÈME VOLUME, RELATIVES
AUX POISSONS.

HISTOIRE NATURELLE DES POISSONS.

FIN DE LA TABLE.

15052